凝煉知識品味閱讀

APCS 使用

Java

| 數位新知 著 |

五南圖書出版公司 印行

序

APCS爲Advanced Placement Computer Science的英文縮寫，是指「大學程式設計先修檢測」。APCS可以提供評量大學程式設計先修課程學習成效，除此之外，也可以評量學生的程式設計能力，其檢測成績可以作爲國內多所資訊相關科系個人申請入學的參考資料。

APCS考試類型包括：觀念題及實作題。觀念題是以單選題的方式進行測驗，考試重點在於程式設計概念、解決問題的運算思維或理解演算法的基礎觀念。程式設計觀念題如果需提供程式片段，會以 C 語言命題。主要考試重點包括：輸出入指令、資料處理、流程控制、函數、遞迴、陣列與矩陣、結構、自定資料型態及檔案，也包括基礎演算法及簡易資料結構，例如：佇列、堆疊、串列、樹狀、排序、搜尋。在程式設計實作題可自行選擇以 C、C++、Java、Python 撰寫程式。

本書的實作題程式是以Java爲主。並根據APCS公告的觀念題及實作題，分別安排到各章的主題之中，目的就是希望各位在學習完某一特定主題後，可以馬上測試相關的APCS觀念題，以幫助各位讀者學以致用，清楚掌握考試的重點。

爲了實際提升各位的程式設計能力，在各章中的全眞綜合實作，就會根據該章所談論的主題，分別詳細解析與該章主題相關的各年度公告的實作題，不僅有程式實作前的問題分析及技巧說明外，也提供完整的程式碼、重要註解及程式碼說明，來降低學習者的障礙，並能更加清晰理解程式的設計邏輯。

本書結合運算思維與演算法的基本觀念，並以Java來實作，爲了降低讀者的學習障礙，本書範例都是完整的程式碼，以實作來引導觀念，書中所有範例程式已在最新版本的JDK的環境下重新編譯與執行，並確認執行結果正確無誤。期許本書能幫助各位具備以Java的程式設計基本能力，並完全具備應試APCS的程式設計實作能力，筆者相信經過本書的課程安排及訓練後，各位已很紮實培養了分析題目、提出解決方案及以Java的程式設計實作能力。

目錄

第一章

APCS 資訊能力檢定與程式設計簡介

對於一個有志於從事資訊專業領域的人員來說，程式設計是一門和電腦硬體與軟體息息相關相關涉獵的學科，稱得上是近十幾年來蓬勃興起的一門新興科學。更深入來看，程式設計能力已經被看成是國力的象徵，連教育部都將程式設計列入國高中學生必修課程，讓寫程式不再是資訊相關科系的專業，而是全民的基本能力。

APCS官網有最新的考試相關資訊

APCS檢定爲Advanced Placement Computer Science的英文縮寫，是指「大學程式設計先修檢測」。其檢測模式乃參考美國大學先修課程（Advanced Placement, AP），與各大學資工系教授合作命題，目前由教育部委託台師大執行每年3次的檢測，讓具備程式設計能力的大衆，提供一個具公信力的檢驗學習成果，目的在於客觀檢驗高中生程式設計能力，以供作大學選才的參考依據，是目前全台最具公信力的程式能力檢定之一。

1-1 APCS檢定簡介與報考資格

APCS檢定的目的是提供學生自我評量程式設計能力及評量大學程式設計先修課程學習成效，讓具備程式設計能力之高中職學生，能夠檢驗學習成果，也可善用程式設計的專長升學，是目前全台最具公信力的程式能力檢定之一。檢測結果分列五級分，能讓面試者迅速了解個人程式設計能力，爲自己申請大學的履歷多加一條可靠的評比標準。根據111年招生簡章所示，共計131個資工相關校系採納APCS檢測成績申請入學，如果想查詢目前採計APCS成績大學校系的最新更新資料，可以參閱以下網頁：https://apcs.csie.ntnu.edu.tw/index.php/apcs-introduction/gradeschool/

全國高中、高職生都可以免費參加「APCS檢定」，APCS檢定是一門具有公信力的考試，目前報名資格沒有限制，任何人都可以用線上報名的方式參加檢定，特別是鼓勵高中生來參加APCS檢測，可以把APCS視爲「程式設計界的全民英檢」。對於申請資訊相關科系的大學會相當有幫助，APCS成績除了在大學申請入學APCS組必須附上，也是多校特殊選才等多元入學管道重要參考資料，很適合把成績證明放在學習歷程中，不只讓你申請到好大學，還可按各大學規定，抵免大學學分喔！也是多校特殊選才等多元入學管道重要參考資料。

如果想更清楚了解APCS報名資訊、檢測費用、報名資格、檢測資訊、試場資訊、檢測系統環境及採計成績的大學校系等資訊，可以參閱大學程式設計先修檢測官網（https://apcs.csie.ntnu.edu.tw/）。

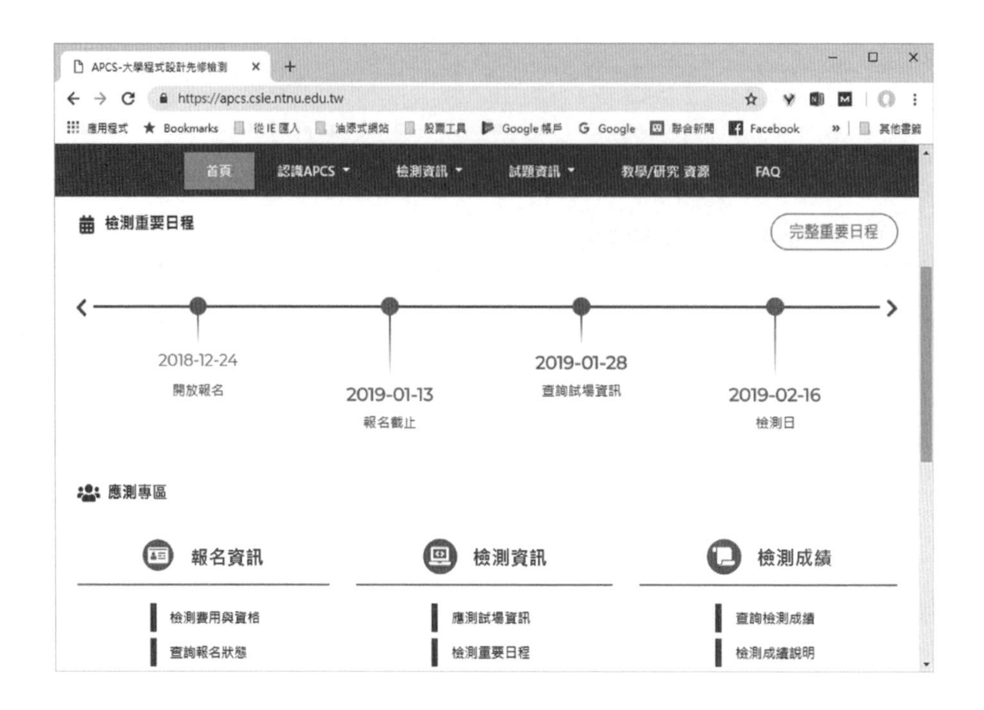

1-1-1 APCS測驗方式

APCS採線上測驗的方式，題目為中文命題，考試類型包括：程式設計觀念題及程式設計實作題。根據APCS官網中說明，「觀念題」為選擇題，考兩節合併計分，並且藉由試題區塊配置成兩份測驗題本，共有40題，一次考20題，一個題本會花一節課考試，所以需要兩節課，分作5個等級，分數合併計分，滿分100分，每節60分鐘。觀念題是以單選題的方式進行測驗，以運算思維、問題解決與程式設計概念測試為主。測驗題型包括：程式運行追蹤、程式填空、程式除錯、程式效能分析及基礎觀念理解等。程式設計觀念題如果需提供程式片段，會以C語言命題。

實作題則為一份測驗題本，共計4個題組，為單節次檢測，時間較長為2個半小時，以撰寫完整程式或副程式為主，滿分400兩科目均採取自動評分與統計，實作題才是眞正挑戰。主要測驗目的是讓程學習者能夠學會到面對題目時如何設計程式來解決問題，測驗你能不能把題本上的所要求的結果「跑」出來，且執行結果必須「在限定時間之內得到正確結果」才有分數，必須撰寫完整程式或副程式計分，考驗程式設計運用能力，考生可自行選擇以C、C++、Java、Python四種語言之一來撰寫程式。

APCS組就像是大學個人申請的篩選機制，以APCS檢定分數爲第一階段，有關成績的計算方式及各種分數及檢定級別的對照表資訊，在成績計算方面，APCS共分爲五個級別，滿分各是5級分，加總滿分爲10級分，各科的級分範圍與說明如下：建議各位開啓以下「成績說明」的網頁詳加閱讀：https://apcs.csie.ntnu.edu.tw/index.php/info/grades/考生成績可擇優採用，成績永久有效，越早考越有優勢

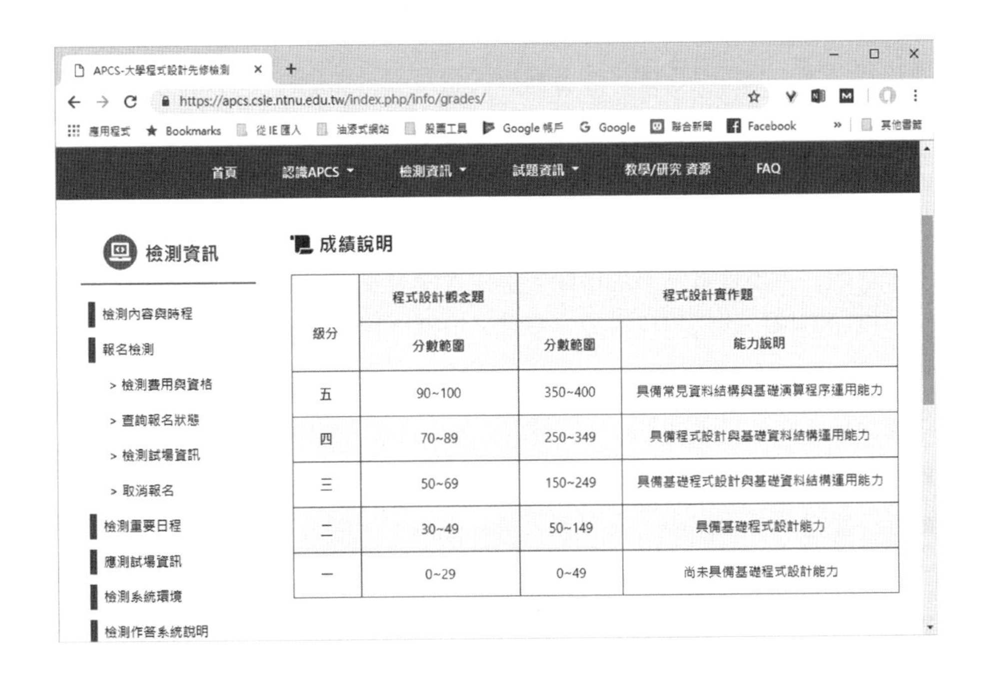

級分	程式設計觀念題	程式設計實作題	
	分數範圍	分數範圍	能力說明
五	90~100	350~400	具備常見資料結構與基礎演算程序運用能力
四	70~89	250~349	具備程式設計與基礎資料結構運用能力
三	50~69	150~249	具備基礎程式設計與基礎資料結構運用能力
二	30~49	50~149	具備基礎程式設計能力
一	0~29	0~49	尚未具備基礎程式設計能力

1-1-2 APCS檢定準備技巧

程式是一個講究邏輯溝通的學問，APCS檢定的題目首重「分析」、「理解」、「實作」三個核心目的，各位在APCS檢定考取好成績，當然除了多做歷屆試題，來增加對於考題方向與題型的認識外，最好平時還有鑽研資料結構與演算法的習慣，才能在不論是觀念還是實作題，都能過關斬將。APCS的考試內容本就不簡單，當然也要清楚相關的準備技巧。對於程式設計有興趣的應考學生，應該盡早投入並多花時間練習。目前許多高中老師多會鼓勵學生可以累積經驗，不限定參加次數，多考幾次爭取最高分。

在各種程式語言中，你是否不知如何選擇入手的語言？首先各位必須先弄清楚檢測的出題方向，雖然考生可自行選擇以C、C++、Java、Python四種語言之一來撰寫程式。在各種程式語言中，你是否不知如何選擇入手的語言？因為APCS檢測的觀念題是以C語言出題，所以對於熟悉C語言的人非常吃香，準備應考的考生訓練並理解C語言，能幫助自己在應考時更加得心應手，強烈建議最好學會C/C++語言。很多人以為「背題型」就是「會解題」，事實當然不是這樣，學程式最重要的就是邏輯與上機實作練習，例如輾轉相除法的程式該怎麼寫，這個考程式功力，也考邏輯能力。考生必須熟悉題型才能打下穩固基礎，實作也絕對是非常不可或缺，可以加強演算法理解力與重要觀念的釐清。觀念題命題內容領域包括如下：

- ■程式設計基本觀念（basic programming concepts）。
- ■資料型態（data types），常數（constants），變數（variables），視域（scope）：全域變數（global）／區域變數（local）。
- ■控制結構（control structures）。
- ■迴路結構（loop structures）。
- ■函數（functions）。

■ 遞迴（recursion）。
■ 陣列與結構（arrays and structures）。
■ 基礎資料結構（basic data structures）與演算法（basic algorithms）：包括串列（Linked List）、佇列（queues）、堆疊（stacks）、排序（sorting）和搜尋（searching）等。

至於實作題的部分，如果一開始就選到一個熟悉好上手與作答的程式語言，就可以爲準備考試的時間和負擔達到事半功倍的效果。根據歷屆實作題內容，命題方向巧思靈活，平均不到40分鐘要解一題，通常題目一般會有兩題簡單，兩題困難，困難的原因在於題目敘述非常冗長，也有題目長度超過一整頁，光是看懂題目就要花不少時間。

APCS的實作題安排很有鑑別度，各位平時可以練習和同學討論，或參考線上影音課程，因爲這樣不僅可以學到多元的解題技巧，建立一套自己的解題邏輯，因爲每個人的思考方式不盡想同，任何一個題目都可能有多種解法，盡量要將題目的重點與程式運作的流程找出來，即便遇到更具挑戰性的題目，舉一返三之下，也能迎刃而解，所以建立多元邏輯思維，是學習實作題最大的拿分眉角，這也是未來面試官最重視的關鍵指標。

程式其實非常單純，只要我們理解了電腦處理資料的思維，再將程式轉變爲演算法，就能輕鬆解決問題。從基礎、實作到考前解題，各位循序漸進的累積基礎，朝著高分通過的目標前進。各位撰寫程式時除了程式的正確性之外，也應該要注意良好的程式風格與習慣，接下來經過我們解題團隊整理的結論，實作題涉及的可能範圍不出以下領域：

■ 輸入與輸出（input and output）
■ 算術運算（arithmetic operation）、邏輯運算（logical operation）、位元運算（bitwise operation）
■ 條件判斷與迴路（conditional expressions and loop）
■ 陣列與結構（arrays and structures）、字元（character）、字串（string）

- 函數呼叫與遞迴（function call and recursion）
- 基礎資料結構（basic data structures），包括：佇列（queues）、堆疊（stacks）、樹結構（tree）、二元搜尋樹、圖形（graph），兩點間最短距離、最短路徑等。
- 基礎演算法（basic algorithms），包括：氣泡排序（sorting）、快速排序法（Quick Sort）、二分搜尋法、貪心法（greedy method）、動態規劃法（dynamic programming）等。

在本書中會參考歷屆試題涵蓋內容，手把手爲各位提綱挈領地詳細說明。至於如何將應測者申請大學程式設計先修檢測成績證明寄送至第三方電子信箱，也可參考以下的網頁：https://apcs.csie.ntnu.edu.tw/index.php/info/grades/applygrade/

1-2 程式語言與演算法

從程式語言的發展史來看，程式語言的種類還眞是不少，如果包括實驗、教學或科學研究的用途，程式語言可能有上百種之多，不過每種語言都有其發展的背景及目的。例如Fortran語言是世界上第一個開發成功的高階語言，更是歷久彌新，現在仍有許多研究機構用來解決工程與科學上的問題，

1-2-1 程式語言簡介

主要可區分為機器語言、組合語言和高階語言三種。每一代的語言都有其特色，並且朝著容易使用、除錯與維護功能更強的目標來發展。不論哪一種語言都有其專有語法、特性、優點及相關應用的領域。就以機器語言（Machine Language）為例，它是最低階的程式語言，是以0與1二進位元元的方式，直接將指令和機器碼輸入電腦，因此處理資料上十分有效率。

組合語言（Assembly Language）則將二進位元元的數字指令，以有意義的英文字母符號指令集取代，方便人類的記憶與使用。不過必須透過組譯器（Assembler），將組合語言的指令轉換成電腦可以識別的機器語言。組合語言和機器語言相對於高階語言，統稱為低階語言（Low-level Language）。

由於組合語言與機器語言不易閱讀，因此，又產生了一些較口語化英語的程式語言，稱為高階語言（High-level Language）。例如：Basic、Fortran、Cobol、Pascal、Java、C、C++等。高階語言比較符合人類語言的形式，也更容易理解，並提供許多程式上的控制結構、輸出入指令。當使用高階語言將程式撰寫完畢後，在執行前必須先以編譯器（Compiler）或解譯器（Interpreter）轉換成組合語言或機器語言。所以，相對於組合語言，高階語言顯得較沒有效率。不過，高階語言的移植性較組合語言來

得高，可以在不同品牌的電腦上執行。程式語言依據翻譯方式可區分為兩種，任何程式撰寫的目的，都是為了執行的結果，因此都必須轉換成機器語言。從轉換的方式來看，程式語言可區分成編譯語言與直譯語言兩種。就拿這兩種方式來做比較，世上的事其實都蠻公平的，有一好就沒兩好。

以編譯語言來說，是屬於先苦後甘型，例如C、C++、Pascal、Fortran語言都是屬於編譯語言。

各位辛苦寫完的原始程式，可不能馬上就執行，必須使用編譯器（Compiler）經過數個階段處理，才能轉換為機器可讀取的可執行檔（.exe），而且原始程式每修改一次，就必須重新編譯一次。這樣的方式看來有點麻煩，不過因為目的程式是對應成機器碼，所以在電腦上能夠直接執行，不需要每次執行都進行翻譯，執行速度自然快上許多，但程式占用的空間較大。

直譯語言就屬於先甘後苦型了！原始程式可以透過直譯器（Interpreter）將程式一行一行的讀入，並逐行翻譯並交由電腦執行，不會產生目的檔或可執行檔。解譯的過程中如果發生錯誤，則解譯動作會立刻停止。表面上是不須要等待好幾個步驟才能執行，但每執行一行程式就解譯一次，這樣執行速度反而變得很慢。不過因為僅需存取原始程式，不需要再轉換為其它型態檔案，因此所占用記憶體較少。例如Python、Basic、LISP、Prolog等語言都是屬於直譯語言。

1-2-2 程式設計流程

有些人往往認為程式設計的主要目的是要「跑」出執行結果，而忽略了包括執行績效與日後維護的成本。基本上，程式開發的最終目的，是學習如何組織眾多程式設計師共同參與，來設計一套大型且符合使用者需求的複雜系統。一個程式的產生過程，可區分為以下五大設計步驟，分述如下：

程式設計步驟	特色與說明
需求認識	了解程式所要解決的問題是什麼，並且搜集所要提供的輸入資訊與可能得到的輸出結果
設計規劃	根據需求，選擇適合的資料結構，並以任何的表示方式寫一個演算法以解決問題
分析討論	思考其他可能適合的演算法及資料結構，最後再選出最適當的標的
編寫程式	把分析的結論，利用程式語言寫成初步的程式碼
測試檢驗	最後必須確認程式的輸出是否符合需求，這個步驟得細步的執行程式並進行許多的相關測試與除錯

至於程式設計時必須利用何種程式語言表達，通常可根據主客觀環境的需要，並無特別規定，以下是各位在撰寫時應該注意的四項注意事項：

1.適當的縮排

縮排是用來區分程式的層級，使得程式碼易於閱讀，像是在主程式中包含子區段，或者子區段中又包含其它的子區段時，都可以透過縮排來區分程式碼的層級。

2.明確的註解

對於程式設計師而言，在適當的位置加入足夠的註解，往往是評斷程式設計優劣的重要依據。尤其當程式架構日益龐大時，適時在程式中加入註解，不僅可提高程式可讀性，更可讓其它程式設計師清楚這段程式碼的功用。

3.有意義的命名

除了利用明確的註解來輔助閱讀外，在程式中大量使用有意義的識別字（包括變數、常數、函數、結構等）命名原則，如果使用不適當的名稱，在程式編譯時會無法執行編譯動作，或者是造成程式在執行階段發生錯誤。

4.除錯

除錯（debug）是任何程式設計師寫程式時，難免會遇到的家常便飯，通常會出現的錯誤可以分為語法錯誤與邏輯錯誤三種，分別是語法錯誤、執行期間錯誤、邏輯錯誤。

- 語法錯誤是較常見的錯誤，這種錯誤有可能是撰寫程式時，未依照程式語言的語法與格式撰寫，造成編譯器解讀時所產生的錯誤。例如Dev C++編譯器時能夠自動偵錯，並在下方呈現出錯誤訊息，各位者便可清楚知道錯誤的語法，只要加以改正，再重新編譯即可。
- 執行期間錯誤是指程式在執行期間遇到錯誤，這類錯誤可能是邏輯上的錯誤，也可能是資源不足所造成的錯誤。
- 邏輯錯誤是最不容易被發現的錯誤，邏輯錯誤常會產生令人出乎意料之外的輸出結果。與語法錯誤不同的是，可能在編譯時表面上可以正常通過編譯，但執行時卻無法得到預期的結果。

〔隨堂測驗〕

程式編譯器可以發現下列哪種錯誤？

(A) 語法錯誤

(B) 語意錯誤

(C) 邏輯錯誤

(D) 以上皆是（105年3月觀念題）

解答：(A)語法錯誤

1-3 程式設計邏輯

每個程式設計師就像一位藝術家一般，都會有不同的設計邏輯，不過由於電腦是很嚴謹的科技化工具，不能像人腦一般的天馬行空，對於一個好的程式設計師而言，還是必須有某些規範，對照程式中的邏輯概念，才能讓程式碼具備可讀性與日後的可維護性。就像早期的結構化設計，到現在將傳統程式設計邏輯轉化成物件導向的設計邏輯，都是在協助程式設計師找到撰寫程式能有可依循的大方向。

1-3-1 結構化程式設計

在傳統程式設計的方法中，主要是以「由下而上法」與「由上而下法」爲主。所謂「由下而上法」是指程式設計師將整個程式需求最容易的部分先編寫，再逐步擴大來完成整個程式。

「由上而下法」則是將整個程式需求從上而下、由大到小逐步分解成較小的單元，或稱爲「模組」（module），這樣使得程式設計師可針對各模組分別開發，不但減輕設計者負擔、可讀性較高，對於日後維護也容易許多。結構化程式設計的核心精神，就是「由上而下設計」與「模組化設計」。例如在Pascal語言中，這些模組稱爲「程序」（Procedure），C語言中稱爲「函數」（Function）。通常「結構化程式設計」具備以下三種控制流程，對於一個結構化程式，不管其結構如何複雜，皆可利用以下基本控制流程來加以表達：

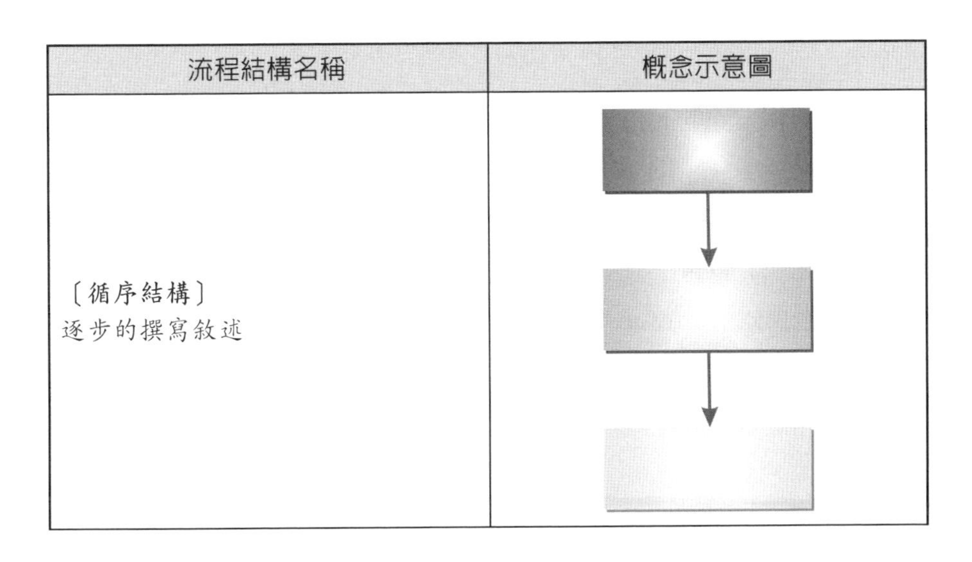

流程結構名稱	概念示意圖
〔循序結構〕 逐步的撰寫敘述	

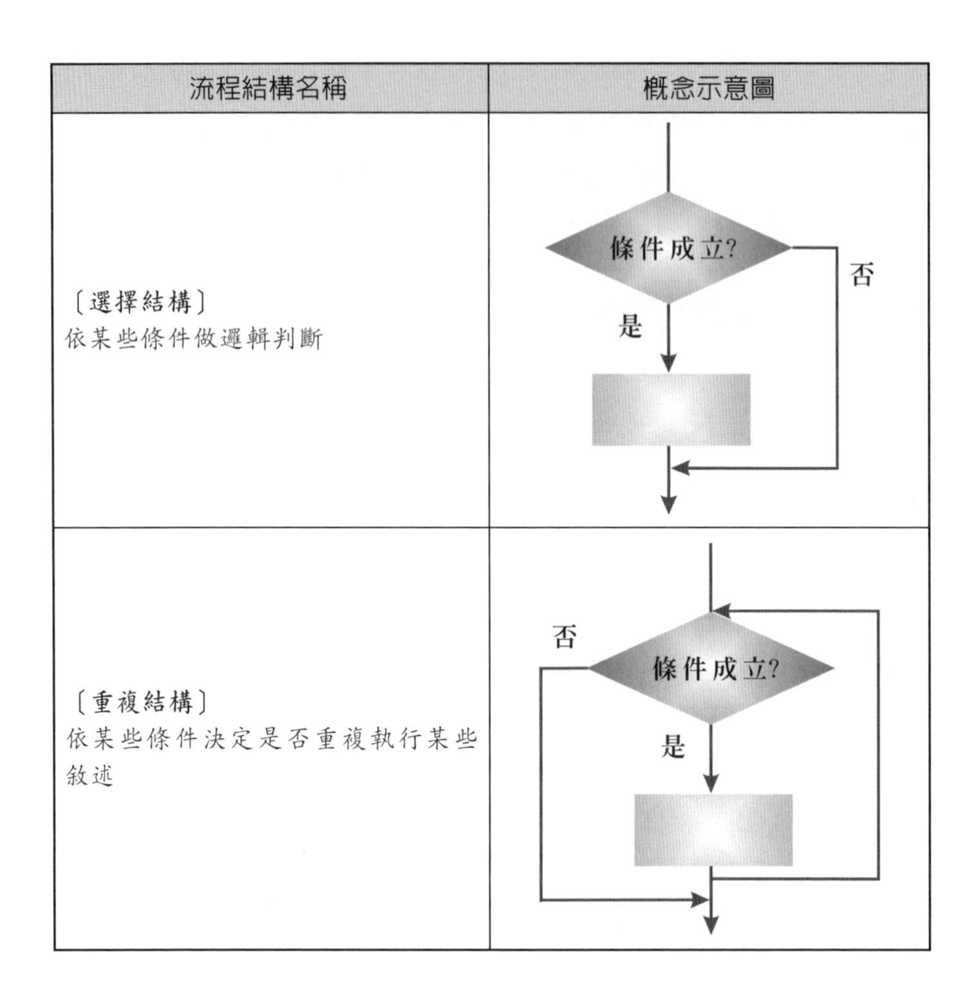

流程結構名稱	概念示意圖
〔選擇結構〕 依某些條件做邏輯判斷	條件成立? 否 是
〔重複結構〕 依某些條件決定是否重複執行某些敘述	否 條件成立? 是

1-3-2 物件導向程式設計

物件導向程式設計（Object-Oriented Programming, OOP）的主要精神就是將存在於日常生活中舉目所見的物件（object）概念，應用在軟體設計的發展模式（software development modcl）。也就是說，OOP讓各位從事程式設計時，能以一種更生活化、可讀性更高的設計觀念來進行，並且所開發出來的程式也較容易擴充、修改及維護。

現實生活中充滿了各種形形色色的物體，每個物體都可視為一種物件。我們可以透過物件的外部行為（behavior）運作及內部狀態（state）模式，來進行詳細地描述。行為代表此物件對外所顯示出來的運作方法，狀態則代表物件內部各種特徵的目前狀況。

物件導向設計的理念就是認定每一個物件是一個獨立的個體，而每個獨立個體有其特定之功能，對我們而言，無需去理解這些特定功能如何達成這個目標過程，僅須將需求告訴這個獨立個體，如果此個體能獨立完成，便可直接將此任務，交付給發號命令者。物件導向程式設計的重點是強調程式的可讀性（Readability）重覆使用性（Reusability）與延伸性（Extension），說明如下：

■ 封裝

封裝（Encapsulation）是利用「類別」（class）來實作「抽象化資料型態」（ADT）。類別是一種用來具體描述物件狀態與行為的資料型態，也可以看成是一個模型或藍圖，按照這個模型或藍圖所生產出來的實體（Instance），就被稱為物件。

> **Tips**
>
> 「抽象化」就是將代表事物特徵的資料隱藏起來，並定義「方法」（Method）做為操作這些資料的介面，讓使用者只能接觸到這些方法，而無法直接使用資料，符合了「資訊隱藏」（Information Hiding）的意義，這種自訂的資料型態就稱為「抽象化資料型態」。

■ 繼承

繼承性稱得上是物件導向語言中最強大的功能，類似現實生活中的遺傳，允許我們去定義一個新的類別來繼承既存的類別（class），進而使用或修改繼承而來的方法（method），並可在子類別中加入新的資料成員與函數成員。在繼承關係中，可以把它單純地視為一種複製（copy）的動作。換句話說當程式開發人員以繼承機制宣告新增類別時，它會先將所參照的原始類別內所有成員，完整地寫入新增類別之中。

■ 多形

多形（Polymorphism）也是物件導向設計的重要特性，就是一樣東西同時具有多種不同的型態。在物件導向程式語言中，多形的定義簡單來說是利用類別的繼承架構，先建立一個基礎類別物件。使用者可透過物件的轉型宣告，將此物件向下轉型為衍生類別物件，進而控制所有衍生類別的「同名異式」成員方法。

■ 物件（Object）

可以是抽象的概念或是一個具體的東西包括了「資料」（Data）以及其所相應的「運算」（Operations或稱Methods），它具有狀態（State）、行為（Behavior）與識別（Identity）。

每一個物件（Object）均有其相應的屬性（Attributes）及屬性值（Attribute values）。例如有一個物件稱為學生，「開學」是一個訊息，可傳送給這個物件。而學生有學號、姓名、出生年月日、住址、電話等屬性，目前的屬性值便是其狀態。學生物件的運算行為則有註冊、選修、轉系、畢業等，學號則是學生物件的唯一識別編號（Object Identity, OID）。

■ 類別（Class）

是具有相同結構及行為的物件集合，是許多物件共同特徵的描述或物件的抽象化。例如小明與小華都屬於人這個類別，他們都有出生年月日、血型、身高、體重等類別屬性。類別中的一個物件有時就稱爲該類別的一個實例（Instance）。

■ 屬性（Attribute）

「屬性」則是用來描述物件的基本特徵與其所屬的性質，例如：一個人的屬性可能會包括姓名、住址、年齡、出生年月日等。

■ 方法（Method）

「方法」則是物件導向資料庫系統裡物件的動作與行爲，我們在此以人爲例，不同的職業，其工作內容也就會有所不同，例如：學生的主要工作爲讀書，而老師的主要工作則爲教書。

1-4 認識演算法

資料結構和演算法是程式設計中最基本的內涵。程式能否快速而有效率的完成預定的任務，取決於是否選對了資料結構，而程式是否能清楚而正確的把問題解決，則取決於演算法。所以我們可以把Nicklaus Wirth大師的說法再進一步闡述：「資料結構加上演算法等於可執行的程式」。所以，將演算法做簡單的定義：

- 演算法用來描述問題並有解決的方法，以程序式的描述為主，讓人一看就知道是怎麼一回事。
- 使用某種程式語言來撰寫演算法所代表的程序，並交由電腦來執行。
- 在演算法中，必須以適當的資料結構來描述問題中抽象或具體的事物，有時還得定義資料結構本身有哪些操作。

1-4-1 演算法的特性與工具

演算法（Algorithm）代表一系列爲達成某種目標而進行的工作，通常演算法裡的工作都是針對資料做某種程序的處理過程。在韋氏辭典中演算法卻定義爲：「在有限步驟內解決數學問題的程序」。如果運用於電腦科學領域中，我們把演算法定義成：「爲了解決某一個工作或問題，所需要有限數目的機械性或重覆性指令與計算步驟」。其實日常生活中有許多工作都可以利用演算法來描述，例如員工的工作報告、寵物的飼養過程、學生的功課表等。認識了演算法的定義後，我們還要說明演算法必須符合的下表的五個條件：

演算法特性	說明
輸入（Input）	0個或多個輸入資料，這些輸入必須有清楚的描述或定義
輸出（Output）	至少會有一個輸出結果，不可以沒有輸出結果
明確性（Definiteness）	每一個指令或步驟必須是簡潔明確而不含糊的
有限性（Finiteness）	在有限步驟後一定會結束，不會產生無窮迴路
有效性（Effectiveness）	步驟清楚且可行，能讓使用者用紙筆計算而求出答案

演算法的五個條件

接下來的問題是：「什麼方法或語言才能夠最適當的表達演算法？」事實上，只要能夠清楚、明白、符合演算法的五項基本原則，即使一般文字，虛擬語言（Pseudo-language），表格或圖形、流程圖，甚至於任何一種程式語言都可以作爲表達演算法的工具。

以文字來描述

演算法是可以使用文字來加以描述，但是會比較不精確，因此一般較不常用。例如：

步驟一：輸入兩個數值
步驟二：判斷第一個數值是否大於第二個數值
步驟三：判斷正確的話，以第一個數值爲最大值

流程圖

一般常見的流程圖符號以下表來做說明。

符號	名稱	功能
(圓角矩形)	開始／結束	流程圖的開始或結束
(矩形)	處理程序	處理問題的步驟
(平行四邊形)	輸入／輸出	處理資料的輸入或輸出的步驟
(菱形)	決策	依據決策符號的條件來決定下一個步驟
(圓形)	接點	流程圖過大時，作爲兩個流程圖的連接點
(箭頭)	流程方向	決定流程的走向

常見的流程圖

虛擬碼

虛擬碼是目前設計演算法最常使用的工具。在陳述解題步驟時，它混合了自然語言和高階程式語言，其表達方式介於人類口語與程式語法之間，容易轉換成程式指令。下表列舉循序、選擇和迴圈的虛擬碼寫法。

結構	關鍵字	虛擬碼
循序	運算式	k←x1 + x2
	=	=
	mod	mod
	and	and
	or	or
選擇	if	if 條件 then end if

	if, else	if 條件 then
		else
		end if

迴圈	while	while 條件 do end while
	for	for (item in range) do end for
	exit	exit for
	continue	continue
其他	print	PRINT
	return	return
函式	Function	FUNC 名稱: 回傳值型別 RETURN 值
宣告		x <- 0
陣列		A[]

常用的虛擬碼

1-5 演算法的效能

從廣義角度來看，資料結構能應用在程式設計的要求上，透過程式的執行效能與速度爲衡量標準。充分了解每一種元件資料結構的特性，才能將適合的資料結構應用得當，否則非但不能符合程式的設計需求，甚至會讓整體執行效率變的更差。資料結構和演算法是相輔相成的，在解決特定問題的時候，當我們決定採用哪一種資料結構，也就是決定了演算法。

關於演算法的優劣，主要是要看這個演算法占用的電腦資料所需的時間和記憶空間而定，可以從「空間複雜度」和「時間複雜度」這兩方面來考量、分析。

- **空間複雜度**（Space complexity）：是指演算法使用的記憶體空間的大小。
- **時間複雜度**（Time complexity）：決定於演算法執行完成所用的時間。

不過由於電腦硬體進展的日新月異，所以純粹從程式（或演算法）的效能角度來看，應該以演算法的時間複雜度爲主要評估與分析的依據。所謂時間複雜度（Time complexity）是指程式執行完畢所需的時間，概括兩個時間：第一個是編譯時間（Compile Time），使用編譯器編譯程式所需的時間會被忽略。第二個是執行時間（Execution Time），它才是探討的對象。

藉由迴圈執行次數計的簡例，我們知道在程式設計時，決定某程式區段的步驟計數是程式設計師在控制整體程式系統時間的重要因素；不過，決定某些步驟的精確執行次數卻也眞是件相當困難的工作。例如程式設計師可以就某個演算法的執行步驟計數來衡量執行時間的標準；先來看看下列兩行指令：

```
x += 1
y = x + 0.3 / 0.7 * 225
```

雖然我們都將其視爲一個指令，由於涉及到變數儲存型別與運算式的複雜度，它影響了精確的執行時間。與其花費很大的功夫去計算眞正的執行次數，不如利用「概量」的觀念來做爲衡量執行時間，這就是「時間複雜度」（Time complexity）。通常採用以下三種分析模式來表示演算法的時間複雜度：

- **最壞狀況**：分析所有可能的輸入組合下，最多所需要的時間。程式最高的時間複雜度，稱為Big-Oh；也就是程式執行的次數一定相等或小於最壞狀況。
- **平均狀況**：分析所有可能的輸入組合下，平均所需要的時間。程式平均的時間複雜度，稱為Theta(θ)；程式執行的次數介於最佳與最壞狀況之間。
- **最佳狀況**：分析對何種輸入資料，所需花費的時間最少。程式最低的時間複雜度，稱為Omega(Ω)；也就是程式執行的次數一定相等或大於最佳狀況。

1-5-1 Big-O

Big-O代表演算法時間函式的上限（Upper bound），在最壞的狀況下，演算法的執行時間不會超過Big-O；在一個完全理想狀態下的計算機中，定義T(n)來表示程式執行所要花費的時間：

T(n)= O(f(n))(讀成Big-oh of f(n)或Order is f(n))
若且唯若存在兩個常數c與n_0
對所有的n值而言，當n≧n_0時，則T(n)≦c*f(n))均成立

◈ T(n)為理想狀況下，程式在電腦中實際執行指令次數。
◈ f(n)取執行次數中最高次方或最大的指數項目，也可以稱為執行時間的成長率（Rate of growth）。
◈ n資料輸入量。

進行演算法分析時，時間複雜度的衡量標準以程式的最壞執行時間（Worse Case Executing Time）為規模；也就是分析演算法在所有輸入可能的組合下，所需要的最多時間，一般會以O(f(n))表示。(f(n))可以看成是某一演算法在電腦中所需執行時間始終不會超過某一常數倍的f(n)。若輸入資料量(n)比(n_0)多時，則時間函數T(n)必會小於等於f(n)；當輸入資料量大到一定程度時，則c*f(n)必定會大於實際執行指令次數。

我們來看一些實際的例子，假設下列多項式各為某程式片斷或敘述的執行次數，請利用Big-O來表示時間複雜度。

例一：4n + 2

4n + 2 = O(n)，得到c = 5，n_0 = 2，所以4n + 2 ≦ 5n

4*n + 2≦c*n （因為T(n) = O(f(n)))
得(c-4)*n≧2
找出上限時，可以把最大的加項再加「1」值，所以為「5n」
當c = 4+1時，則n≧2，所以n_0 = 2 (因為n ≧ n_0)
所以c≧5，且n_0≧2時，則4*n + 2 ≦ 5*n

例二：$10n^2 + 5n + 1$

$10n^2 + 5n + 1 = O(n^2)$，得到c = 11，n_0 = 6
所以$10n^2 + 5n + 1 ≦ 11n^2$

CHAPTER 1

$10n^2 + 5n + 1 \leqq c * n^2$ (因爲$T(n) = O(f(n))$)
得$(c-10)n^2 \geqq 5n+1$
$c = 10+1$時，上式爲$n^2 \geqq 5n+1$，當 $n \geqq 6$時，則 $n^2 \geqq 5n+1$
得到 $n_0 = 6$(因爲$n \geqq n_0$)
所以$c \geqq 11$，且$n_0 \geqq 6$時，則$10n^2 + 5n + 1 \leqq 11n^2$

例三：$7 * 2^n + n^2 + n^2 + n$

$7 * 2^n + n^2 + n = O(2^n)$，得到$c = 8$，$n_0 = 4$
得到$7 * 2^n + n^2 + n \leq 8 * 2^n$

事實上，我們知道時間複雜度事實上只表示實際次數的一個量度的層級，並不是眞實的執行次數。常見的Big-O有下列幾種。

常數時間

O(1)爲常數時間（Constant time），表示演算法的執行時間是一個常數倍，其執行步驟是固定的，不會因爲輸入的值而做改變，我們會記成「T(n) = 2 ⇨O(1)」。

```
a, b = 5, 10
result = a * b
```

如果存在這樣的演算法，可以在任何大小的資料集合中自由的使用，而忽略資料集合大小的變化。就像電腦的記憶體一般，不考慮整個記憶體的數量，其讀取及寫入所耗費的時間是相同的。如果存在這樣的演算法則，任何大小的資料集合中可以自由的使用，而不需要擔心時間或運算的次數會一直成長或變得很高。

線性時間

O(n)爲線性時間（Linear time），當演算法加入迴圈就會變更複雜，得進一步去確認某個特定的指令的執行次數。執行的時間會隨資料集合的大小而線性成長，例如下列演算法有while迴圈，執行的次數依據輸入的n值來決定，所以「T(n)= n⇨O(n)」。

```
k = 1
while k < n:
    k += 1
```

對數時間

$O(\log_2 n)$稱為對數時間（Logarithmic time）或次線性時間（Sub-linear time），成長速度比線性時間還慢，而比常數時間還快。例如下列演算法有while迴圈，每當j乘以2就越靠近輸入的n值，所以「$2^x = n$」可以得到「$x = \log_2 n$」，其時間複雜度就是「$O(\log_2 n)$」。

```
j = 1;
while j < n:
  j *= 2
```

平方時間

$O(n^2)$為平方時間（quadratic time），演算法的執行時間會成二次方的成長，這種會變得不切實際，特別是當資料集合的大小變得很大時。下列演算法中有兩層while迴圈；第一層while迴圈的時間複雜度就是「O(n)」，第二層while迴圈再進行迴圈n次，所以所得的時間複雜度就是「$O(n^2)$」。

```
j, k = 1, 1
while j <= n:
  while k <= n:
    k += 1
  j += 1
```

可以再想想看，將第一層while迴圈的n變更為m的話，則時間複雜度就變成「O（m×n）」。

```
j, k = 1, 1
while j <= m:
  while k <= n:
    k += 1
  j += 1
```

所以，可以獲悉「迴圈的時間複雜度等於主迴圈的複雜度乘以該迴圈的執行次數」。

指數時間

$O(2^n)$為指數時間（Exponential time），演算法的執行時間會成二的n次方成長。通常對於解決某問題演算法的時間複雜度為$O(2^n)$（指數時間），我們稱此問題為Nonpolynomial Problem。

線性乘對數時間

$O(n\log_2 n)$稱為線性乘對數時間，介於線性及二次方成長的中間之行為模式。演算法當中會以雙層for或while迴圈，執行次數為n，但累計以指數呈現。

1-5-2 Ω(Omega)

Ω也是一種時間複雜度的漸近表示法，它代表演算法時間函式的下限（Lower Bound）；如果說Big-O是執行時間量度的最壞情況，那Ω就是執行時間量度的最好狀況。以下是Ω的定義：

T(n) = Ω(f(n))(讀作Big-Omega of f(n))
若且唯若存在大於0的常數c和n_0
對所有的n值而言，n≧n_0時，T(n)≧c*f(n)均成立

- T(n)為理想狀況下，程式在電腦中實際執行指令次數。
- f(n)取執行次數中最高次方或最大的指數項目，也可以稱為執行時間的成長率（Rate of growth）。
- n資料輸入量。

若輸入資料量(n)比(n_0)多時，則時間函數T(n)必會大於等於f(n)；當輸入資料量大到一定程度時，則c*f(n)必定會小於實際執行指令次數。例如「f(n) = 5n + 6」，存在「c = 5, n_0 = 1」，對所有n≧1時，5n + 5≧5n，因此「f(n) = Ω(n)」而言，n就是成長的最大函數。

假設下列多項式各為某程式片斷或敘述的執行次數，請利用Ω來表示時間複雜度。

例一：3n + 2

3n + 2 = Ω(n)
得到c = 3，n_0 = 1，使得3n + 2 ≧ 3n

∴3*n + 2 ≧ c*n, 得到(3-c)*n ≧ -2
要找下限，事實上是找出比3n + 2 ≧ 3n更小，保留最大的加項，刪除最小的加項
當c = 3時，並且n > 1，上式即可成立
∴找到c = 3，n_0 = 1（因為n ≧ n_0），則3n + 2 ≧ 3n

例二：$200n^2 + 4n + 5$

$200n^2 + 4n + 5 = \Omega(n^2)$
找到c = 200，n_0 = 1，使得$200n^2 + 4n + 5 \geq 200n^2$

CHAPTER 1

1-5-3 θ (Theta)

介紹另外一種漸近表示法稱爲θ（Theta），它代表演算法時間函式的上限與下限。它和Big-O及Omega比較而言，是一種更爲精確的方法。定義如下：

> $T(n) = \theta(f(n))$(讀作Big-Theta of f(n))
> 若且唯若存在大於0的常數c_1、c_2和n_0
> 對所有的n值而言，$n \geqq n_0$時，$c_1*f(n) \leqq T(n) \leqq c_2*f(n)$均成立

- T(n)爲理想狀況下，程式在電腦中實際執行指令次數。
- f(n)取執行次數中最高次方或最大的指數項目，也可以稱爲執行時間的成長率（Rate of growth）。
- n資料輸入量。
- $c_1 \times f(n)$爲下限，即Ω。
- $c_2 \times f(n)$爲上限，即θ。

若輸入資料量(n)比(n_0)多時，則存在正常數c_1與c_2，使$c_1 \times f(n) \leq T(n) \leq c_2 \times f(n)$。T(n)的運算次數會介於或等於$c_2f(n)$與$c_1f(n)$之間，可視爲$c_2 \times f(n)$相當於T(n)的上限，$c_1 \times f(n)$相當於T(n)的下限。

例如：$T(n) = n^2 + 3n$。

> $c_1 * n^2 \leqq n^2 + 3 * n$
> $n^2 + 3*n \leqq c_2 * n^2$
> ∴找到$c_1 = 1$，$c_2 = 2$，$n_0 = 1$，則$n^2 \leqq n^2 + 3n \leqq 2n^2$

第二章

C 語言輕鬆快速入門

雖然考生可自行選擇以C、C++、Java、Python四種語言之一來撰寫實作題的程式解答，不過APCS考題的觀念題如果需提供程式片段，還是會以C語言命題，所以我們建議應考的考生對C語言還是要有一定的了解，本單元我們會以明快的介紹，來幫助各位快速學習C語言。C語言發展至今已經超過30個年頭，目前常見的各種作業系統初期大都是以C語言爲基礎所發展出來，相較於Java、Visual Basic、Pascal等程式語言來說，C語言的執行效率相當高，執行時也相當地穩定。

2-1 Dev-C++IDE與C語言簡介

各位要著手開始設計C程式，首先只要找個可將程式的編輯、編譯、執行與除錯等功能畢其同一操作環境下的「整合開發環境」（Integrated Development Environment, IDE）即可畢其功於一役，本書中所使用的免費Dev-C++就是一個不錯的選擇，也是屬於開放原始碼（open-source code），專爲設計C/C++語言所設計，這套免費且開放原始碼的Orwell Dev-C++的下載網址如下：http://orwelldevcpp.blogspot.tw/。

各位從編輯與撰寫一個C的原始程式到讓電腦跑出程式結果，一共要經過「編輯」、「編譯」、「連結」、「載入」與「執行」五個階段。看起來有點麻煩，實際上很簡單。首先我們要開啓一個新檔案來撰寫程式的原始碼，請執行「檔案/開新檔案/原始碼」指令「原始碼」鈕，就會開啓新檔案，如下圖畫面：

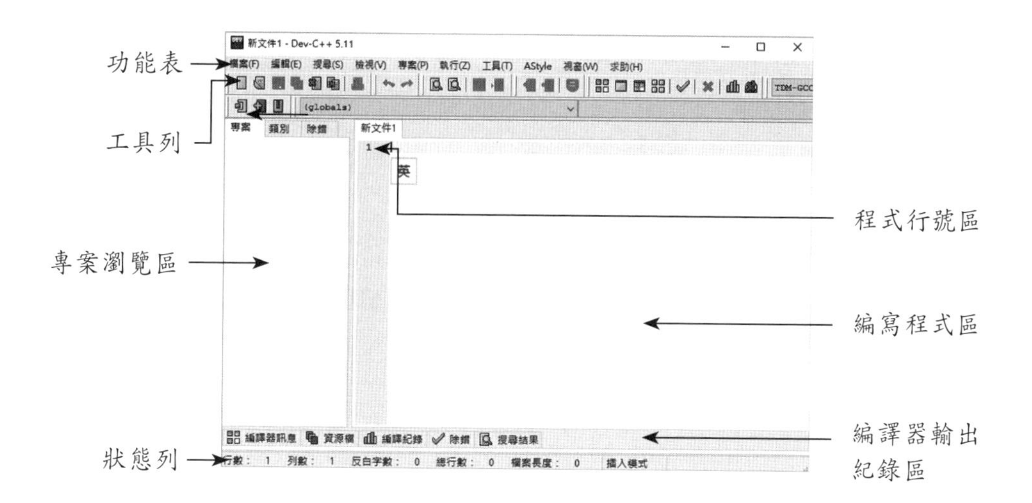

Dev C++擁有很視覺化的視窗編輯環境，會將程式碼中的字串、指令與註解分別標示成不同顏色，這個功用讓程式碼的編寫修改或除錯容易很多。了解Dev C++的一些基礎環境之後，各位即可開始編寫第一個的C語言程式。在編寫C程式之前，首先要了解C的寫作規則。在C語言中共包含了前置處理區、程式區塊、程式敘述和程式註解四部分：

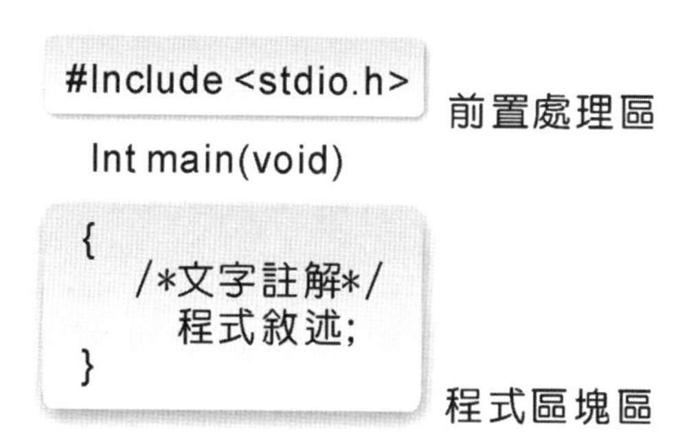

■ 前置處理區（preprocessor）

前置處理器大多以#開頭，是C語言中在開始編譯檔案之前先做的動作，事實上，它並不是C語言的一部分，它的作用是告訴編譯器要加入C語言中所定義的表頭檔或指令。一般最常使用的表頭檔爲<stdio.h>。

■ 程式區塊（block）

程式區塊（block）是由{}左右兩個大括弧所組成，它包含多行或單行的程式敘述。程式區塊中的程式敘述的格式相當自由，可以將多個程式敘述置於一行，或是一行程式敘述分成多行。

■ 程式敘述

程式敘述式（statement）是組成C語言程式基本的要件，我們可將C語言程式比喻成一篇文章，而程式區塊就像是段落，程式敘述就是段落中的句子。程式敘述跟程式區塊相同，具有自由的格式，在結尾時使用「；」號，代表一個程式敘述的結束。

■ 程式註解（comment）

C語言的程式註解是提供給程式的使用者與維護者了解程式的用意，它是以「/*」作開頭，「*/」作結束，之間的任何文字符號都不被編譯器接受。

底下就以DEV-C++撰寫第一個C語言程式。

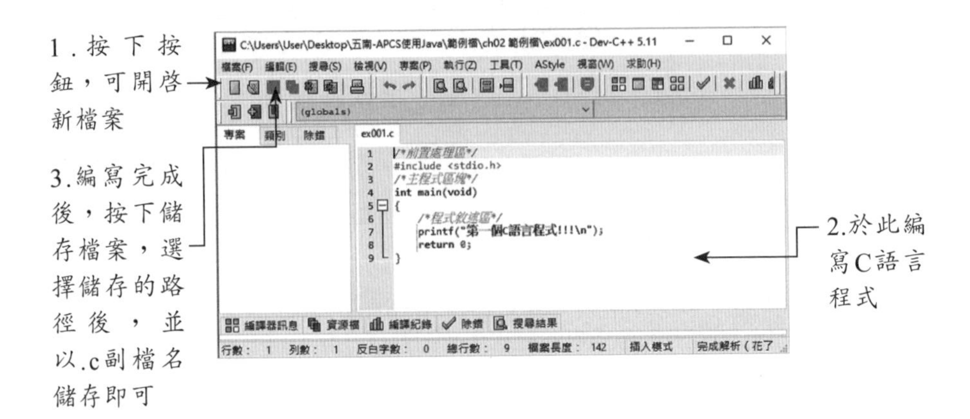

範例程式：ex001.c

```
01  /*前置處理區*/
02  #include <stdio.h>
03  /*主程式區塊*/
04  int main(void)
05  {
06     /*程式敘述區*/
07     printf("第一個C語言程式!!!\n");
08     return 0;
09  }
```

【程式解析】

- 第1行：C語言的註解格式。
- 第2行：利用#include指令將<stdio.h>表頭檔加入到C語言中，此表頭檔包含C語言常用的輸入與輸出等指令，爲C語言中作常用的表頭檔。
- 第4行：int main(void)爲一般C語言的主程式的格式，int是整數資料型態，main是主程式的名稱，(void)代表此主程式沒有參數資料傳遞，參數傳遞會在函數部分介紹。
- 第7行：程式敘述，其中printf()是C語言輸出的函數，以" "括住的文字會輸出到螢幕上。
- 第8行：因爲主程式被宣告爲int資料型態，必須return一個值，而回傳數值0是代表程式正常結束。

2-1-1 變數與常數

程式語言中最基本的資料處理對象就是變數（variable）與常數（constant），變數是代表電腦裡的一個記憶體儲存位置，可以提供使用者設定資料在這個位置上，所以它的數值可做變動，因此被稱爲「變數」。變數的名稱是由程式設計者自行命名的，不過必須考慮到程式的可讀性與所命名的名稱是否和C語言裡的保留字（keyword）有所衝突，在變數的命名上訂定了以下規則：

命名規則	示範說明
變數的名稱開頭只能以英文字母或底線符號（_）作爲開頭。	正確：myvariable，_name。 錯誤：5variable，@name。
變數中間的名稱不得爲特殊符號，但可用底線符號（_）做區隔。	正確：my_variable。 錯誤：MY@$!~%&*(_)er。
大小寫不同的變數名稱，視爲不同的變數名稱。	myvriable、MYVRIABLE爲不同變數。
變數名稱不得與保留字和函數名稱相同。	正確： my_string 錯誤：int、 char；

基本上，除了變數之外，在C語言裡需要被命名的還包括常數、函數、結構、聯合、列舉常數等。這些需要被命名的項目，C都必須給它們一個識別字（identifier），識別字的命名也都需要符合以上的命名規則。

在C語言中，變數宣告的語法如下：

```
資料型態 變數名稱；
```

如果要一次宣告多個同資料型態的變數，可以利用「，」隔開變數名稱即可。變數宣告通常是放在程式區塊中的開頭，也就是在「{」符號後。至於變數初始化的功用，則是在變數一開始產生時就指定它的內容，宣告的方式如下：

```
資料型態 變數名稱=初始值；
```

常數是指程式在執行的整個過程中，不能被改變的數值。例如整數常數45、-36、10005、0等，或者浮點數常數：0.56、-0.003、1.234E2等等。常數在C程式中也如同變數一般，可以利用一個識別字來表示，請利用保留字const和利用前置處理器中的#define指令來宣告自訂常數。宣告語法如下：

```
方式1： const 資料型態 常數名稱=常數值;
方式2： #define 常數名稱 常數值
```

請各位留意，由於#define為一巨集指令，並不是指定敘述，因此不用加上「=」與「;」。以下兩種方式都可定義常數：

```
const  int radius=10;
#define  PI  3.14159
```


2-1-2 基本資料型態

由於C是屬於一種強制型態式（strongly typed）語言，有關變數宣告時，必須要指定資料型態。基本上，有關C語言中的基本資料型態，可以區分為三大類；整數、浮點數和字元資料型態。分述如下：

1.整數

當我們將變數指定為整數型態時，記憶體中即會保留2個位元組（16位元）的空間，用來儲存整數變數的內容值。宣告方式如下：

```
int 變數名稱=初始值;
```

2.浮點數

浮點數資料型態指的是帶有小數點的數字，也就是數學上所指的實數。浮點數又分爲單精度浮點數（float）和倍精確度浮點數（double），例如3.14、6e-2、3.2e-18等。

■ float單精度浮點數

float單精度浮點數的資料型態長度爲32個位元，當float浮點數的小數位超過第六位時，後面的小數點會以四捨五入法取到小數第六位。宣告方式如下：

```
float 變數名稱=初始值;
```

■ double倍精確度浮點數

double倍精確度浮點數的資料長度爲64個位元，小數點後的位數會自動四捨五入到第15位數，其中double倍精確度浮點數，搭配long資料型態修飾詞後，所能提供的數字精確度幾乎比float浮點數高兩倍。宣告方式如下：

```
double 變數名稱=初始值;
```

Tips

浮點數的表示方法除了一般帶有小數點的方式，另一種是稱爲科學記號的指數方式，例如3.14、-100.521、6e-2、3.2E-18等。其中e或E是代表C中10爲底數的科學符號表示法。例如6e-2，其中6稱爲假數，-2稱爲指數。

3.字元

字元型態包含了字母、數字、標點符號及控制符號等，在記憶體中是以整數數值的方式來儲存，每一個字元占用1個位元組（Byte）的資料長度，通常字元會被編碼，所以字元ASCII編碼的數值範圍為「0～127」之間，例如字元「A」的數值為65、字元「0」則為48。

在設定字元變數時，必須將字元置於「' '」單引號之間，而不是雙引號「" "」。宣告字元變數的方式如下：

```
方式1：char 變數名稱1, 變數名稱2, …. , 變數名稱N;  /*宣告多個字元
       變數*/
方式2：char 變數名稱 = '字元' ;    /*宣告並初始化字元變數*/
```

例如以下宣告：

```
char ch1,ch2,ch3,ch4；
```

或是

```
char  ch5='A'；
```

字元的輸出格式化字元有兩種，分別可以利用%c可以直接輸出字元，或利用%d來輸出ASCII碼的整數值。字元型態資料中還有一些特殊字元是無法利用鍵盤來輸入或顯示於螢幕。這時候必須在字元前加上「跳脫字元」（\），來通知編譯器將反斜線後面的字元當成一般的字元顯示，或者進行某些特殊的控制，例如「\n」字元，就是表示換行的功用。由於反斜線之後的某字元將跳脫原來字元的意義，並代表另一個新功能，

我們稱它們爲跳脫序列（escape sequence）。下面特別整理了C的跳脫序列與相關說明。如下表所示：

跳脫序列	說明	十進位ASCII碼	八進位ASCII碼	十六進位ASCII碼
\0	字串結束字元。（Null Character）	0	0	0x00
\a	警告字元，使電腦發出嗶一聲（alarm）	7	007	0x7
\b	倒退字元（backspace），倒退一格	8	010	0x8
\t	水平跳格字元（horizontal Tab）	9	011	0x9
\n	換行字元（new line）	10	012	0xA
\v	垂直跳格字元（vertical Tab）	11	013	0xB
\f	跳頁字元（form feed）	12	014	0xC
\r	返回字元（carriage return）	13	015	0xD
\"	顯示雙引號（double quote）	34	042	0x22
\'	顯示單引號（single quote）	39	047	0x27
\\	顯示反斜線（backslash）	92	0134	0x5C

Tips

由於C中沒有特別定義布林型態（bool），是用數值0來表示，其它所有非0的數值，則表示true（通常會以數值1表示），只有C++才有的一種表示邏輯的資料型態，它只有兩種值：「true（眞）」與「false（僞）」，而這兩個値若被轉換爲整數則分別爲「1」與「0」。

2-1-3 運算子

運算式組成了各種快速計算的成果，而運算子就是種種運算舞臺上的演員。C運算子的種類相當多，分門別類的執行各種計算功能，例如指派運算子、算術運算子、比較運算子、邏輯運算子、遞增遞減運算子，以及位元運算子等。

■ 指定運算子

「=」符號在數學的定義是等於的意思，不過在程式語言中就完全不同，主要作用是將「=」右方的值指派給「=」左方的變數，由至少兩個運算元組成。以下是指定運算子的使用方式：

```
變數名稱 = 指定值 或 運算式；
```

例如：

```
a= a + 1;          /* 將a值加5後指派給變數a */
c= 'A';            /* 將字元'A'指派給變數c */
```

■ 算術運算子

算術運算子（Arithmetic Operator）是程式語言中使用率最高的運算子，包含了四則運算、正負號運算子、%餘數運算子等。下表是算術運算子的語法及範例說明：

運算子	說明	使用語法	執行結果（A=15,B=7）
+	加	A + B	15+7=22
-	減	A - B	15-7=8
*	乘	A * B	15*7=105
/	除	A / B	15/7=2
+	正號	+A	+15
-	負號	-B	-7
%	取餘數	A % B	15%2=1

■ 關係運算子

關係運算子主要是在比較兩個數值之間的大小關係，當使用關係運算子時，所運算的結果只有「成立」與「不成立」兩種情形。結果成立稱爲「眞（true）」，如果不成立則稱爲「假（false）」。關係運算子共有六種，如下表所示：

運算子	功能	用法
>	大於	a>b
<	小於	a<b
>=	大於等於	a>=b
<=	小於等於	a<=b
==	等於	a==b
!=	不等於	a!=b

■ 邏輯運算子

邏輯運算子是運用在以判斷式來做爲程式執行流程控制的時刻。通常可作爲兩個運算式之間的關係判斷。至於邏輯運算子判斷結果的輸出與比較運算子相同，僅有「眞（true）」與「假（false）」兩種，並且分別可輸出數值「1」與「0」。C中的邏輯運算子共有三種，如下表所示：

<table>
<tr><th>運算子</th><th>功能</th><th>用法</th></tr>
<tr><td>&&</td><td>AND</td><td>a>b && a<c</td></tr>
<tr><td>||</td><td>OR</td><td>a>b || a<c</td></tr>
<tr><td>!</td><td>NOT</td><td>!（a>b）</td></tr>
</table>

■ 位元運算子

電腦實際處理的資料，其實只有0與1這兩種資料，也就是採取二進位形式。因此各位可以使用位元運算子（bitwise operator）來進行位元與位元間的邏輯運算。C/C++的位元運算子能夠進行二進位的位元運算，提供NOT、AND、XOR、OR以及左移或右移幾位位元的位元運算，如下表所示：

<table>
<tr><th>運算子</th><th>範例</th><th>說明</th></tr>
<tr><td>~</td><td>~a</td><td>NOT運算</td></tr>
<tr><td>&</td><td>a&b</td><td>AND運算</td></tr>
<tr><td>|</td><td>a|b</td><td>OR運算</td></tr>
<tr><td>^</td><td>a^c</td><td>XOR運算</td></tr>
<tr><td><<</td><td>a<<2</td><td>左移運算</td></tr>
<tr><td>>></td><td>a>>2</td><td>右移運算</td></tr>
</table>

底下為您說明位元運算子的用法：

■ ~(NOT)

NOT作用是取1的補數（complement），也就是0與1互換。例如a=12，二進位表示法為1100，取1的補數後，由於所有位元都會進行0與1互換，因此運算後的結果得到-13：

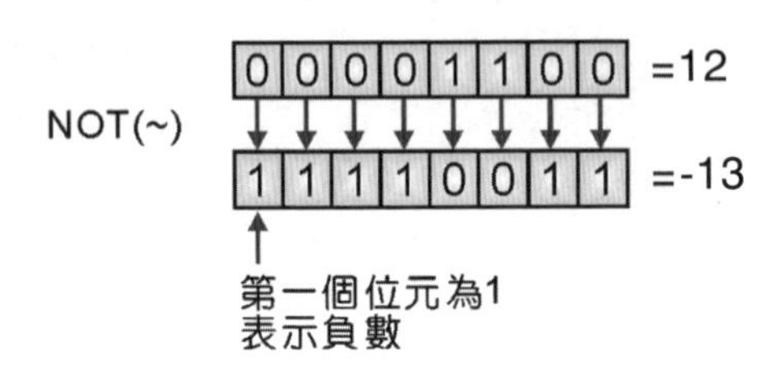

■ &(AND)

執行AND運算時，對應的兩字元都為true時，運算結果才為true，例如：a=12，則a&38得到的結果為4，因為12的二進位表示法為1100，38的二進位表示法為0110，兩者執行AND運算後，結果為十進位的4。如下圖所示：

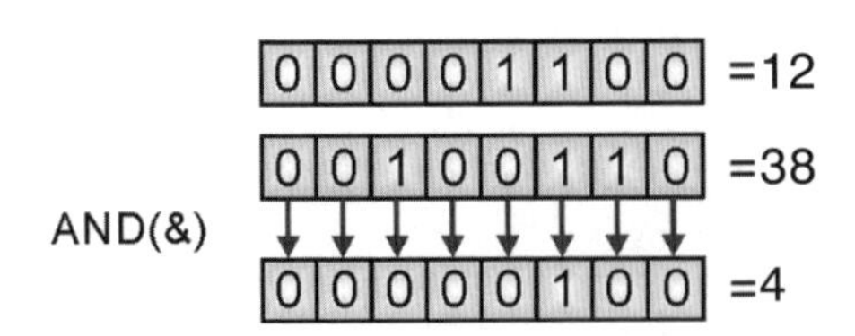

■ |(OR)

執行OR運算時，對應的兩字元只要任一字元為true時，運算結果為true，例如：a=12，則a | 38得到的結果為46，如下圖所示。

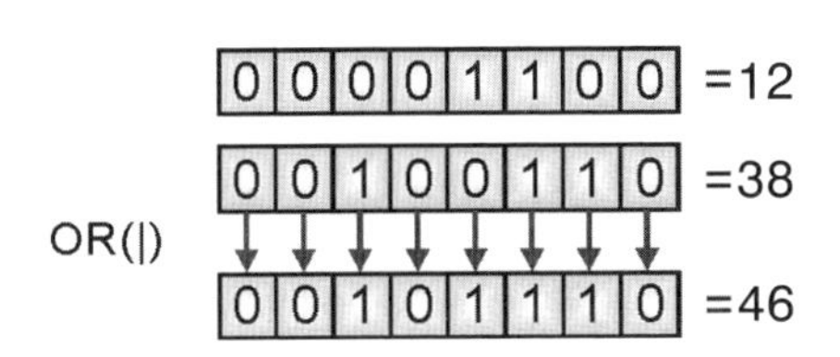

■ ^(XOR)

執行XOR運算時，對應的兩字元只要任一字元爲true時，運算結果爲true，但是如果同時爲true或false時，結果爲false。例如：a=12，則a^38得到的結果爲42，如下圖所示。

0 0 0 0 1 1 0 0 =12
0 0 1 0 0 1 1 0 =38
XOR(^)
0 0 1 0 1 0 1 0 =42

■ <<（左移）

左移運算子（<<）可將a的內容向左移動2個位元，例如：a=12，以二進位來表示爲1100，向左移2個字元後爲110000，也就是十進位的48，如下圖所示。

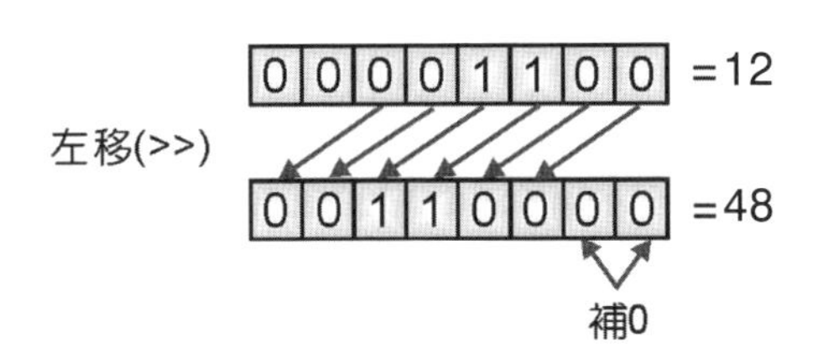

■ >>（右移）

右移運算子（>>）可將a的內容向右移動2個位元，例如：a=12，以二進位來表示爲1100，向右移2個字元後爲0011，也就是十進位的3，如下圖所示。

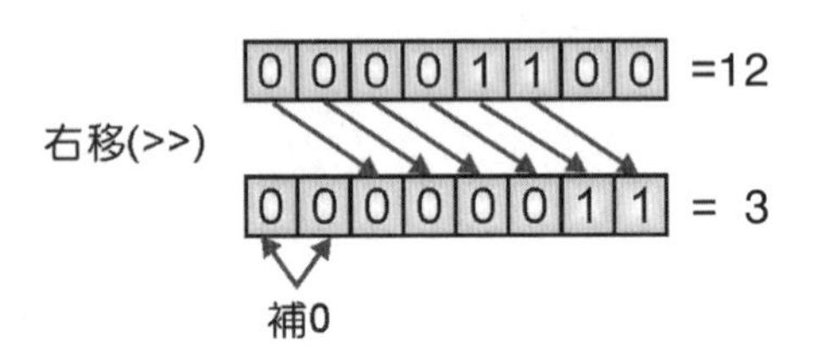

2-2 資料型態轉換

在C的資料型態應用中，如果不同資料型態變數作運算時，往往會造成資料型態間的不一致與衝突，如果不小心處理，就會造成許多邊際效應的問題，這時候「資料型態轉換」（Data Type Coercion）功能就派上用場了。資料型態轉換功能在C中可以區分爲自動型態轉換與強制型態轉換兩種。

2-2-1 自動型態轉換

一般來說，在程式執行過程中，運算式中往往會使用不同型態的變數（如整數或浮點數），這時C編譯器會自動將變數儲存的資料，自動轉換成相同的資料型態再作運算。系統會根據在運算式中會依照型態數值範圍大者作爲轉換的依循原則，例如整數型態會自動轉成浮點數型態，或是字元型態會轉成short型態的ASCII碼：

```
char c1;
int no;

no=no+c1; /* c1會自動轉爲ASCII碼 */
```

此外，並且如果指定敘述「=」兩邊的型態不同，會一律轉換成與左邊變數相同的型態。當然在這種情形下，要注意執行結果可能會有所改變，例如將double型態指定給short型態，可能會有遺失小數點後的精準度。以下是資料型態大小的轉換的順位：

```
double > float > unsigned long > long > unsigned int > int
```

2-2-2 強制型態轉換

在C中，對於針對運算式執行上的要求，還可以「暫時性」轉換資料的型態。資料型態轉換只是針對變數儲存的「資料」作轉換，但是不能轉換變數本身的「資料型態」。有時候爲了程式的需要，C也允許使用者自行強制轉換資料型態。如果各位要對於運算式或變數強制轉換資料型態，可以使用如下的語法：

```
（資料型態） 運算式或變數；
```

我們來看以下的一種運算情形：

```
int i=100, j=3;
float Result;
Result=i/j;
```

運算式型態轉換會將i/j的結果（整數值33），轉換成float型態再指定給Result變數（得到33.000000），小數點的部分完全被捨棄，無法得到精確的數值。如果要取得小數部分的數值，可以把以上的運算式改以強制型態轉換處理，如下所示：

```
Result=(float) i/ (float) j;
```

還有一點要提醒各位注意！對於包含型態名稱的小括號，絕對不可以省略。另外在指定運算子（=）左邊的變數可不能進行強制資料型態轉換！例如：

```
(float)avg=(a+b)/2；  /* 不合法的指令 */
```

2-3 輸出與輸入功能

程式設計的目的在於將使用者所提供的資料，經由運算之後再將結果另行輸出。C語言是透過資料流方式來控制輸入及輸出資料，在C語言中，這些標準I/O函數的原型宣告都放在<stdio.h>標頭檔中，要使用這些函數必需在程式碼中加入底下這一行：

```
#include <stdio.h>
```

在<stdio.h>標頭檔裡，定義了格式化輸入與輸出的函數，分別為printf()函數與scanf()函數，分述如下。

2-3-1 printf()函數

printf()函數會將指定的文字輸出到標準輸出設備（螢幕）。printf()函數可以配合格式指定碼，來輸出指定格式的變數或數值內容。我們利用底下表格，為您列出printf()函數中較常使用的格式指定碼：

格式指定碼	說明
%c	輸出字元
%d	輸出十進位數
%o	輸出八進位數
%x	輸出十六進位數，超過10的數字以大寫字母表示，例如0xff
%X	輸出十六進位數，超過10的數字以大寫字母表示，例如0xFF
%f	輸出浮點數
%e	使用科學記號表示法，例如3.14e+05
%E	使用科學記號表示法，例如3.14E+05（使用大寫E）
%s	輸出字串

printf()的函數原型如下表所列：

函數原型	說明
printf(char* 字串)	直接輸出字串
printf(char* 字串,引數列)	字串中含有格式化字元，並對應引數列資料，再將資料輸出

Tips

百分比符號「%」是輸出時常用的符號，不過不能直接使用，因為會與格式化字元（如%d）相衝突，如果要顯示%符號，必須使用%%方式。例如以下指令：

printf("百分比：%3.2f\%%\n", (i/j)*100);

底下程式，是使用printf()函數配合格示指定碼，觀察同一個數值在格示指定碼不同的情形下，顯示結果的差異：

範例程式：ex002.c

```
01  #include <stdio.h>
02  int main(void)
03  {
04      int Val=123;
05      printf("各種格式化字元的輸出\n");
06      printf("  Val=%d\n",Val);
07      printf("%%iVal=%i\n",Val);
08      printf("%%oVal=%o\n",Val);
09      printf("%%uVal=%u\n",Val);
10      printf("%%xVal=%x\n",Val);
11      system("pause");
12      return 0;
13  }
```

【執行結果】

```
各種格式化字元的輸出
  Val=123
%iVal=123
%oVal=173
%uVal=123
%xVal=7b
請按任意鍵繼續 . . .
```

2-3-2 scanf()函數

scanf()函數可以經由標準輸入設備（鍵盤），把使用者所輸入的數值、字元或字串傳送給指定的變數。scanf()函數的原型，如下：

```
scanf(char* 字串,引數列)
```

如上所示，scanf()函數在使用上與printf()函數類似，但是因為scanf()函數只作為讀取資料之用，所以在格式化字串中，無法顯示格式化字串以外的字元或字串。使用scanf()函數必須設置格式指定碼（format specifier），內容同如表所列：

格式指定碼	說明
%c	輸出字元
%d	輸出十進位數
%o	輸出八進位數

格式指定碼	說明
%x	輸出十六進位數，超過10的數字以大寫字母表示，例如0xff
%X	輸出十六進位數，超過10的數字以大寫字母表示，例如0xFF
%f	輸出浮點數
%e	使用科學記號表示法，例如3.14e+05
%E	使用科學記號表示法，例如3.14E+05（使用大寫E）
%s	輸出字串

scanf()函數讀取數值資料不區分英文字母的大小寫，所以使用%X與%x會得到相同的輸入結果（%e與%E亦同）。scanf()函數與printf()函數的最大不同點，是必須傳入變數位址作參數，而且每個變數前一定要加上&（取址運算子）將變數位址傳入：

```
scanf("%d%f", &N1, &N2);  /* 務必加上&號 */
```

在上式中區隔輸入項目的符號是空白字元，各位在輸入時，可利用空白鍵、Enter鍵或Tab鍵隔開，不過所輸入的數值型態必須與每一個格式化字元相對應：

```
100 65.345【Enter】
或
100【Enter】
65.345【Enter】
```

底下範例使用scanf()函數讀取使用者輸入的資料，並藉由printf()函數輸出相關訊息：

範例程式：ex003.c

```
01  #include <stdio.h>
02  int main(void)
03  {
04      int iVal;
05      printf("請輸入8進制數值:");
06      scanf("%o",&iVal);
07      printf("您所輸入8進制數值，代表10進制:%d\n",iVal);
08      printf("\n");
09
10      printf("請輸入10進制數值:");
11      scanf("%d",&iVal);
12      printf("您所輸入10進制數值，代表8進制:%o\n",iVal);
13      printf("\n");
14
15      printf("請輸入16進制數值:");
16      scanf("%x",&iVal);
17      printf("您所輸入16進制數值，代表10進制:%d\n",iVal);
18      printf("\n");
19
20      printf("請輸入10進制數值:");
21      scanf("%d",&iVal);
22      printf("您所輸入10進制數值，代表16進制:%x\n",iVal);
23      printf("\n");
24      system("pause");
25      return 0;
26  }
```

【執行結果】

```
請輸入8進制數值:65
您所輸入8進制數值，代表10進制:53

請輸入10進制數值:53
您所輸入10進制數值，代表8進制:65

請輸入16進制數值:1c
您所輸入16進制數值，代表10進制:28

請輸入10進制數值:28
您所輸入10進制數值，代表16進制:1c

請按任意鍵繼續 . . .
```

2-4 流程控制

C語言包含三種流程控制結構：「循序結構」（Sequential structure）、「選擇結構」（Selection structure）以及「重複結構」（repetition structure）。這也是所謂「結構化程式設計」（Structured Programming）的三種基本架構。其中最簡單的循序結構就是一個程式敘述由上而下接著一個程式敘述的執行指令，如下圖所示：

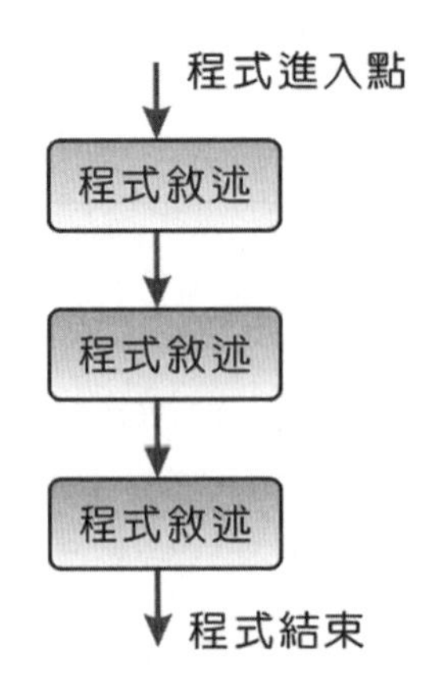

2-4-1 選擇結構

選擇式結構是依據程式的條件控制敘述作判斷。在依據判斷的結果，選擇所應該進行的下一道程式敘述，以下是它的流程圖：

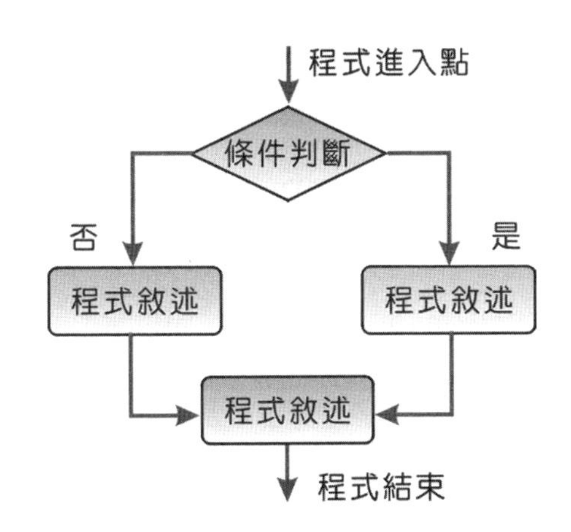

選擇式結構的條件敘述（conditional statement）是讓程式能夠選擇應該執行的程式碼；又可區分爲四種敘述，分別爲if條件敘述作爲單選的判斷、if else條件敘述提供二選一式判斷，而多選一式的判斷有if else if條件敘述和switch條件敘述。

■ if條件敘述

if敘述式是最簡單的一種條件判斷式；可先行判斷條件敘述是否成立，再依照結果決定要執行的程式敘述。語法形式如下：

```
if(條件運算式)
{
    程式敘述區塊；
}
```

另外if else敘述式可以讓程式碼進行二選一的選擇，當條件運算式成立時，會執行if的程式敘述區塊，如果不成立，就會執行else的敘述區塊。以下是它的語法型式：

```
if(條件運算式)
{
    程式敘述區塊；
}
else{
    程式敘述區塊；
}
```

至於if else if條件敘述是一種多選一的條件敘述，讓使用者在if敘述和else if中選擇符合條件運算式的程式敘述區塊，如果以上的條件運算式都不符合，就執行else的程式敘述。以下是語法形式：

```
if(條件運算式)
{
    程式敘述區塊；
}
else if(條件運算式)
{
    程式敘述區塊；
}
……
else{
    程式敘述區塊；
}
```

下圖爲if else if條件敘述的流程圖：

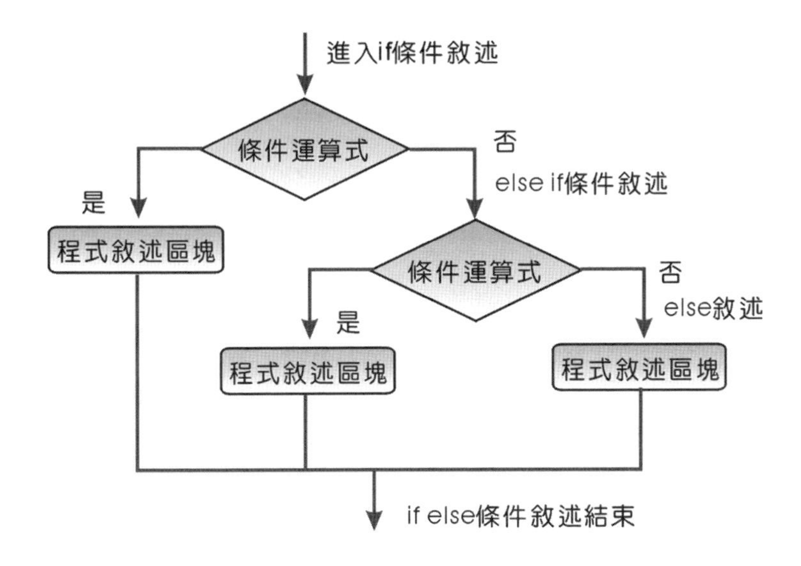

範例程式：**ex004.c**

```
01    #include<stdio.h>
02    int main(void)
03    {
04            int month;
05            printf("請輸入月份: ");
06            scanf("%d",&month);
07            if(2<=month & month<=4)
08                    printf("充滿生機的春天\n");
09
10            else if(5<=month & month<=7)
11                    printf("熱力四射的夏季\n");
12
13            else if(month>=8 & month <=10)
14                     printf("落葉繽紛的秋季\n");
15
16            else if(month==1 |month>=11 & month <=12 )
```

```
17              printf("寒風刺骨的冬季\n");
18
19          else
20              printf("很抱歉沒有這個月份!!!");
21          system("pause");
22          return 0;
23      }
```

【執行結果】

```
請輸入月份: 4
充滿生機的春天
請按任意鍵繼續 . . .
```

■ switch條件敘述

C中提供了另一種選擇——switch敘述，讓程式語法能更加簡潔易懂。使用上與if else if條件指令也不盡相同不同，因爲switch指令必須依據同一個運算式的不同結果來選擇要執行哪一段case指令，特別是這個結果值還只能是字元或整數常數，這點請各位務必記得，而if else指令能直接與邏輯運算子配合使用，較沒有其它限制。switch指令的語法格式如下：

```
switch(條件運算式)
{
    case 數值1:
        程式敘述區1;
        break;
    case 數值2:
        程式敘述區2;
        break;
            .
            .
            .
    default:
        程式敘述          ── Default指令也可省略
}
```

如果程式敘述僅包含一個指令，可以將程式敘述接到常數運算式之後。如下所示：

```
switch(條件運算式)
{
    case 數值1： 程式敘述1;
        break;
    case 數值2： 程式敘述2;
        break;

    default：程式敘述;
}
```

各位應該有留意在每道case指令最後，必須加上一道break指令來結束，在C中break的主要用途是用來跳躍出程式敘述區塊，當執行完任何case區塊後，並不會直接離開switch區塊，而是往下繼續執行其它的case，這樣會浪費執行時間及發生錯誤，只有加上break指令才可以跳出switch指令區。還要補充一點，default指令原則上可以放在switch指令區內的任何位置，如果找不到吻合的結果值，最後才會執行default敘述，除非擺在最後時，才可以省略default敘述內的break敘述，否則還是必須加上break指令。

下圖爲switch的流程圖：

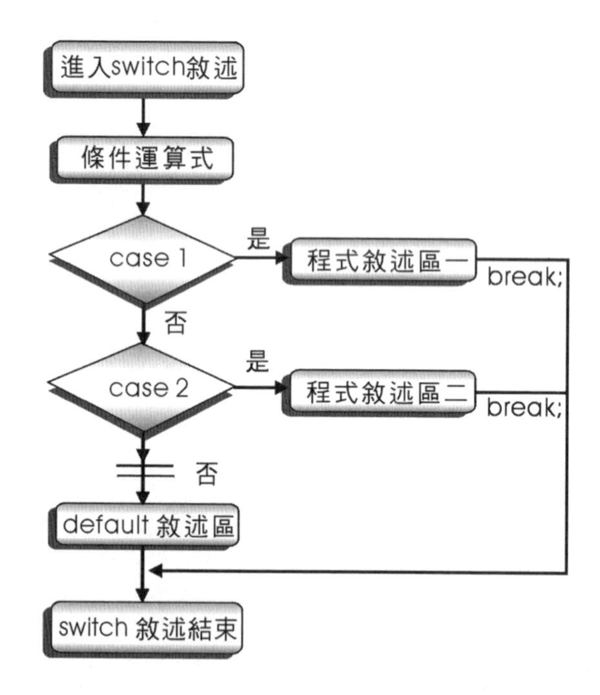

範例程式：**ex005.c**

```
01  #include<stdio.h>
02  int main(void)
03  {
04      char ch;
05      printf("1.80以上,\n2.60~79,\n3.59以下\n");
06      printf("請輸入分數群組: ");
07      scanf("%c",&ch);
08      /*switch 條件敘述開始*/
09      switch(ch)
10      {
11        /* 此處不加大括號*/
12        case '1':
13            printf("繼續保持!\n");
14            break;
15        case '2':
16            printf("還有進步空間!!\n");
17            break;
18        case '3':
19            printf("請多多努力!!!\n");
20            break;
21        default:
22            printf("error\n");
23            break;
24      }
25      system("pause");
26      return 0;
27  }
```

【執行結果】

```
1.80以上,
2.60~79,
3.59以下
請輸入分數群組: 2
還有進步空間!!
請按任意鍵繼續 . . .
```

2-4-2 重複式結構

重複式結構，是一種迴圈（loop）控制，根據所設立的條件，重複執行某一段程式敘述，直到條件判斷不成立，才會跳出迴圈，在C語言中，又可分爲for迴圈、while迴圈與do while迴圈三種。

■ for迴圈敘述

for迴圈又稱爲計數迴圈，是程式設計中較常使用的一種迴圈，可以重複執行固定次數的迴圈，不過必須事先設定迴圈控制變數（loop-control variable）的起始值、執行迴圈的條件運算式與更新迴圈控制變數。以下是語法形式：

```
for(迴圈控制變數起始值； 條件運算式；更新迴圈控制變數)
{
    程式敘述區塊；
}
```

for迴圈執行步驟的詳細說明如下：

1. for迴圈中的括號中具有三個運算式，彼此間必須以分號（；）分開要設定跳離迴圈的條件以及控制變數的遞增或遞減值。這三個運算式相當具有彈性，可以省略不需要的運算式，也可以擁有一個以上的運算式，不過一定要設定跳離迴圈的條件以及控制變數的遞增或遞減值，否則會造成無窮迴路。
2. 設定控制變數起始值。
3. 如果條件運算式為眞則執行for迴圈內的敘述。
4. 執行完成之後，增加或減少控制變數的值，可視使用者的需求來作控制，再重複步驟3。
5. 如果條件運算式為假，則跳離for迴圈。

範例程式：ex006.c

```
01  #include<stdio.h>
02  int main(void)
03  {
04      int sum=0;
05      int number;
06      int i; /*宣告迴圈控制變數i*/
07      printf("請輸入整數: ");
08      scanf("%d",&number);
09      /*遞增for迴圈,由小到大印出數字 */
10      printf("\n由小到大排列輸出數字:\n");
11      for(i=1;i<=number; i++)
12      {
13          sum+=i; //設定sum為i的和
14          printf("%d",i);
15          /*設定輸出連加的算式 */
```

```
16                if(i<number)printf("+");
17                else printf("=");
18          }
19          printf("%d\n",sum);
20          sum=0;
21          /*遞減for迴圈,由大到小印出數字 */
22          printf("\n由大到小排列輸出數字:\n");
23          for(i=number;i>=1; i--)
24          {
25                sum+=i;
26                printf("%d",i);
27                if(i<=1)printf("=");
28                else printf("+");
29          }
30          printf("%d\n",sum);
31          system("pause");
32          return 0;
33    }
```

【執行結果】

```
請輸入整數: 7

由小到大排列輸出數字:
1+2+3+4+5+6+7=28

由大到小排列輸出數字:
7+6+5+4+3+2+1=28
請按任意鍵繼續 . . .
```

■ while迴圈敘述

while迴圈的做法則是在程式敘述區塊中的開頭必須先行檢查條件運算式，當運算式結果為true時，才會執行區塊內的程式。如果為false，會跳過while程式敘述區塊來執行另一段的程式，以下是語法形式：

```
while（條件運算式）
{
        程式敘述區塊；
}
```

範例程式：ex007.c

```
01  #include<stdio.h>
02  int main(void)
03  {
04      int product=1;
05      int i=1;
06      while(i<6)
07      {
08          product=i*product;
09          printf("i=%d",i);
10          printf("\tproduct=%d\n",product);
11          i++;
12      }
13      printf("\n連乘積的結果=%d",product);
14      printf("\n");
15      system("pause");
16      return 0;
17  }
```

【執行結果】

```
i=1     product=1
i=2     product=2
i=3     product=6
i=4     product=24
i=5     product=120

連乘積的結果=120
請按任意鍵繼續 . . .
```

■ do while迴圈敘述

do while迴圈和while迴圈不同之處，在於判斷迴圈是否結束的條件敘述，是在一段程式敘述區塊的結尾處。也就是無論如何必須先執行迴圈中的敘述一次，這樣可以避免設置不適當的條件時，迴圈至少還能被執行一次。以下是語法形式：

```
do
{
    程式敘述區塊；
}while（條件運算式）；
```

範例程式：ex008.c

```
01   #include<stdio.h>
02   int main(void)
03   {
```

```
04        int number;
05        int sum=0;
06        /*do while迴圈開始*/
07        do
08        {
09            printf("數字0爲結束程式,請輸入數字: ");
10            scanf("%d",&number);
11            sum+=number;
12            printf("目前累加的結果爲: %d\n",sum);
13        }while(number!=0);/*do while迴圈結束*/
14        system("pause");
15        return 0;
16    }
```


【執行結果】

```
數字0為結束程式,請輸入數字: 54
目前累加的結果為: 54
數字0為結束程式,請輸入數字: 76
目前累加的結果為: 130
數字0為結束程式,請輸入數字: 21
目前累加的結果為: 151
數字0為結束程式,請輸入數字: 0
目前累加的結果為: 151
請按任意鍵繼續 . . .
```

■ break指令

break指令就像它的英文意義一般，代表中斷的意思，它的主要用途是用來跳離最近的for、while、do - while、與switch的敘述本體區塊，並將控制權交給所在區塊之外的下一行程式。請特別注意，當遇到巢狀迴圈時，break敘述只會跳離最近的一層迴圈，而且多半會配合if指令來使用，語法格式如下：

```
break;
```

■ continue指令

在迴圈中遇到continue敘述時，會跳過該迴圈剩下指令而到迴圈的開頭處，重新執行下一次的迴圈；而將控制權轉移到迴圈開始處，再開始新的迴圈週期。continue與break的差異處在於continue 只是忽略之後未執行的指令，但並未跳離該迴圈。語法格式如下：

```
continue;
```

2-5 陣列、字串與矩陣簡介

C程式裏如果需要一些相同資料型態的變數來存取資料，就可以使用陣列（array）資料型態來表示。陣列（Array）是指一群具有相同名稱及資料型態的變數之集合。陣列依其維度可分為一維、二維以及多維。

2-5-1 陣列宣告

例如一維陣列只利用到一個索引值，在C語言中的陣列宣告語法如下：

```
資料型態 陣列名稱[陣列大小]；
資料型態 陣列名稱[陣列大小]={初始值1,初始值2,⋯}；
```

如果我們宣告一個名稱爲score的整數一維陣列：

```
int score[6]；
```

這表示我們宣告了整數型態的一維陣列，陣列名稱是score，陣列中可以放入6個整數元素，而C語言陣列索引大小是從0開始計算，元素分別是score[0]、score[1]、score[2]、…score[5]。如下圖所示：

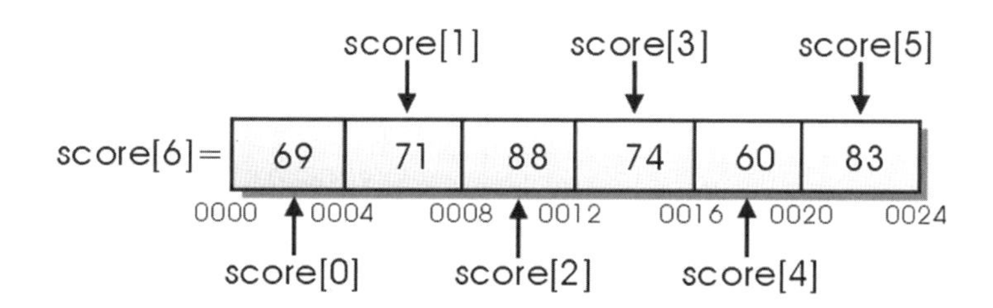

當然一維陣列也可以擴充到二維或多維陣列，差別只在於維度的宣告，在標準C語言中最多可以宣告到12維陣列。以下是二維陣列的宣告方式：

```
資料型態 二維陣列名稱[列大小][行大小]；
```

至於在二維陣列設定初始值時，爲了方便區隔行與列，所以除了最外層的{}外，最好以{}括住每一列的元素初始值，並以「，」區隔每個陣列元素，例如：

```
int arr[2][3]={{1,2,3},{2,3,4}}；
```

在ANSI C語言中最多可以宣告到12維陣列。例如宣告一個單精度浮點數的三維陣列，例如在C語言中三維陣列宣告方式如下：

```
資料型態 陣列名稱[第一維大小][第二維大小] [第三維大小]；
```

例如

```
float No[2][2][2]；
```

2-5-2 字串簡介

事實上，在C語言中並沒有特別定義一個字串型態，所以字串其實就是利用字元陣列的方式來表示。C字串的宣告方式：

```
方式1：char 字串變數[字串長度]="初始字串";
方式2：char 字串變數[字串長度]={'字元1', '字元2', ...... ,'字元n', '\0'};
```

例如以下四種宣告方式：

```
char Str_1[6]="Hello";
char Str_2[6]={ 'H', 'e', 'l', 'l', 'o' , '\0'};
char Str_3[ ]="Hello";
char Str_4[ ]={ 'H', 'e', 'l', 'l', 'o', '!' };
```

在第一、二、三種方式中都是合法的字串宣告，雖然Hello只有5個字元，但因爲編譯器還必須加上'\0’字元，所以陣列長度需宣告爲6，如宣告長度不足，可能會造成編譯器上的錯誤。

字串的結束是依據結尾字元「\0」，，所以字串

```
char str[]="STRING";
```

儲存在記憶體上是以下方的形式儲存的：

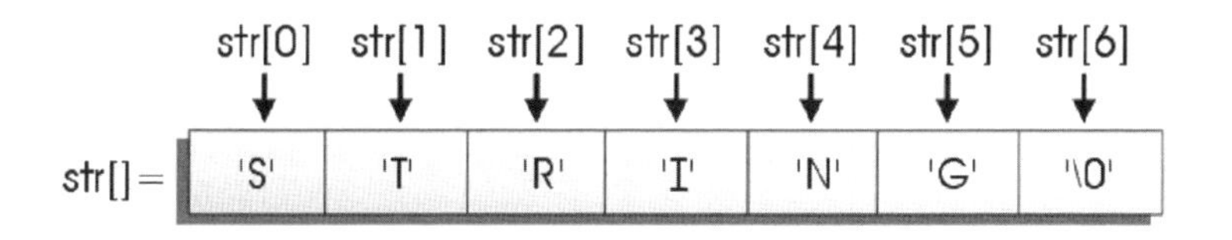

2-5-3 字串陣列

單一的字串是以一維的字元陣列來儲存，如果有多個關係相近的字串集合時，就稱爲字串陣列，這時可以使用二維字元陣列來表達。字串陣列使用時也必須事先宣告，宣告方式如下：

```
char 字串陣列名稱[字串數][字元數];
```

上式中字串數是表示字串的個數，而字元數是表示每個字串的最大可存放字元數。當然也可以在宣告時就設定初值，不過要記得每個字串元素都必須包含於雙引號之內。例如：

```
char 字串陣列名稱[字串數][字元數]={ "字串常數1", "字串常數2", "字串常數3"…};
```

例如以下宣告Name得字串陣列，且包含5個字串，每個字串括'\0’字元，長度共爲10個位元組：

```
char Name[5][10]={      "John",
                        "Mary",
                        "Wilson",
                        "Candy",
                        "Allen"
                  };
```

當各位要輸出此Name陣列中字串時，可以直接以printf（Name[i]），這樣看似一維的指令輸出即可，因爲每個字串都跟著一串字元，這點是較爲特別之處。

範例程式：ex009.c

```
01  #include<stdio.h>
02  #include<string.h>
03  int main(void)
04  {
05      int i;
06      char choice;
07      /*宣告字串陣列並初始化*/
08      char newspaper[5][20]={{"1.水果日報"},
09                             {"2.聯合日報"},
10                             {"3.自由報"},
11                             {"4.中國日報"},
12                             {"5.不需要"}};
13      /*字串陣列的輸出*/
14      for(i=0; i<5; i++)
15      {
16          printf("%s  ",newspaper[i]);
17      }
18      printf("請輸入選擇:");
19      choice=getche();
```

```
20          printf("\n");
21          choice=choice-'0';
22          /*輸入的判斷*/
23          if(choice>=0 && choice<6)
24          {
25              printf("%s",newspaper[choice-1]);
26              printf("\n謝謝您的訂購!!!\n");
27          }
28          else if(choice==5)
29              printf("\n感謝您的參考!!!\n");
30          else
31              printf("輸入錯誤\n");
32          system("pause");
33          return 0;
34      }
```

【執行結果】

```
1.水果日報  2.聯合日報  3.自由報  4.中國日報  5.不需要  請輸入選擇:1
1.水果日報
謝謝您的訂購!!!
請按任意鍵繼續 . . .
```


2-5-4 矩陣

從數學的角度來看，對於m×n矩陣（Matrix）的形式，可以利用電腦中A(m,n)二維陣列來描述，基本上，許多矩陣的運算與應用，都可以使用電腦中的二維陣列解決。如下圖A矩陣，各位是否立即想到了一個宣告爲A(1:3,1:3)的二維陣列。

CHAPTER 2

$$A=\begin{bmatrix} a_{11} & a_{12} & a_{13} \\ a_{21} & a_{22} & a_{23} \\ a_{31} & a_{32} & a_{33} \end{bmatrix}_{3\times 3}$$

■ 矩陣相加演算法

矩陣的相加運算則較爲簡單，前題是相加的兩矩陣列數與行數都必須相等，而相加後矩陣的列數與行數也是相同。必須兩者的列數與行數都相等，例如$A_{m\times n}+B_{m\times n}=C_{m\times n}$。以下我們就來實際進行一個矩陣相加的例子：

$$\begin{bmatrix} 1 & 3 & 5 \\ 7 & 9 & 11 \\ 13 & 15 & 17 \end{bmatrix}_{3\times 3}+\begin{bmatrix} 9 & 8 & 7 \\ 6 & 5 & 4 \\ 3 & 2 & 1 \end{bmatrix}_{3\times 3}=\begin{bmatrix} 10 & 11 & 12 \\ 13 & 14 & 15 \\ 16 & 17 & 18 \end{bmatrix}_{3\times 3}$$

A 矩陣　　**B 矩陣**　　**C 矩陣**

以下是以一個C程式來宣告3個二維陣列來實作上圖2個矩陣相加過程的演算法：

```
int i,j;
int A[3][3] = {{1,3,5},{7,9,11},{13,15,17}};/* 二維陣列的宣告 */
int B[3][3] = {{9,8,7},{6,5,4},{3,2,1}};/* 二維陣列的宣告 */
int C[3][3] = {0};


for(i=0;i<3;i++)
    for(j=0;j<3;j++)
        C[i][j]=A[i][j]+B[i][j];/* 矩陣C=矩陣A+矩陣B */
```

■ 矩陣相乘演算法

如果談到兩個矩陣A與B的相乘，是有某些條件限制。首先必須符合A為一個m×n的矩陣，B為一個n×p的矩陣，對A×B之後的結果為一個m×p的矩陣C。如下圖所示：

$$\underset{m \times n}{\begin{bmatrix} a_{11} & \cdots & a_{1n} \\ \vdots & \vdots & \vdots \\ a_{m1} & \cdots & a_{mn} \end{bmatrix}} \times \underset{n \times p}{\begin{bmatrix} b_{11} & \cdots & b_{1p} \\ \vdots & \vdots & \vdots \\ b_{n1} & \cdots & b_{np} \end{bmatrix}} = \underset{m \times p}{\begin{bmatrix} c_{11} & \cdots & c_{1p} \\ \vdots & \vdots & \vdots \\ c_{m1} & \cdots & c_{mp} \end{bmatrix}}$$

$$C_{11} = a_{11} \times b_{11} + a_{12} \times b_{21} + \cdots\cdots + a_{1n} \times b_{n1}$$

$$\vdots$$

$$C_{1p} = a_{11} \times b_{1p} + a_{12} \times b_{2p} + \cdots\cdots + a_{1n} \times b_{np}$$

$$\vdots$$

$$C_{mp} = a_{m1} \times b_{1p} + a_{m2} \times b_{2p} + \cdots\cdots + a_{mn} \times b_{np}$$

■ 轉置矩陣演算法

「轉置矩陣」（A^t）就是把原矩陣的行座標元素與列座標元素相互調換，假設A^t為A的轉置矩陣，則有$A^t[j,i]=A[i,j]$，如下圖所示：

$$A=\begin{bmatrix}1 & 2 & 3\\4 & 5 & 6\\7 & 8 & 9\end{bmatrix}_{3x3} \quad A^t=\begin{bmatrix}1 & 4 & 7\\2 & 5 & 8\\3 & 6 & 9\end{bmatrix}_{3x3}$$

以下是以C程式來實作一4×4二維陣列的轉置矩陣演算法：

```
for(i=0;i<4;i++)
    for(j=0;j<4;j++)
        arrB[i][j]=arrA[j][i];
```


2-6 函數介紹

C程式其實就包含了最基本的函數就是main()，不過如果C程式只使用一個main函數，會降低程式的可讀性和增加結構規劃上的困難。所以一般中大型的程式都會利用函數，就是模組化概念的由來。C的函數可分爲自訂函數和標準函數兩個部分，分述如下：

- 自訂函數：是使用者依照需求來設計的函數。
- 標準函數：是C語言中制定好的函數，使用時只需要在引入檔的部分加入引入檔名即可使用。

函數是由函數名稱、參數、回傳值與回傳資料型態組成，以下是語法格式：

```
回傳資料型態 函數名稱(參數列)
{
    程式敘述區塊；
 return 回傳值；
}
```

當程式中需要使用到函數功能時，呼叫函數語法格式為：

函數名稱(引數列)；

函數的原型宣告位置有兩種：

① 在#include引入檔後，主程式或函數程式區塊之前。
② 在呼叫函數的主程式或函數程式區塊的大括號的起始位置。

至於函數回傳值，可以將函數內處理的程式結果回傳到主程式中呼叫函數的變數。在設定函數的回傳值時，需要注意它的宣告的回傳資料型態，必須和回傳值的資料型態相符。

2-6-1 傳遞參數方式

在C語言中，對於傳遞參數的方式，其實可以根據傳遞和接收的是參數的數值或是參數的位址，分為兩種：傳值呼叫（call by value）和傳址呼叫（call by address）。

● 傳值呼叫

傳值呼叫就是直接將參數的數值拿來傳遞，功用是避免函數中將參數值改變後，影響到主程式中變數的值。以下是函數傳值呼叫的範例。

範例程式：ex010.c

```
01  #include<stdio.h>
02  /*函數原型宣告*/
03  void fun(int, int);
04  int main(void)
```

```
05  {
06          int a,b;
07          a=10;
08          b=15;
09          /*輸出主程式中的a,b值與位址*/
10          printf("函數外:\na=%d,\tb=%d\n",a,b);
11          printf("a的位址:%d, b的位址:%d\n",&a,&b);
12          /*呼叫函數*/
13          fun(a,b);
14          /*分隔用*/
15          printf("============================\n");
16          /*輸出呼叫函數後的a,b值*/
17          printf("呼叫函數後: \na=%d,\tb=%d\n",a,b);
18          system("pause");
19          return 0;
20  }
21  void fun(int a, int b)
22  {
23          printf("============================\n");
24          printf("函數內:\n");
25          printf("接收引數:a=%d, b=%d\n",a,b);
26          printf("a的位址:%d, b的位址:%d\n",&a,&b);
27          /*重設函數內的a,b值*/
28          a=20;
29          b=30;
30          printf("變更數值後:a=%d, b=%d\n",a,b);
31  }
```

【執行結果】

```
函式外:
a=10,    b=15
a的位址:6487580, b的位址:6487576
==========================================
函式內:
接收引數:a=10, b=15
a的位址:6487536, b的位址:6487544
變更數值後:a=20, b=30
==========================================
呼叫函式後:
a=10,    b=15
請按任意鍵繼續 . . .
```

● 傳址呼叫

傳址呼叫是將主程式內的變數位址傳遞到函數的參數，函數的參數名稱就像是主程式變數的另一個別名（alias），所以在函數中參數經過更動，傳回給呼叫函數的程式後，主程式變數的數值已經被改變了。以下是藉由*與&運算子，改寫傳值呼叫的範例程式，使函數參數變動會影響到主程式中的引數值。

範例程式：ex011.c

```
01  #include<stdio.h>
02  /*加上取值運算子的函數原型宣告*/
03  void fun(int*, int*);
04  int main(void)
05  {
06          int a,b;
07          a=10;
08          b=15;
```

```
09        printf("函數外:\na=%d,\tb=%d\n",a,b);
10        printf("a的位址:%d, b的位址:%d\n",&a,&b);
11        /*引數需加上&取址運算子*/
12        fun(&a,&b);
13        printf("============================\n");
14        printf("呼叫函數後: \na=%d,\tb=%d\n",a,b);
15        system("pause");
16        return 0;
17    }
18    void fun(int *a, int *b)
19    {
20        printf("============================\n");
21        printf("函數內:\n");
22        /*此時的*a與*b代表的是位址上的數值*/
23        printf("接收引數:a=%d,\tb=%d\n",*a,*b);
24        /*輸出函數內a與b的位址*/
25        printf("a的位址:%d, b的位址:%d\n",a,b);
26        *a=20;
27        *b=30;
28        printf("變更數值後:a=%d, b=%d\n",*a,*b);
29    }
```

【執行結果】

```
函式外:
a=10,    b=15
a的位址:6487580, b的位址:6487576
============================
函式內:
接收引數:a=10,   b=15
a的位址:6487580, b的位址:6487576
變更數值後:a=20, b=30
============================
呼叫函式後:
a=20,    b=30
請按任意鍵繼續 . . .
```

2-7 結構簡介

結構爲一種使用者自訂資料型態，能將一種或多種資料型態集合在一起，形成新的資料型態。例如描述一位學生成績資料，這時除了要記錄學號與姓名等字串資料外，還必須定義數值資料型態來記錄如英文、國文、數學等成績，此時陣列就不適合使用。這時可以把這幾種資料型態組合成一種結構型態，來簡化資料處理的問題。

2-7-1 結構宣告與存取

結構的架構必須具有結構名稱與結構項目，而且必須使用C/C++的關鍵字struct來建立，一個結構的基本宣告方式如下所示：

```
struct 結構名稱
{
        資料型態 結構成員1；
        資料型態 結構成員2；
        ......
};
```

在結構定義中可以使用基本的變數、陣列、指標，甚至是其它結構成員等。另外請注意在定義之後的分號不可省略，這是經常忽略而使得程式出錯的地方，以下爲一個結構定義的實際例子，結構中定義了學生的姓名與成績：

```
struct student
{
    char name[10];
    int score;
    int ID;
};
```

在定義了結構之後，我們可以直接使用它來建立結構物件，結構定義本身就像是個建構物件的藍圖或模子，而結構物件則是根據這個藍圖製造出來的成品或模型，每個所建立的結構物件都擁有相同的結構成員，一個宣告建立結構物件的例子如下所示：

```
struct student s1, s2;
```

您也可以在定義結構的同時宣告建立結構變數，如下所示：

```
struct student
{
    char name[10];
    int score;
    int ID;
} s1, s2;
```

在建立結構物件之後，我們可以使用英文句號.來存取結構成員，這個句號通常稱之為「點運算子」（dot operator）。只要在結構變數後加上成員運算子"."與結構成員名稱，就可以直接存取該筆資料：

```
結構變數.項目成員名稱;
```

例如我們可以如下設定結構成員：

```
strcpy(s1.name, "Justin");
s1.score = 90;
s1.ID=10001;
```

2-7-2 巢狀結構

結構型態既然允許使用者自訂資料型態，當然也可以在一個結構中宣告建立另一個結構物件，我們稱為巢狀結構，巢狀結構的好處是在已建立好的資料分類上繼續分類，所以會將原本資料再做細分。語法基本結構如下：

```
struct 結構名稱1
{
        ……
};
struct 結構名稱2
{
        ……
            struct 結構名稱1 變數名稱;
 }
```

例如以下是一個的基本巢狀結構，在這個程式碼片段中，我們定義了member結構，並在其中使用原先定義好的name結構中宣告了member_name成員及定義m1結構變數：

```
struct name
{
    char first_name[10];
    char last_name[10];
};
struct member
{
    struct name member_name;
    char ID[10];
    int salary;
} m1={ {"Helen","Wang"},"E121654321",35000};
```

當了解巢狀結構的宣告後，接下來就要清楚如何存取結構成員。存取方式由外層結構物件加上小數點 .」存取裡層結構物件，再存取裡層結構物件的成員。各位也可以看到，使用內層巢狀結構將使得資料的組織架構更加清楚，可讀性也會更高。例如：

```
m1.member_name.lastname
```

第三章 

Java 語言基礎入門

Java是一種高階的物件導向設計語言，Java程式語言其應用範圍涵蓋網際網路、網路通訊及精巧的通訊設備，並成為企業建構資料庫的較佳開發工具。Java程式語言的風格十分接近C++語言，除了保有C++語言物件導向技術的核心，並捨棄了C++語言中容易引起錯誤的指標，改以參照取代，經過多次的修正、更新，逐漸成為一種功能完備的程式語言。昇陽電腦就曾提到Java語言的幾項特點，包括：簡單性、物件導向、解釋性、嚴謹性、跨平台性、高效能、多執行緒。

3-1 變數與常數

變數是一種可變動的數值，它會根據程式內部的處理與運算來作相對的更動。簡單來說，變數（Variable）與常數（Constant）都是程式設計師用來存取記憶體資料內容的一個識別代碼，兩者最大的差異在於變數的內容會隨著程式執行而改變，但常數則固定不變。

變數就像齊天大聖孫悟空一樣，儲存的資料值可以變來變去

3-1-1 變數與常數宣告

所謂變數是具備名稱的一塊記憶體空間，用來儲存可變動的資料內容。當程式需要存取某個記憶體內容時，就可透過變數名稱將資料由記憶體中取出或寫入。當使用變數前，必須爲變數進行宣告，Java程式變數宣告語法可分成「資料型態」與「變數名稱」兩個部分。語法如下：

```
資料型態 變數名稱;     // 符號「;」代表敘述的結束
```

例如我們宣告兩個整變數num1、num2如下，其中int爲Java中整數宣告的關鍵字（keyword）：

```
int num1=30;
int num2=77;
```

這時Java系統會分別自動分配記憶體給變數num1，儲存值為30，及變數num2，儲存值為77。當程式需要存取這塊記憶體時，就可直接利用變數名稱num1與num2來進行存取。如下圖所示：

以上為單一變數宣告的撰寫語法，當同時多個宣告相同資料型態的變數時，可利用逗號「,」來分隔變數名稱。例如：

```
long apple , banana ; // 同時宣告多個long型態的變數,以逗號做為區隔
```

完成變數的宣告後，有些變數可依照需要設定初始值，從變數宣告的語法中，加入初始值的設定，語法如下：

```
資料型態  變數名稱=初始值;
```

例如：

```
int apple =5 ;    // 單一個int型態的變數,並設定初始值為5
boolean a=true ,b=false; //同時宣告多個boolean型態的變數,並設定初始值
```

在設定初始值時，注意資料型態的「字元」和「浮點數」的設定。設定char初始值分為「字元」、「Unicode碼」及「ASCII碼」等三種型態來

表示，其中初始值為「字元」、「Unicode碼格式」，必須在左右各加上單引號「'」。如下所示：

```
char apple =' @ ';        //初始值為字元表示「@」
char apple =' \u0040 '; //初始值為Unicode碼格式「\u0040」
char apple =64 ;          //初始值為ASCII碼格式「64」,ASCII碼為十進
                          //制的表示方式
```

上述所提到的Unicode碼，意指「統一碼、標準萬國碼」，以2 byte表示，共有65536種組合，是ISO-10646 UCS（Universal Character Set，世界通用字集）的子集。

3-1-2 變數與常數的命名規則

宣告變數時，一定要先命名

在Java中，識別字（Identifier）是用來命名變數、常數、類別、介面、方法，識別字是使用者自行命名的文字，由英文大小寫字母、數字或底線（_）符號組合而成，變數命名有一定的要求與規則性：

- 必須爲合法的識別字，變數第一字元的設定必須爲「字母」、「$」及「_」其中一種。變數第一字元後的設定可以爲「字母」、「$」、「數字」及「_」等，且變數名稱最長爲255字元，另外在Java中變數字串大小寫的不同，也視爲不同的變數。例如M16與m16即爲兩個不同變數。
- 變數名稱不可爲關鍵字（Keyword）、保留字、運算子及其它符號，如int、class、+、-、*、/、@、#等。Java中的關鍵字爲具有明確意義的英文單字組成，Java並且賦予這些單字具有程式建構的功能性，如設定變數資料型態的功能、程式流程控制、布林值的表示等。Java共有52個關鍵字。在使用時必須注意每一個關鍵字名稱全爲小寫。
- 同一scope範圍內，變數名稱必須是獨一無二；但在不同scope範圍下，變數的名稱可以允許相同。

雖然變數的宣告僅須遵守上面的三個主要規則，但於實際應用上，建議各位參考研發公司所制定有關Java程式的撰寫規範，因爲如果大家都能遵守這些慣用的命名法，所編寫而成的程式就可以維持其一致性，無論是在閱讀或維護上都較容易，底下爲幾個重要程式的撰寫規範：

- 不取無意義的變數名稱：當在爲變數設定名稱時，還須考量一個重要原則，就是儘量使用有明確意義的名稱，避免無意義的變數，如abc。盡量使用有代表意義的名稱，明確意義的名稱可以突顯變數在程式執行的用意，讓程式碼可以讓人容易了解、偵錯及日後的維護。例如宣告處理「姓名」的變數可以命名爲name，處理「成績」的變數可以命名爲score等。
- 注意變數名稱字元的大小寫：在Java程式中有一個不成文的規則，通常變數名稱是以小寫英文字母作爲開頭，並接上一個大寫開頭有意義的單字，例如宣告處理「使用者密碼」的變數可以命名爲userPassword。

下表舉例不同的命名結果，並說明是否合乎命名規則：

範例	合法	不合法	說明
My_name_is_Tim	ˇ		符合命名規則
My_name_is_TimChen_Boy	ˇ		顯然看出比第一個變數名稱還長，但是Java變數名稱的長度沒有限制，所以符合命名規則
Java 11		ˇ	不可以有空白字元，正確應該是「Java11」
Java_11	ˇ		符合命名規則
_TimChen	ˇ		符合命名規則
AaBbCc	ˇ		符合命名規則
11_Java		ˇ	第一個字元不可以是數字，正確應該是「Java11」或「_11Java」
@yahoo		ˇ	不可以使用特殊符號「@」，可以更改成「yahoo」
A=1+1		ˇ	不可以使用運算符號「+、-、×、\」

至於變數宣告方面，Java與其它的程式語言最大的不同在於它捨棄了「常數」的定義宣告，因此並無所謂的常數型態存在。但程式開發人員仍然可以利用Java關鍵字「final」，來作爲常數的定義動作。所謂final關鍵字主要是強調此關鍵字後的各種物件，不能再被重新定義。利用final關鍵字來宣告常數的方式如下：

```
final 數值型態 常數名稱 = 起始值;
```

例如：

```
final float PI = 3.1415926;
```

168.38是一種浮點數常數

因為常數是一種不會更動的數值，例如圓周率（PI）、光速（C）等，所以它的使用範圍通常包括整個程式。因此常數經常被宣告為類別成員，也就是所謂的成員變數，並為了與變數有所區隔，常數的命名大多是利用大寫英文字母。

〔隨堂測驗〕

程式執行時，程式中的變數值是存放在

(A) 記憶體

(B) 硬碟

(C) 輸出入裝置

(D) 匯流排（106年3月觀念題）

解答：(A)記憶體

3-1-3 數字系統介紹

人類慣用的數字觀念，通常是以逢十進位的10進位來計量。也就是使用0、1、2、…9十個數字做為計量的符號，不過在電腦系統中，卻是以0、1所代表的二進位系統爲主，如果這個2進位數很大時，閱讀及書寫上都相當困難。因此爲了更方便起見，又提出了八進位及十六進位系統表示法，請看以下的圖表說明：

數字系統名稱	數字符號	基底
二進位（Binary）	0,1	2
八進位（Octal）	0,1,2,3,4,5,6,7	8
十進位（Decimal）	0,1,2,3,4,5,6,7,8,9	10
十六進位（Hexadecimal）	0,1,2,3,4,5,6,7,8,9 A,B,C,D,E,F	16

由於電腦內部是以二進位系統方式來處理資料，而人類則是以十進位系統來處理日常運算，當然有些資料也會利用八進位或十六進位系統表示。因此當各位認識了以上數字系統後，也要了解它們彼此間的轉換方式。

■ 非十進位轉成十進位

「非十進位轉成十進位」的基本原則是將整數與小數分開處理。例如二進位轉換成十進位，可將整數部分以2進位數值乘上相對的2正次方值，例如二進位整數右邊第一位的值乘以2^0，往左算起第二位的值乘以2^1，依此類推，最後再加總起來。至於小數的部分，則以2進位數值乘上相對的2負次方值，例如小數點右邊第一位的值乘以2^{-1}，往右算起第二位的值乘以2^{-2}，依此類推，最後再加總起來。至於八進位、十六進位轉換成十進位的方法都相當類似。

$0.11_2=1*2^{-1}+1*2^{-2}=0.5+0.25=0.75_{10}$

$11.101_2=1*2^1+1*2^0+1*2^{-1}+0*2^{-2}+1*2^{-3}=3.875_{10}$

$12_8=1*8^1+2*8^0=10_{10}$

$163.7_8=1*8^2+6*8^1+3*8^0+7*8^{-1}=115.875_{10}$

$A1D_{16}=A*16^2+1*16^1+D*16^0$

$=10*16^2+1*16+13$

$=2589_{10}$

$AC.2_{16}=A*16^1+C*16^0+2*16^{-1}$

$=10*16^1+12+0.125$

$=172.125_{10}$

■ 十進位轉換成非十進位

轉換的方式可以分爲整數與小數兩部分來處理，我們利用以下範例來爲各位說明：

(1) 十進位轉換成二進位

$63_{10} = 111111_2$

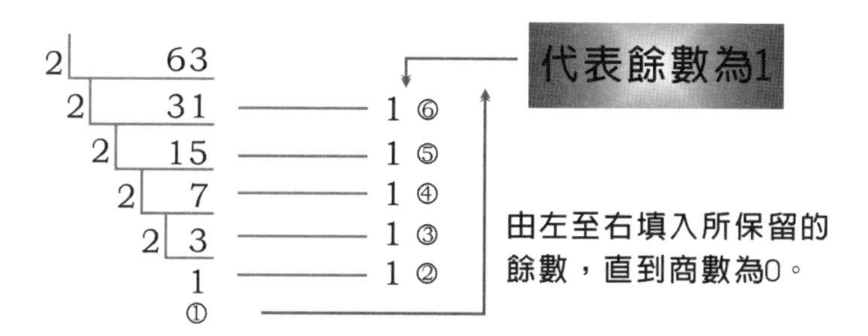

$(0.625)_{10} = (0.101)_2$

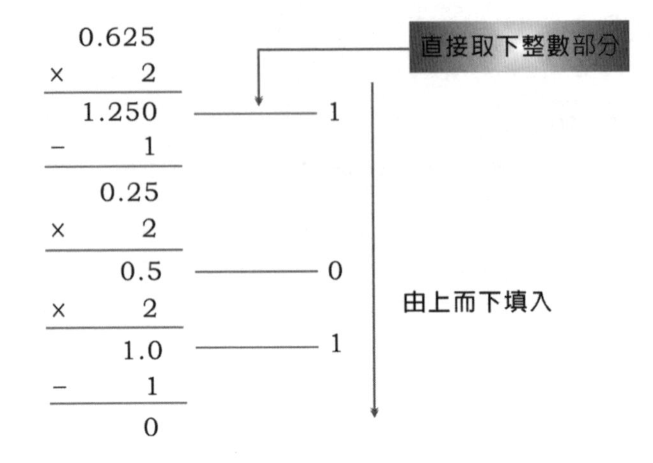

$(12.75)_{10} = (12)_{10} + (0.75)_{10}$

其中$(12)_{10} = 1100_2$ $(0.75)_{10} = (0.11)_2$

```
2 | 12
  2 | 6 — 0
    2 | 3 — 0
        1 — 1

  0.75
×    2
  1.5 — 1
−   1
  0.5
×   2
    1 — 1
−   1
    0
```

所以$(12.75)_{10}=(12)_{10}+(0.75)_{10}$

$=1100_2+0.11$

$=1100.11_2$

(2) 十進位轉換成八進位

$63_{10} = (77)_8$

8 | 63
7 —— 7

代表餘數為7

由左至右填入

$(0.75)_{10} = (0.6)_8$

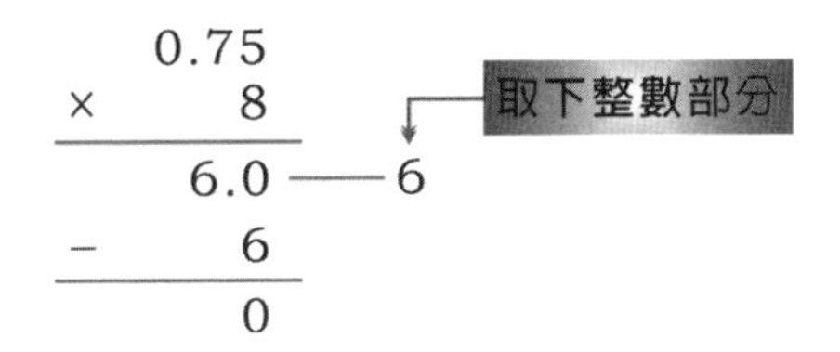

(3) 十進位轉換成十六進位

$(63)_{10} = (3F)_{16}$

16 | 63
3 —— 15

代表餘為15，在16進位中用F表示

由左至右填入

$(0.62890625)_{10}=(0.A1)_{16}$

$$
\begin{array}{r}
0.62890625 \\
\times \quad 16 \\
\hline
10.0625 \\
- \quad 10 \\
\hline
0.0625 \\
\times \quad 16 \\
\hline
1.0 \\
- \quad 1 \\
\hline
0
\end{array}
$$

取下整數：10、1

由上至下(10用A替換，11用B替換，依此類推)

$120.5_{10}=(120)_{10}+(0.5)_{10}$

其中$(120)_{10}=(78)_{16}$　$(0.5)_{10}=(0.8)_{16}$

```
                 0.5
16| 120       ×   16
     7——8     ────────
                  8——8
              -   8
              ────────
                  0
```

〔隨堂測驗〕

如果X_n代表X這個數字是n進位，請問$D02A_{16}$ + 5487_{10}等於多少？

(A) $1100\ 0101\ 1001\ 1001_2$

(B) 162631_8

(C) 58787_{16}

(D) $F599_{16}$（105年10月觀念題）

解答：(B)

本題純粹是各種進位間的轉換問題，建議把題目及各答案都轉換成十進位，就可以比較出哪一個答案才是正確。

$D02A_{16}+5487_{10}=(13*16^3+2*16+10)+5487=162631_8=1*8^5+6*8^4+2*8^3+6*8^2+3*8+1=58777$

3-2 數值資料型態

當程式執行時，外界的資料進入電腦後，當然要有個棲身之處，這時系統就會撥一個記憶空間給這份資料，而在程式碼中，我們所定義的變數（variable）與常數（constant）主要的用途就是儲存資料，以供程式中各種計算與處理之用。由於Java程式語言是一種強制型態（Strongly Type），意思是指：「變數在使用時，必須宣告其資料型態，這個變數可以任意存取其值，但是變數所宣告的資料型態，不可以隨意更動。」

每種程式語言都有不同的基本資料型態

Java的資料型態可以分成「基本（Primitive）資料型態」與「參考（Reference）資料型態」。基本資料型態在宣告時會先配置記憶體空間，目前Java共有bye、short、int、long、float、double、char和boolean等8種基本資料型態。而參考資料型態則不會在宣告時就配置記憶體空間，必須另外再指定記憶體空間，也就是說，參考資料型態的變數值記錄是一個記憶體位址，這類型的資料型態譬如「陣列」、「字串」。下圖說明基本資料型態中八個資料類型的分類關係：

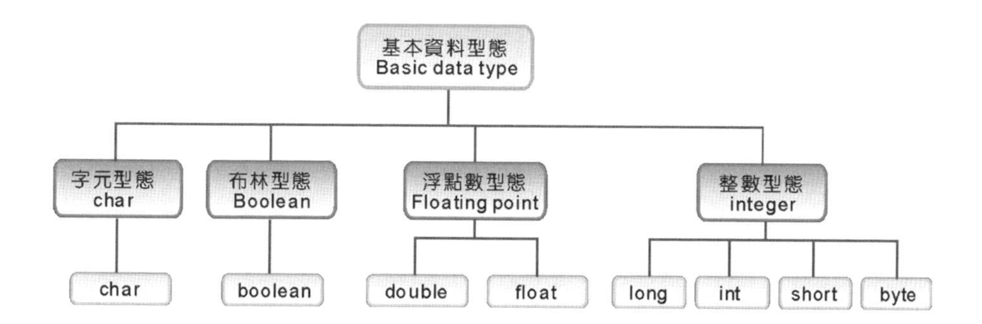

3-2-1 整數

整數資料型態是用來儲存不含小數點的資料，跟數學上的意義相同，如-1、-2、-100、0、1、2、100等。整數資料型態分爲byte（位元組）、short（短整數）、int（整數）和long（長整數）等四種，依資料型態的儲存單位及資料值表示的範圍，如下表整理：

基本資料型態	名稱	位元組數（byte）	使用說明	範圍	預設值
byte	位元組	1	最小的整數型態，適用時機：處理網路或檔案傳遞時的資料流（stream）	-127～128	0
short	短整數	2	不常用的整數型態，適用時機：16位元電腦，但現在已經慢慢減少	-32768～32767	0
int	整數	4	最常使用的整數型態，適用時機：一般變數的宣告、迴圈的控制單位量、陣列的索引值（index）	-2147483648～2147483647	0
long	長整數	8	範圍較大的整數型態，適用時機：當int（整數）不敷使用時，可以將變數晉升（promote）至long（長整數）	-9223372036854775808L～9223372036854775807L	0L

〔**隨堂測驗**〕

程式執行過程中，若變數發生溢位情形，其主要原因為何？

(A) 以有限數目的位元儲存變數值

(B) 電壓不穩定

(C) 作業系統與程式不甚相容

(D) 變數過多導致編譯器無法完全處理（106年3月觀念題）

解答：(A)以有限數目的位元儲存變數值

以整數資料型態為例，設定變數的數值時，如果不小心超過整數資料限定的範圍，就稱為溢位。

3-2-2 浮點數

浮點數是指帶有小數點的數字，也就是數學上所指的實數。由於程式語言普遍應用在許多科學的精密運算，因此整數所能表現的範圍顯然不足，這時浮點數就可派上用場了。

至於浮點數的表示方法有兩種，一種是小數點方式，另一種是科學記號方式，例如3.14、-100.521、6e-2、3.2E-18等。其中e或E是代表10為底數的科學符號表示法。例如6e-2，其中6稱為假數，-2稱為指數。下表為小數點表示法與科學符號表示法的互換表：

小數點表示法	科學符號表示法
0.007	7e-3
-376.236	-3.76236e+02
89.768	8.9768e+01
3450000	3.45E6
0.000543	5.43E-4

尤其當需要進行小數基本四則運算時，或是數學運算上的「開根號（√）」或三角函數的正弦、餘弦等這類的運算，運算的結果精確度需要有小數點的型態，這時就會使用到浮點數資料型態。Java浮點數型態包含float（浮點數）、double（倍精數）。

基本資料型態	名稱	位元組數（byte）	使用說明	範圍	預設值
float	浮點數	4	單一精準的數值，適用時機：當需要小數計算但精準度要求不高，則float（浮點數）應該就夠使用	1.40239846E-45～3.40282347E+38	0.0f
double	倍精數	8	雙重精準的數值，適用時機：小數計算精準度要求高，譬如說;「高速數學運算」、「複雜的數學函數」或「精密的數值分析」	4.94065645841246544E-324～1.79769313486231570E308	0.0d

3-2-3 布林型態

布林（boolean）型態的變數，使用於關係運算的判斷，譬如判斷「5>3」是否成立，資料結果的表示只有「true」和「false」兩種。

3-3 運算子

運算式（Expression）就像平常所用的數學公式一樣，是由運算子（Operator）與運算元（Operand）所組成。以下就是個簡單的運算式：

```
d=a*b-123.4;
```

其中d、a、b、123.4等常數或變數稱為運算元，而=、*、-等運算符號稱為運算子。Java的運算子除了基本的加、減、乘和除四則運算符號，還有很多運算子，譬如指定運算子（=）符號，也是屬於運算子的一種。

3-3-1 算術運算子

算術運算子（Arithmetic Operators）的用途類似一般數學運算的加（＋）、減（－）、乘（×）和除（÷）四則運算，是經常使用的數學運算子。用法及功能和傳統的數學運算相同，但值得注意的是加法運算子，加法除了可以執行數值計算，還具有「字串連結」的功能。

(1) 加減乘除及餘數運算：基本運算子的用法，整理如下表：

算術運算子	用途	範例	結果
+	加法	X=2 + 3	X=5
-	減法	X=5 - 3	X=2
*	乘法	X=5 * 4	X=20
/	除法	X=100 / 50	X=2
%	取餘數	X=100 % 33	X=1

其中四則運算子和日常數學上的功能一模一樣，所以在此就不多作介

紹。而餘數運算子%則是計算兩數相除後的餘數，不過這兩個運算元都必須是整數型態。

(2) **遞增（Increment）與遞減（Decrement）運算：**

遞增「++」及遞減運算子「--」，它們是針對變數運算元加減1的簡化寫法，只適用於整數型態的運算，屬於一元運算子的一種，可增加程式碼的簡潔性。如果依據運算子在運算元前後位置的不同，雖然都是對運算元做加減1的動作，遞增與遞減運算子還是可以細分成分成前序（Prefix）及後序（Postfix）兩種。運算方式：

使用方式	範例：X=5	運算結果	註解
前序（prefix）	A=++X	A=6；X=6	先將X值加1後，再將X值儲存於A中
	A=--X	A=4；X=4	先將X值減1後，再將X值儲存於A中
後序（postfix）	A=X++	A=5；X=6	先將X值儲存於A後，再將X值加1
	A=X--	A=5；X=4	先將X值儲存於A後，再將X值減1

(3)**數值的正負數表示：**

當數值分成正數和負數，正數不用任何符號作區別，但負數則要使用減法（－）運算子的符號來表示。當負數進行減法運算時，爲了避免運算子的分辨混淆，最好應以空白字或「括號（ ）」隔開，例如：

```
int x=5;   // 宣告變數x爲int整數型態，設定初始值爲5
x=x- -2;   // 空白隔開，避免和遞減運算子混淆
x=x-(-2);  // 括號隔開
```

3-3-2 指定運算子

指定運算子（Assignment Operator）由至少兩個運算元組成，主要作用是將等號右方的值指派給等號左方的變數。由於是將「=」號右邊的值指定給左邊的值，所以=號的左邊必須爲變數，右邊則可以爲變數、常數或運算式等。

通常初學者很容易就誤以爲指定運算子就是數學上的「等於」符號，其實主要是當作指定的功能。以下是指定運算子的使用方式：

```
變數名稱 = 指定值 或 運算式；
```

例如：

```
a= a + 5;        /* 將a值加5後指派給變數a */
c='A';           /* 將字元'A'指派給變數c */
```

a=a+5在數學上根本不成立，不過在Java的世界中，各位可以想像成當宣告變數時會先在記憶體上安排位址，等到利用指定運算子（=）設定數值時，才將數值或運算式的值指定給該位址。Java的指定運算子除了一次指定一個數值給變數外，還能夠同時指定同一個數值給多個變數。例如：

```
int x,y,z；
x=y=z=200;    /* 同步指定值給不同變數 */
```

在Java中還有一種複合指定運算子，是由指派運算子與其它運算子結合而成。先決條件是「=」號右方的來源運算元必須有一個是和左方接收指定數值的運算元相同，如果一個運算式含有多個混合指定運算子，運算過程必須是由右方開始，逐步進行到左方。

例如以「A += B;」指令來說，它就是指令「A=A+B;」的精簡寫法，也就是先執行A+B的計算，接著將計算結果指定給變數A。這類的運算子有以下幾種：

運算子	說明	使用語法
+=	加法指定運算	A += B
-=	減法指定運算	A -= B
*=	乘法指定運算	A *= B
/=	除法指定運算	A /= B
%=	餘數指定運算	A %= B
&=	AND位元指定運算	A &= B
|=	OR位元指定運算	A |= B
^=	NOT位元指定運算	A ^= B
<<=	位元左移指定運算	A <<= B
>>=	位元右移指定運算	A >>= B

以下程式範例在說明複合指定運算子的運算模式，特別是運算過程必須由右方開始，逐步進行到左方喔！例如混合指定運算子的多層運算式:

```
a+=a+=b+=b%=4;
```

其實際運算過程如下：

```
b=b%4
b=b+b;
a=a+b;
a=a+a;
```

3-3-3 比較運算子

關係運算子（Relational operand）用於討論二個運算元之間的關係，是大於（>）還是小於（<）或是等於（= =），諸如此類的關係都可以用關係運算子來運算。運算的結果爲布林值，如果成立就回傳眞（true）；不成立則回傳假（false）。運算子如下表所示：

關係運算子	用途	範例	運算執行結果
==	等於	10 == 10	true
		5 == 3	false
!=	不等於	10 != 10	false
		5 != 3	true
>	大於	10 > 10	false
		5 > 3	true
<	小於	10 < 10	false
		5 < 3	false
>=	大於或等於	10 >= 10	true
		5 >= 3	true
<=	小於或等於	10 <= 10	true
		5 <= 3	false

需要注意的是，一般數學上使用「≠」表示不等於，但「≠」符號在編輯軟體無法由鍵盤直接輸入，因此Java使用「！=」來代替「≠」表示不等於。另外等於的表示方示，一般數學上使用一個等於（=）符號表示，但在Java則是以2個等於（= =）符號來表示，因此讀者在使用時要多加注意「不等於」和「等於」的表示方式。

3-3-4 邏輯運算子

邏輯運算子（Logical Operator）是用來判斷基本的邏輯運算，並將判斷的結果，以0代表false，1代表true。&&和||運算子的運算規則和比較運算子相同，是由左至右，而!運算子則是由右至左。

邏輯運算子在運用上可分爲「布林型態的邏輯運算」及「位元的邏輯運算」。邏輯運算子用於討論二個關係運算子之間的關係，也就是討論「a>0 && b>0」這類的運算結果，結果以布林「boolean」的資料型態形式呈現。

(1)布林型態的邏輯運算：

利用布林型態的「true」和「false」兩種表示，說明如下表：

邏輯運算子	用途	範例：boolean A , B	運算結果說明
!	NOT	!A	當A爲true，傳回值爲false
			當A爲false，傳回值爲true
&&	AND	A && B	只有當A和B都爲true，傳回值爲true，否則全爲false
||	OR	A || B	只有當A和B都爲false，傳回值爲false，否則全爲true

「！」代表是相反的意思，至於「&&」和「||」成立及不成立的情況。下表各列出AND邏輯和OR邏輯的運算結果的「眞值表」：

➢【AND邏輯】：

AND邏輯	true(T)	false(F)
true(T)	T	F
false(F)	F	F

➢【OR邏輯】：

OR邏輯	true(T)	false(F)
true(T)	T	T
false(F)	T	F

(2) 位元的邏輯運算：

實際上，運算元在電腦記憶體中的值，是採取二進位形式。各位可以使用位元運算子（Bitwise Operator）來對兩個整數二進位運算元內容值，進行位元與位元間的邏輯運算。位元運算使用於整數的資料型態上，將整數換算成二進位值，在換算時必須注意資料型態中的儲存單位，以byte型態設定數値5換算的二進位値爲由8個位元「00000101」所組成，若爲short型態的二進位値爲16個位元組成，int型態爲32個位元，long型態爲64個位元。位元運算子如下表說明：

位元運算子	用途	A=00000101 B=00000111	運算結果	註解
~	補數	~A	11111010	1轉換成0， 0轉換成1
&	AND	A & B	00000101	只有1 & 1爲1，否則爲0

CHAPTER 3

<table>
<tr><th>位元運算子</th><th>用途</th><th>A=00000101
B=00000111</th><th>運算結果</th><th>註解</th></tr>
<tr><td>|</td><td>OR</td><td>A | B</td><td>00000111</td><td>只有0 |0爲0，否則爲1</td></tr>
<tr><td>^</td><td>XOR</td><td>A ^ B</td><td>00000010</td><td>只有1^0或0^1爲1，否則爲0</td></tr>
</table>

3-3-5 位移運算子

移位運算子（Shift Operators）使用於整數型態，將整數轉換成二進位後，對位元作向左或向右的移動，運算說明如下表：

移位運算子	用途	使用的語法	例子	運算結果	說明
<<（將數值的位元向左移動n個位元。向左移動後，超出儲存範圍的數字捨去，右邊位元則補上0。）	左移	【整數值】<<【移位值】	5<<2	20	5的二進位值爲00000101，位元左移兩個位元，將左移所空出的位元補上0，如00010100換成整數爲20
			(-5)<<2	-20	-5的二進位值爲11111010，位元左移兩個位元，將左移所空出的位元補上1，如11101011換成整數爲 -20

移位運算子	用途	使用的語法	例子	運算結果	說明
>>（是將數值的位元向右移動n個位元。向右移動後，超出儲存範圍的數字捨去，而左邊多出的位元就補上0。）	右移	【整數值】<<【移位值】	20>>2	5	20的二進位值爲00010100，位元右移兩個位元，將右移所空出的位元補上0，如00000101換成整數爲5
			-20>>2	-5	-20的二進位值爲11101011，位元右移兩個位元，將右移所空出的位元補上1，如11111010換成整數爲-5

3-3-6 運算子優先順序

當運算式使用超過一個運算子時，例如z=x+3*y，就必需考慮運算子優先順序。藉由數學基本運算（先乘除後加減）的觀念，這個運算式會先執行3*y的運算，再把運算結果與x相加，最後才將相加的結果指定給z，得到算式的答案。因此在Java中，可以說*運算子的優先順序高於+運算子。所以在處理一個多運算子的運算式時，有一些規則與步驟是必須要遵守，如下所示：

1. 當遇到一個運算式時，先區分運算子與運算元。
2. 依照運算子的優先順序作整理的動作。
3. 將各運算子根據其結合順序進行運算。

在進行包含多種運算子的運算時，必須要先了解各種運算子的「優先順序」及「結合律」。譬如說運算式中有多個運算子要執行運算時，各個運算子會在「依照」既定的順序完成計算，所謂的順序就是運算子的「優先執行運算順序」。其中最常見的括號「（ ）」可以超越優先順序的等級，而且括號內要比括號外的優先順序高。運算子彼此間運算的順序，如下表所示：

<table>
<tr><th>優先序</th><th>運算子</th><th>結合律</th></tr>
<tr><td>1</td><td>括號：（ ）、[ ]</td><td>由右至左</td></tr>
<tr><td>2</td><td>遞增++、遞減-- 、負號-、NOT !、補數~</td><td>由左至右</td></tr>
<tr><td>3</td><td>乘*、除/、取餘數%</td><td>由左至右</td></tr>
<tr><td>4</td><td>加+、減-</td><td>由左至右</td></tr>
<tr><td>5</td><td>位元左移<<、位元右移>>、無正負性位元右移>>></td><td>由左至右</td></tr>
<tr><td>6</td><td>小於<、大於>、小於等於<=、大於等於>=</td><td>由左至右</td></tr>
<tr><td>7</td><td>等於==、不等於!=</td><td>由左至右</td></tr>
<tr><td>8</td><td>AND：&</td><td>由左至右</td></tr>
<tr><td>9</td><td>XOR：^</td><td>由左至右</td></tr>
<tr><td>10</td><td>OR：|</td><td>由左至右</td></tr>
<tr><td>11</td><td>簡化比較次數的AND：&&</td><td>由左至右</td></tr>
<tr><td>12</td><td>簡化比較次數的OR：||</td><td>由左至右</td></tr>
<tr><td>13</td><td>條件選擇 ?:</td><td>由右至左</td></tr>
<tr><td>14</td><td>指定運算 =</td><td>由右至左</td></tr>
<tr><td>15</td><td>+= 、-= 、*= 、/= 、%= 、&= 、|= 、^=</td><td>由右至左</td></tr>
</table>

上表所列之優先序，1代表最高優先序，15代表最低優先序。「結合律」指運算式中遇到同等級優先序時的運算處理，如「3＋2－1」，加號「＋」和減號「－」同屬於優先序4，根據結合律的運算規定，順序是由

左至右，因為先從最左邊處理「3＋2」的運算後，再往右處理減「－1」的運算。程式設計師應該要熟悉各個運算子的優先執行順序及結合律，在程式撰寫上才不致於發生計算錯誤、不合理的問題。

〔隨堂測驗〕

1. 假設x, y, z為布林（boolean）變數，且x=TRUE, y=TRUE, z=FALSE。請問下面各布林運算式的真假值依序為何？（TRUE表真，FALSE表假）
   - !(y || z) || x
   - !y || (z || !x)
   - z || (x && (y || z))
   - (x || x) && z（105年10月觀念題）

   (A) TRUE FALSE TRUE FALSE

   (B) FALSE FALSE TRUE FALSE

   (C) FALSE TRUE TRUE FALSE

   (D) TRUE TRUE FALSE TRUE

   解答：(A) TRUE FALSE TRUE FALSE

2. 若要邏輯判斷式!(X_1 || X_2)計算結果為真（True），則X_1與X_2的值分別應為何？

   (A) X_1為False，X_2為False

   (B) X_1為True，X_2為True

   (C) X_1為True，X_2為False

   (D) X_1為False，X_2為True（106年3月觀念題）

   解答：(A) X_1為False，X_2為False

3. 若a、b、c、d、e均為整數變數，下列哪個算式計算結果與a+b*c-e計算結果相同？

   (A) (((a+b)*c)-e)

(B) ((a+b)*(c-e))

(C) ((a+(b*c))-e)

(D) (a+((b*c)-e))（106年3月觀念題）

解答：(C) ((a+(b*c))-e)

3-4 資料型態的轉換

Java的資料型態定義很嚴謹，不允許資料型態間隨意轉換（Conversion），也就是說原本設定的資料型態是int，如果指定char型態的資料，編譯時會發生錯誤。轉換的方式有二種：一種就是「由小變大」、另一種是「由大轉小」。

3-4-1 由小變大模式

如果「目的變數」和「來源變數或資料」之間的型態不相同，在轉換時，有二個條件如果符合，則轉換後的來源變數或資料型態不會被更動。「由小變大」的轉換機制會「自動轉換」，不至於損失精確度。底下將列出轉換的機制：

double(倍精數)> float(浮點數)> long(長整數)> int(整數)> char(字元)> short(短整數)> byte(位元組)

- 轉換型態間必須相容。譬如說short（短整數）可以和int（整數）互相轉換，但不可以和byte（位元組）轉換。
- 「目的變數」的資料型態必須大於「來源變數或資料」的資料型態，也就是以範圍較大的為主。譬如說short（短整數）可以和int（整數）互相轉換；int（整數）可以和long（長整數）互相轉換。

3-4-2 由大轉小模式

「由大變小」的轉換機制需「指定轉換」，當「目的變數」的資料型態小於「來源變數或資料」的資料型態。其語法如下：

```
(指定型態) 資料 | 變數;   // 注意括號，不可省略
```

所謂「指定型態」是指目的型態。「資料 | 變數」是指來源變數或資料。大範圍的資料型態轉換成小範圍的資料型態時，部分資料可能會被切割。例如宣告2個整數變數，分別爲X和Y，並各指定預設值，X=19、Y=4。如果除法運算「X/Y」，則運算的結果（Z）爲4，但如果需要結果的精確度能夠到小數點，那結果的類型就不能使用「整數int」，正確的做法應該是採用「強制轉換」的方式，重新定義結果的類型：

```
Z=(float)X / (float)Y; // 先將X和Y的原本所宣告的整數類型，強制轉變
                       // 成浮點數
```

〔隨堂測驗〕

右側程式碼執行後輸出結果爲何？

(A)3　(B)4　(C)5　(D)6

（105年10月觀念題）

```
int a=2, b=3;
int c=4, d=5;
int val;
val = b/a + c/b + d/b;
printf ("%d\n", val);
```

解答：(A)3，在C語言中整數相除的資料型態與被除數相同，因此相除後商爲整數型態。

CHAPTER 3

3-5 全真綜合實作測驗

邏輯運算子（Logic Operators）：106年10月實作題

問題描述

小蘇最近在學三種邏輯運算子AND、OR和XOR。這三種運算子都是二元運算子，也就是說在運算時需要兩個運算元，例如a AND b。對於整數a與b，以下三個二元運算子的運算結果定義如下列三個表格：

a AND b

	b為0	b不為0
a為0	0	0
a不為0	0	1

a OR b

	b為0	b不為0
a為0	0	1
a不為0	1	1

a XOR b

	b為0	b不為0
a為0	0	1
a不為0	1	0

舉例來說：

第0 AND 0的結果為0，0 OR 0以及0 XOR 0的結果也為0。

第0 AND 3的結果為0，0 OR 3以及0 XOR 3的結果則為1。

第4 AND 9的結果為1，4 OR 9的結果也為1，但4 XOR 9的結果為0。

請撰寫一個程式，讀入a、b以及邏輯運算的結果，輸出可能的邏輯運算為何。

輸入格式

輸入只有一行，共三個整數值，整數間以一個空白隔開。第一個整數代表a，第二個整數代表b，這兩數均為非負的整數。第三個整數代表邏輯運算的結果，只會是0或1。

輸出格式

輸出可能得到指定結果的運算，若有多個，輸出順序爲AND、OR、XOR，每個可能的運算單獨輸出一行，每行結尾皆有換行。若不可能得到指定結果，輸出IMPOSSIBLE。（注意輸出時所有英文字母均爲大寫字母。）

範例一：輸入

```
0 0 0
```

範例一：正確輸出

```
AND
OR
XOR
```

範例二：輸入

```
1 1 1
```

範例二：正確輸出

```
AND
OR
```

範例三：輸入

```
3 0 1
```

範例三：正確輸出

```
OR
XOR
```

範例四：輸入

```
0 0 1
```

範例四：正確輸出

```
IMPOSSIBLE
```

評分說明

輸入包含若干筆測試資料，每一筆測試資料的執行時間限制（time limit）均爲1秒，依正確通過測資筆數給分。其中：

(1) 1子題組80分，a和b的值只會是0或1。

(2) 2子題組20分，$0 \le a, b < 10,000$。

題目重點解析

首先將所有大於1的整數a或b直接以1來取代，如此一來當a與b進行位元運算時，就可以降低程式複雜度，並加快執行速度。程式碼如下：

```
if(a>0)  a = 1;
if(b>0)  b = 1;
```

程式中會輸入三個整數，其中第三個整數是第一個整數a及第二個整數b進行某種運算後的結果。我們可以分三個運算子來加以分類，如果a&b的結果值等於c，則表示這個運算子符合邏輯運算的結果值。程式碼如下：

```
if((a&b)==c)  result[0]='Y';
else result[0]='N';
if((a|b)==c)  result[1]='Y';
else result[1]='N';
if((a^b)==c)  result[2]='Y';
else result[2]='N';
```

接著只要判斷記錄每一種運算子的執行結果的陣列值是否爲'Y'，如果等於'Y'，再輸出代表該運算子的英文字（AND、OR或XOR），並進行換行動作。當三種運算子的執行結果的陣列值都爲'N'時，則印出「IMPOSSIBLE」後進行換行動作。此段程式碼如下：

```
if (result[0]=='Y') System.out.println("AND");
if (result[1]=='Y') System.out.println("OR");
```

```
if (result[2]=='Y') System.out.println("XOR");

if (result[0]=='N' && result[1]=='N' && result[2]=='N')
        System.out.println("IMPOSSIBLE");
```

參考解答程式碼：ex01.java

```
01  import java.io.*;
02
03  public class ex01{
04  //主要執行區塊
05      public static void main(String[ ] args) throws IOException
06      {
07          int a, b, c;
08          char [] result=new char[3];
09          String Line;
10              BufferedReader keyin=new BufferedReader(new
                InputStreamReader(System.in));
11              Line=keyin.readLine();
12              String[] tokens=Line.split(" ");
13              a=Integer.parseInt(tokens[0]);
14              b=Integer.parseInt(tokens[1]);
15              c=Integer.parseInt(tokens[2]);
16
17              if(a>0)  a = 1;
18              if(b>0)  b = 1;
```

```
19                if((a&b)==c)  result[0]='Y';
20                else result[0]='N';
21                if((a|b)==c)  result[1]='Y';
22                else result[1]='N';
23                if((a^b)==c)  result[2]='Y';
24                else result[2]='N';
25
26                if (result[0]=='Y') System.out.println("AND");
27                if (result[1]=='Y') System.out.println("OR");
28                if (result[2]=='Y') System.out.println("XOR");
29
30                if (result[0]=='N' && result[1]=='N' && result[2]=='N')
31                    System.out.println("IMPOSSIBLE");
32        }
33    }
```

範例一執行結果：

```
0 0 0
AND
OR
XOR
```

範例二執行結果：

```
1 1 1
AND
OR
```

範例三執行結果：

```
3 0 1
OR
XOR
```

範例四執行結果：

```
0 0 1
IMPOSSIBLE
```

程式碼說明：

- 第10～15列：輸入三個整數，數值以空白分開。
- 第17～18列：將所有大於1的整數a或b直接以1來取代。
- 第19～20列：用來記錄整數a及整數b經過&（AND）運算子的邏輯運算結果值是否符合答案c？如果是，則result[0]設定值爲'Y'；如果不是，則result[0]設定值爲'N'。
- 第21～22列：用來記錄整數a及整數b經過|（OR）運算子的邏輯運算結果值是否符合答案c？如果是，則result[1]設定值爲'Y'；如果不是，則result[1]設定值爲'N'。
- 第23～24列：用來記錄整數a及整數b經過^（XOR）運算子的邏輯運算結果值是否符合答案c？如果是，則result[2]設定值爲'Y'；如果不是，則result[2]設定值爲'N'。
- 第26～28列：判斷記錄每一種運算子的執行結果的陣列值是否爲'Y'，如果等於'Y'，再輸出該運算子。
- 第30～31列：當三種運算子的執行結果的陣列值都爲'N'時，則印出「IMPOSSIBLE」。

第四章

基本輸出入與流程控制

輸出（Output）與輸入（Input）是一個程式最基本的功能。基本上，在Java中有各種負責資料輸出入的相關資料流（Data Stream）類別，但最基礎的I/O動作，莫過於使用System類別中的out物件與in物件，它們各自都擁有一些和標準輸出（out物件）與輸入（in物件）方法。

4-1 由螢幕輸出資料

Java的標準輸出敘述，它的宣告方式如下所示：

```
System.out.print(資料);          //不會換行
System.out.println(資料);        //會換行
```

■ System.out：代表系統的標準輸出。

■ println與print：它們的功能是將括弧內的字串，作印出的動作。差別在於print在印出內容後不會換行，而println則會自動跳行。

■ 資料的格式可以是任何型態，包括變數、常數、字元、字串或物件等。

例如下面所舉的程式片段：

```
System.out.println("字串A" + "字串B"); //利用運算子「+」來作字串串
                                        //聯的運算
System.out.println (布林值變數?變數A:變數B);
//利用三元條件運算子，來作條件判斷處理
```

〔隨堂測驗〕

下列程式碼是自動計算找零程式的一部分，程式碼中三個主要變數分別爲Total（購買總額），Paid（實際支付金額），Change（找零金額）。但是此程式片段有冗餘的程式碼，請找出冗餘程式碼的區塊。

(A) 冗餘程式碼在A區

(B) 冗餘程式碼在B區

(C) 冗餘程式碼在C區

(D) 冗餘程式碼在D區（105年10月觀念題）

```
int Total, Paid, Change;
 …
Change = Paid - Total;
```

```
printf ("500 : %d pieces\n", (Change-Change%500)/500);
Change = Change % 500;
printf ("100 : %d coins\n", (Change-Change%100)/100);
Change = Change % 100;
// A 區
printf ("50 : %d coins\n", (Change-Change%50)/50);
Change = Change % 50;
// B 區
printf ("10 : %d coins\n", (Change-Change%10)/10);
Change = Change % 10;
// C 區
printf ("5 : %d coins\n", (Change-Change%5)/5);
Change = Change % 5;
// D 區
printf ("1 : %d coins\n", (Change-Change%1)/1);
Change = Change % 1;
```


解答：(D) 冗餘程式碼在D區

4-2 由鍵盤輸入資料

在Java中標準輸入可以使用System.in，並配合read()方法，使用方式如下：

```
System.in.read();
```

- System.in：代表系統的標準輸入。
- read()：read()方法的功能是先從輸入串流（例如鍵盤輸入的字串）中讀取下一個位元組的資料後，再傳出0～255之間的整數型態資料（ASCII碼）。

例如下面的程式片段：

```
System.out.println("請從鍵盤輸入一個字元");
char data = (char) System.in.read();
```

4-3 流程控制與選擇結構

程式的進行順序可不是像我們中山高速公路，由北到南一路通到底，有時複雜到像北宜公路上的九彎十八轉，幾乎讓人暈頭轉向。程式設計最重要的部分其中之一就是流程控制，想要寫出好的程式，程式執行的流程相當重要，如果沒有它們，絕對不能做什麼複雜的工作。程式語言通常包含了三種常用的流程控制結構，分別是「循序結構」（Sequential structure）、「選擇結構」（Selection structure）以及「重複結構」（repetition structure）。最基本的循序結構也是一個程式敘述由上而下接著一個程式敘述，沒有任何轉折的執行指令，至於選擇結構必須配合邏輯判斷式來建立條件敘述，再依據不同的判斷的結果，選擇所應該進行的下一道程式指令：

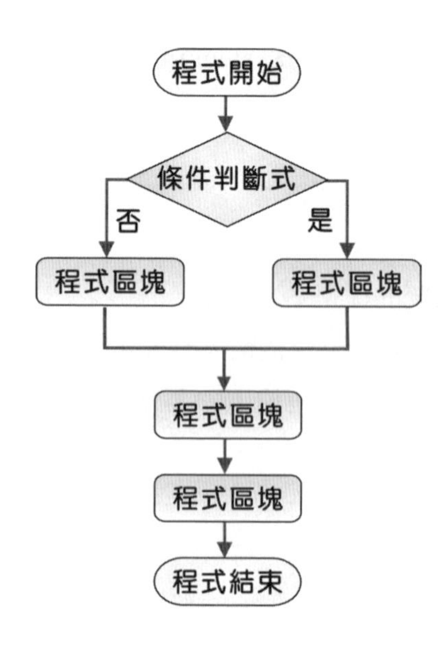

4-3-1 條件式與條件運算子

Java中支援「if」和「switch」兩種條件選擇敘述句。if條件式是最常用的條件選擇敘述句，根據所指定的「條件敘述」，再進行判斷，決定程式該執行哪一段程式。if條件式分三種敘述，分別是：if、if-else和if-else-if階梯狀的敘述，以下是它們的宣告語法：

條件敘述	宣告語法	說明

if	if(條件判斷式){
	程式敘述;
	}
		當if的條件判斷式結果爲true時，才會執行程式敘述

if else	if(條件判斷式){
	程式敘述A;
	}
	else{
	程式敘述B;
	}
		當if條件判斷式結果爲true時，會執行程式敘述A；結果爲false時，會執行程式敘述B

if else if	if(條件判斷式){
	程式敘述A;
	}
	else if(條件判斷式){
	程式敘述B;
	}
	……
	else{
	程式敘述N;
	}
		此條件敘述可以利用else if判斷多個條件，當各if條件判斷爲true時，會執行該段的程式敘述

CHAPTER 4

4-3-2 if相關敘述

在「條件判斷式」這區的結果是true，程式才會選擇進入下一段的「程式敘述區」，就是條件成立才會進入程式執行運算的部分；如果條件不成立，則會跳離if條件敘述。語法如下：

```
if (條件判斷) {      // 條件判斷可以是「二者之間的關係」，也可是「條
                    // 件運算式」
   程式敘述區;
}
```

當if的條件判斷式結果為true時，才會執行程式敘述；如果是false則就不執行程式敘述的部分。

例如：

```
if (a < b) {
     System.out.println ("比較結果正確") ;
}
```

又如要判斷如果a的值比0的值大，則將回傳「正整數」，其語法如下：

```
if (a >0) {
     System.out.println ("正整數") ;
}
```

4-3-3 if-else相關敘述

前一小節if條件敘述中，只有條件成立才會執行「{」和「}」大括號內的敘述，如果條件不成立則跳出判斷式，沒有結果顯示。但是，如果當不成立時有另外的執行方式時，可以考慮使用if-else條件敘述。例如：當if條件判斷式結果爲true時，會執行「程式敘述區(1)」;結果爲false時，會執行「程式敘述區(2)」。其語法如下：

【if-else條件敘述語法】：

```
if (條件判斷) {
    程式敘述區 (1);
    } else {
    程式敘述區 (2);
}
```

例如要設計一段程式碼，如果a的值比b的值小，則將回傳「比較結果正確」；如果不是則將「比較結果不正確」回傳。其語法如下：

```
if (a < b) {
    System.out.println ("比較結果正確") ;
  } else {
    System.out.println ("比較結果不正確") ;
}
```

值得注意的是「區塊定義」的問題，也就是大括號的標示問題，尤其是else之後的敘述區部分，要記得加上大括號的標示，不然無法正確執行。

4-3-4 if-else-if相關敘述

if-else-if敘述可是說是if敘述的變形，可以用來判斷多個條件。此條件敘述可以利用「else if」判斷多個條件，當各if條件判斷爲true時，會執行該段的程式敘述。使用「if-else-if」敘述比較的順序是由上往下比較，每遇到if敘述就需要做「條件判斷」，如果一直到最後所有的if敘述皆不成立，則執行最後else部分的敘述。這樣的做法，可以指定需要判斷的情形結果，也可以更了解當條件判斷不成立時，原因爲何。if-else-if條件敘述語法如下：

```
if (條件判斷) {
   程式敘述區 (1);
   }
else if (條件判斷) {
   程式敘述區 (2);}
else {
   程式敘述區 (3);}
```

例如：

```
if (a < b) {
     System.out.println ("比較結果正確 a<b") ;
} else if ( a >b) {
     System.out.println ("比較結果正確 a>b") ;
} else {
     System.out.println ("兩數值相同") ;
}
```

4-3-5 巢狀if敘述

巢狀if敘述是指「內層」的if敘述是另一個「外層」if的子敘述，此子敘述可以是if敘述、else敘述或者是if-else敘述。

【巢狀if條件敘述語法】：

```
if (條件判斷1) {
    程式敘述區 (1);
    if (條件判斷2) {程式敘述區 (2);}
    else {程式敘述區 (3); }
}
```

4-3-6 switch條件選擇敘述句

在進行多重選擇的時候，過多的else-if條件敘述經常會造成程式維護上的困擾。因此Java提供了switch條件敘述，讓程式更加簡潔清楚，和if條件選擇敘述句不同的是switch只有一個條件判斷敘述。switch是一種多選一的條件敘述，它是依照條件判斷式的執行結果，來決定在多個程式方塊中，選擇其一程式方塊，並執行其方塊內的程式碼，switch條件敘述語法如下：

```
switch (運算式) {
    case 數值1;
        敘述1;
        break;
```

```
    case 數值2;
        敘述2;
        break;
    default：
        敘述3;
}
```

在switch條件敘述，如果找到相同的結果值則執行該case內的程式敘述，當執行完任何case區塊後，並不會直接離開switch區塊。還是會往下繼續執行其它case敘述與default敘述，這樣的情形稱爲「失敗經過」（falling through）現象。

因此通常每道case敘述最後，必須加上break敘述來結束switch敘述，才可以避免「失敗經過」的情況。至於default敘述可放在switch條件敘述的任何位置，如果找不到吻合的結果值，最後則會執行default敘述，除非擺在最後時，才可以省略default敘述內的break敘述，否則還是必須加上break敘述。另外在switch（條件運算式）敘述中的括號絕不可省略，這也是除錯的重點之一喔！

以下爲switch條件敘述的流程圖：

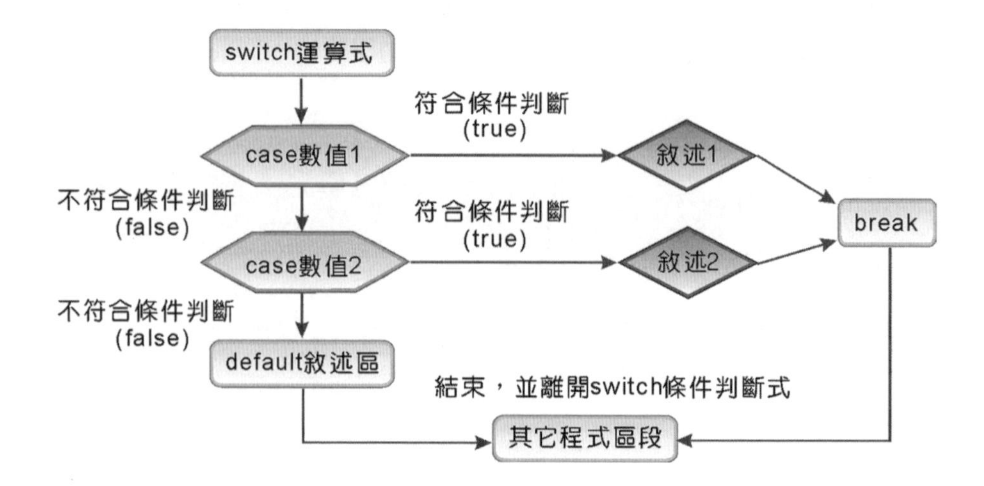

例如：要從段考排名判斷該給予那一方面的獎勵，使用switch條件敘述的語法如下：

```
switch (段考排名) {
    case 第一名：
        出國旅行;
        break;
    case 第二名：
        國內旅行;
        break;
    case 第三名：
        圖書禮卷;
        break;
    default：
        要多努力;
}
```

上述的程式碼中，如果排名是第一名，獲得的獎品是「出國旅行」、排名是第二名，獲得的獎品是「國內旅行」、排名是第三名，獲得的獎品是「圖書禮卷」；但是如果名次不在前三名，則沒有獎品。

4-3-7 條件運算子

條件運算子（Conditional Operator）是一個三元運算子（Ternary Operator），它和if else條件敘述功能一樣，可以用來替代簡單的if else條件敘述，讓程式碼看起來更為簡潔。語法格式如下：

```
條件運算式？程式敘述一：程式敘述二；
```

當條件運算式成立時，會執行程式敘述一，如果不成立，則執行程式敘述二，不過這裡的程式敘述只允許單行運算式喔！例如：

```
str = ( num>=0 )? "正數":"負數"
```

等號的右邊是「判斷式」;問號「?」表示if、冒號「:」表示else。因此範例是說明：如果num的值是大於等於0，則就顯示正數，如果不是則顯示負數。

〔隨堂測驗〕

1. 右側程式執行過後所輸出數值為何？

(A) 11 (B) 13 (C) 15 (D) 16（105年3月觀念題）

```
void main () {
  int count = 10;
  if (count > 0) {
    count = 11;
  }
  if (count > 10) {
    count = 12;
    if (count % 3 == 4) {
      count = 1;
    }
    else {
      count = 0;
    }
  }
  else if (count > 11) {
    count = 13;
  }
```

```
    else {
        count = 14;
    }
    if (count) {
        count = 15;
    }
    else {
            count = 16;
    }
    printf ("%d\n", count);
}
```

解答：(D) 16

2. 下列程式片段主要功能為：輸入六個整數，檢測並印出最後一個數字是否為六個數字中最小的值。然而，這個程式是錯誤的。請問以下哪一組測試資料可以測試出程式有誤？

(A) 11 12 13 14 15 3

(B) 11 12 13 14 25 20

(C) 23 15 18 20 11 12

(D) 18 17 19 24 15 16（105年3月觀念題）

```
#define TRUE 1
#define FALSE 0
int d[6], val, allBig;
…
for (int i=1; i<=5; i=i+1) {
    scanf ("%d", &d[i]);
}
scanf ("%d", &val);
allBig = TRUE;
for (int i=1; i<=5; i=i+1) {
    if (d[i] > val) {
        allBig = TRUE;
```

```
        }
        else {
            allBig = FALSE;
        }
    }
    if (allBig == TRUE) {
        printf ("%d is the smallest.\n", val);
        }
        else {
            printf ("%d is not the smallest.\n",val);
        }
    }
```

解答：(B) 11 12 13 14 25 20

請將四個選項的值依序帶入，只要找到不符合程式原意的資料組，就可以判斷程式出現問題。

3. 下列是依據分數s評定等第的程式碼片段，正確的等第公式應爲：

90～100判爲A等

80～89判爲B等

70～79判爲C等

60～69判爲D等

0～59判爲F等

這段程式碼在處理0～100的分數時，有幾個分數的等第是錯的？

(A) 20　(B) 11　(C) 2　(D) 10（105年10月觀念題）

```
if (s>=90) {
    printf ("A \n");
}
else if (s>=80) {
    printf ("B \n");
}
```

```
else if (s>60) {
  printf ("D \n");
}
else if (s>70) {
  printf ("C \n");
}
else {
  printf ("F\n");
}
```

解答：(B) 11

4. 給定下列函式F()，已知F(7)回傳值為17，且F(8)回傳值為25，請問if的條件判斷式應為何？

```
int F (int a) {
 if ( _____?_____ )
  return a * 2 + 3;
 else
  return a * 3 + 1;
}
```

(A) a % 2 != 1

(B) a * 2 > 16

(C) a + 3 < 12

(D) a * a < 50（106年3月觀念題）

解答：(D) a * a < 50

5. 右側switch敘述程式碼可以如何以if-else（105年10月觀念題改寫）？

```
switch (x) {
  case 10: y = 'a';   break;
  case 20:
  case 30: y = 'b';   break;
  default: y = 'c';
}
```

(A) if (x==10) y = 'a';
    if (x==20 || x==30) y = 'b';
    y = 'c';

(B) if (x==10) y = 'a';
    else if (x==20 || x==30) y = 'b';
    else y = 'c';

(C) if (x==10) y = 'a';
    if (x>=20 && x<=30) y = 'b';
    y = 'c';

(D) if (x==10) y = 'a';

```
else if(x>=20 && x<=30) y = 'b';
else y = 'c';
```

解答：(B)
```
if (x==10) y = 'a';
else if (x==20 || x==30) y = 'b';
else y = 'c';
```

4-4 迴圈結構

迴圈控制敘述是屬於重複結構中的流程控制，當設定的條件符合時，就會執行迴圈中的程式敘述，一旦條件判斷不符合就會跳出迴圈。迴圈控制敘述分為for、while和do while三種迴圈敘述。

例如想要讓電腦在螢幕上印出500個字元'*'，並不需要大費周章地撰寫500次System.out.print敘述，這時只需要利用重複結構就可以輕鬆達成。在Java中，提供了for、while以及do-while三種迴圈敘述來達成重複結構的效果。在尚未開始正式介紹之前，先來快速瞧瞧這三種迴圈敘述的特性及使用時機：

迴圈種類	功能說明
for敘述	適用於計數式的條件控制，使用者已事先知道迴圈的次數
while敘述	迴圈次數為未知，必須滿足特定條件，才能進入迴圈，同樣的，只有不滿足條件測試後，迴圈才會結束
do-while敘述	會先執行一次迴圈內的敘述，再進行條件測試

4-4-1 for迴圈

for迴圈又稱為計數迴圈，是程式設計中較常使用的一種迴圈型式，可以重複執行固定次數的迴圈，for敘述是一種較嚴謹的迴圈控制敘述，是一種計數迴圈（Counting Loop），迴圈控制敘述中設定有「迴圈起始值」、「結束條件」和每次執行迴圈的遞增或遞減運算式。for敘述的宣告語法如下：

```
for (起始值;結束條件;遞增值)
{
        程式敘述區;
}
```


- 起始值：是for迴圈第一次開始的條件數值。
- 結束條件：當for敘述迴圈的結束條件結果為false時，迴圈就會結束。
- 遞增或遞減算式：每次執行迴圈後，起始值要增加或減少的算式。

執行步驟說明如下：

1. 設定控制變數起始值。
2. 如果條件運算式為眞則執行for迴圈內的敘述。
3. 執行完成之後，增加或減少控制變數的值，可視使用者的需求來作控制，再重複步驟2。
4. 如果條件運算式為假，則跳離for迴圈。

例如：

```
for ( int i=0;i <=5;i++ )
{
    a=a+1;
}
```

起始計數值i=0，重覆執行次數是（i<=5），遞增量是1，如果未超出重覆執行次數（條件結束值），則執行「a=a+1」；若i=6，超出重覆執行次數，則離開for迴圈。

4-4-2 巢狀for迴圈

所謂巢狀for迴圈，就是多層式的for迴圈架構。在巢狀for迴圈結構中，執行流程必須先將內層迴圈執行完畢，才會繼續執行外層迴圈，容易犯錯的地方是迴圈間不可交錯。巢狀for迴圈的應用典型的例子是「九九乘法表」。巢狀for敘述語法如下：

```
for (起始值;結束條件;遞增值) {
    for (起始值;結束條件;遞增值) {
        程式敘述區;
    }
};
```

4-4-3 while敘述

如果迴圈執行的次數確定，那麼與for迴圈敘述就是最佳選擇。但對於某些不確定次數的迴圈，那就得另請高明囉！while迴圈敘述與for迴圈敘述類似，都是屬於前測試型迴圈。運作方式則是在程式敘述區塊中的開頭必須先行檢查條件運算式，當運算式結果為true時，才會執行區塊內的程式。如果為false，則直接跳過while敘述區塊來執行另一段程式碼。宣告語法如下：

```
while (結束條件)
{
    程式敘述區;
    增量值;
}
```

以下爲while敘述流程圖：

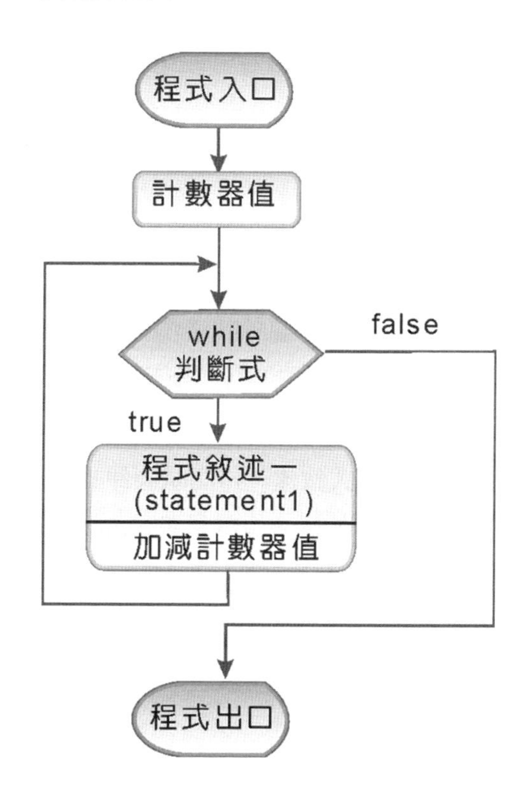

當while敘述的條件運算式的結果爲true時，會重複執行區塊的程式敘述，直到條件運算式的結果爲false，才會跳出迴圈控制敘述。在進行while迴圈時，通常會先在while迴圈之前加上一個變數值，當作計數器，並在while區塊中更改變數值，用來測試條件運算式是否成立。例如：

```
while (i<=10 )
{
    a=i+1;
    i++;      //增量值
}
```

while括號內的部分是「條件判斷」，「i≦10」唯有i值小於10，才能夠進入while迴圈敘述，執行「a=i+1」。如果重複進入while迴圈，還必需加入增量值。

4-4-4 do-while敘述

do-while迴圈是先執行再測試判斷條件是否符合，和之前的for迴圈、while迴圈不相同。do-while迴圈是屬於「後測型」，for迴圈、while迴圈是屬於「前測型」。do-while迴圈在執行判斷時，不論是否符合「判斷條件」，都會執行「程式敘述」的部分。也就是說，do-while迴圈敘述無論如何一定會先執行迴圈內的程式敘述，再測試條件式是否成立，如果成立的話再返回迴圈起點重複執行敘述。也就是說，do-while迴圈內的程式敘述，無論如何至少會被執行一次。

do while敘述類似while敘述，兩者的差別是條件運算式所在的前後之分，宣告語法如下：

【do-while**敘述語法**】：

```
do {
        程式敘述區;
        遞增量;
} while (條件運算式);
```

4-4-5 for-each的for迴圈

for-each迴圈和傳統for迴圈不同的地方是for-each可以直接讀取「群集（set）類型」的資料，如陣列。for-each可以使迴圈自動化，不用自行動手設定迴圈的計數值、起始值和結束條件值，也不用指定「索引陣列」，好處是避免索引值超過邊界造成錯誤。其語法如下：

```
for(變數名稱：群集類型){
    程式敘述區;
}
```

舉個例子說明，假如A是個陣列，其內容元素值是整數型態。如果要讀取陣列中的元素值，一般的方式是利用傳統for迴圈執行讀取的工作，而讀取元素的依據是以「索引值」爲主，但這樣的風險是可能會讀取索引值超過邊界造成錯誤。

for-each改變傳統的做法，當進入for-each迴圈時讀取依據不再是索引值，而是直接讀取陣列中的元素值，因此第一次進入迴圈，x=1，這個1不是指陣列的索引值，而且元素值。所以x是否宣告成整數型態（int），要以陣列來決定。下圖比較傳統for迴圈與for-each迴圈讀取上的不同處。

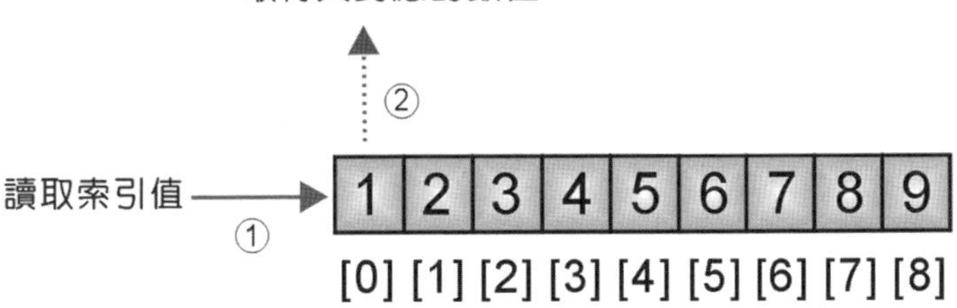

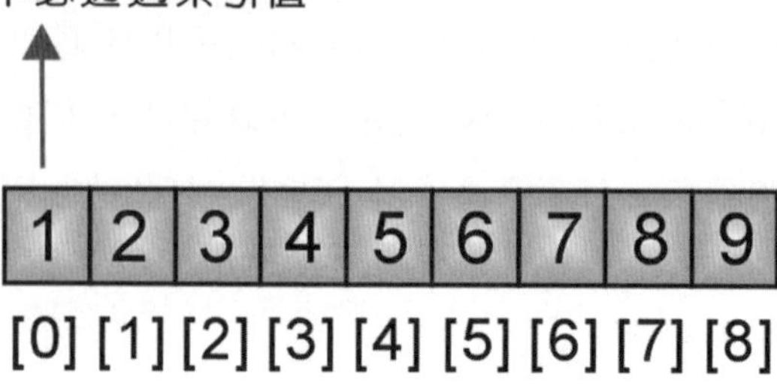

比照語法結構，「int x」就是「變數名稱」部分；「A」就是「群集類型」部分，群集類型指的是所宣告的陣列。

〔隨堂測驗〕

1. 下側程式正確的輸出應該如下

```
    *
   ***
  *****
 *******
*********
```

在不修改程式之第4行及第7行程式碼的前提下，最少需修改幾行程式碼以得到正確輸出？

(A) 1

(B) 2

(C) 3

(D) 4（105年3月觀念題）

```
01  int k = 4;
02  int m = 1;
03  for (int i=1; i<=5; i=i+1) {
04      for (int j=1; j<=k; j=j+1) {
05          printf (" ");
06      }
07      for (int j=1; j<=m; j=j+1) {
08          printf ("*");
09      }
10      printf ("\n");
11      k = k – 1;
12      m = m + 1;
13  }
```

解答：(A) 1

2. 右側程式碼，執行時的輸出為何？

```
void main() {
  for (int i=0; i<=10; i=i+1) {
    printf ("%d ", i);
    i = i + 1;
  }
  printf ("\n");
}
```

(A) 0 2 4 6 8 10

(B) 0 1 2 3 4 5 6 7 8 9 10

(C) 0 1 3 5 7 9

(D) 0 1 3 5 7 9 11（105年3月觀念題）

解答：很簡單的問題，模擬操作就可以(A) 0 2 4 6 8 10

3. 以下F()函式執行後，輸出為何？

(A) 1 2

(B) 1 3

(C) 3 2

(D) 3 3（105年10月觀念題）

```
void F( ) {
  char t, item[] = {'2', '8', '3', '1', '9'};
  int a, b, c, count = 5;
```

CHAPTER 4

```
  for (a=0; a<count-1; a=a+1) {
      c = a;
      t = item[a];
      for (b=a+1; b<count; b=b+1) {
          if (item[b] < t) {
              c = b;
              t = item[b];
      }
      if ((a==2) && (b==3)) {
          printf ("%c %d\n", t, c);
      }
  }
}
```

解答：(B) 1 3

4. 右側程式碼執行後輸出結果爲何？

```
int a[9] = {1, 3, 5, 7, 9, 8, 6, 4, 2};
int n=9, tmp;
for (int i=0; i<n; i=i+1) {
   tmp = a[i];
   a[i] = a[n-i-1];
   a[n-i-1] = tmp;
}
for (int i=0; i<=n/2; i=i+1)
   printf ("%d %d ", a[i], a[n-i-1]);
```

(A) 2 4 6 8 9 7 5 3 1 9

(B) 1 3 5 7 9 2 4 6 8 9

(C) 1 2 3 4 5 6 7 8 9 9

(D) 2 4 6 8 5 1 3 7 9 9

（105年10月觀念題）

解答：(C) 1 2 3 4 5 6 7 8 9 9

5. 若n爲正整數，右側程式三個迴圈執行完畢後a值將爲何？

```
int a=0, n;
 …
for (int i=1; i<=n; i=i+1)
  for (int j=i; j<=n; j=j+1)
    for (int k=1; k<=n; k=k+1)
       a = a + 1;
```

(A) n(n+1)/2

(B) $n^3/2$

(C) n(n-1)/2

(D) $n^2(n+1)/2$（105年10月觀念題）

解答：(D) $n^2(n+1)/2$

6. 右側程式片段執行過程中的輸出為何？

```
int a = 5;
for (int i=0; i<20; i=i+1){
  i = i + a;
  printf ("%d ", i);
}
```

(A) 5 10 15 20

(B) 5 11 17 23

(C) 6 12 18 24

(D) 6 11 17 22（105年10月觀念題）

解答：(B) 5 11 17 23

7. 右側程式片段中執行後若要印出下列圖案，(a)的條件判斷式該如何設定？ap201

```
for (int i=0; i<=3; i=i+1) {
  for (int j=0; j<i; j=j+1)
    printf(" ");
  for (int k=6-2*i; (a) ; k=k-1)
    printf("*");
  printf("\n");
}
```

(A) k > 2

(B) k > 1

(C) k > 0

(D) k > －1（105年10月觀念題）

解答：(C) k > 0

```
******
 ****
  **
```

8. 右側程式片段無法正確列印20次的"Hi!"，請問下列哪一個修正方式仍無法正確列印20次的"Hi!"？

```
for (int i=0; i<=100; i=i+5)
{
  printf ("%s\n", "Hi!");
}
```

(A) 需要將i<=100和i=i+5分別修正為i<20和i=i+1

(B) 需要將i=0修正為i=5

(C) 需要將i<=100修正為i<100;

(D) 需要將i=0和i<=100分別修正為i=5和i<100（106年3月觀念題）

CHAPTER 4

解答：(D)需要將i=0和i<=100分別修正為i=5和i<100

9. 以下程式執行完畢後所輸出值為何？

(A) 12

(B) 24

(C) 16

(D) 20（106年3月觀念題）

解答：(D) 20

```
int main() {
  int x = 0, n = 5;
  for (int i=1; i<=n; i=i+1)
     for (int j=1; j<=n; j=j+1) {
        if ((i+j)==2)
          x = x + 2;
        if ((i+j)==3)
          x = x + 3;
        if ((i+j)==4)
          x = x + 4;
     }
  printf ("%d\n", x);
  return 0;
}
```

10. 右側程式片段擬以輾轉除法求i與j的最大公因數。請問while迴圈內容何者正確？（105年3月觀念題）

```
i = 76;
j = 48;
while ((i % j) != 0) {
    ________________
    ________________
    ________________
}
printf ("%d\n", j);
```

(A) k = i % j;

   i = j;

   j = k;

(B) i = j;

```
        j = k;
        k = i % j;
(C) i = j;
        j = i % k;
        k = i;
(D) k = i;
        i = j;
        j = i % k;
```

解答：

由於不知道要計算的次數，最適合利用while迴圈來設計，

```
(A) k = i % j;
        i = j;
        j = k;
```

11. 若以f(22)呼叫下列f()函式，總共會印出多少數字？

    (A) 16

    (B) 22

    (C) 11

    (D) 15（105年3月觀念題）

    解答：(A) 16，解答是試著將n=22帶入f(22)再觀察所有的輸出過程。

```
void f(int n) {
  printf ("%d\n", n);
  while (n != 1) {
     if ((n%2)==1) {
        n = 3*n + 1;
     }
     else {
        n = n / 2;
     }
     printf ("%d\n", n);
  }
}
```

12. 右側f()函式執行後所回傳的值爲何？

```
int f() {
   int p = 2;
   while (p < 2000) {
      p = 2 * p;
   }
   return p;
}
```

(A) 1023

(B) 1024

(C) 2047

(D) 2048（105年3月觀念題）

解答：起始值：p=2

…

第十次迴圈：p = 2 * p=2*1024=2048 (D) 2048

13. 右側f()函式(a), (b), (c)處需分別填入哪些數字，方能使得f(4)輸出2468的結果？

```
int f(int n) {
   int p = 0;
   int i = n;
   while (i >= (a) ) {
      p = 10 – (b) * i;
      printf ("%d", p);
      i = i - (c) ;
   }
}
```

(A) 1, 2, 1

(B) 0, 1, 2

(C) 0, 2, 1

(D) 1, 1, 1（105年3月觀念題）

解答：(A) 1, 2, 1

第一個列印的數字是2，即p = 10 – (b) * i=2，此處題目傳入的i值爲4，直接帶入求解，因此選項(A)的迴圈執行次數爲4，因此(a)=1。

14. 請問右側程式，執行完後輸出爲何？

```
int i=2, x=3;
int N=65536;
while (i <= N) {
   i = i * i * i;
   x = x + 1;
}
printf ("%d %d \n", i, x);
```

(A) 2417851639229258349412352 7

(B) 68921 43

(C) 65537 65539

(D) 134217728 6（105年10月觀念題）

解答：(D) 134217728 6

演算過程如下：

初始值：i=2　x=3

接著進入迴圈，迴圈的離開條件是判斷i是否小於N(65536)

15. 給定右側函式F()，執行F()時哪一行程式碼可能永遠不會被執行到？

```
void F (int a) {
  while (a < 10)
    a = a + 5;
  if (a < 12)
    a = a + 2;
  if (a <= 11)
    a = 5;
}
```

(A) a = a + 5;

(B) a = a + 2;

(C) a = 5;

(D) 每一行都執行得到（106年3月觀念題）

解答：(C) a = 5;

選項(C) a = 5;這一行程式碼永遠不會執行到，這是因為要跳離while迴圈的條件是a<10，因此當離開此while迴圈時，a值必定大於10。

4-5 跳躍式控制敘述

跳躍式控制敘述（branching statements）是Java語言中與迴圈控制敘述搭配的一種控制敘述，能使迴圈的流程控制有更多的變化。跳躍式控制敘述有break、continue和return三種敘述。

4-5-1 break中斷敘述

在switch敘述有提到break中斷敘述，它可以跳出switch敘述，執行switch敘述後的程式敘述，但是break敘述不僅僅是搭配switch敘述而已，它還可以和迴圈控制敘述搭配。中斷迴圈控制的執行能讓break敘述利用標籤（label）敘述定義一段程式敘述區塊，然後利用break中斷程式敘述，回到標籤起始的程式敘述，類似C++語言中的goto敘述，它的宣告語法如下：

【break中斷語法】

```
標籤名稱：
  程式敘述：
  ……
  break標籤名稱;
```

事先建立好break的標籤（Label）位置及名稱，當程式執行到呼叫break的程式碼時，會根據所定義的break標籤名稱，跳出到指定的地方。

4-5-2 continue繼續敘述

continue敘述的功能是強迫for、while、do while等迴圈敘述，結束正在迴圈本體區塊內進行的程序，而將控制權轉移到迴圈開始處。也就是跳過該迴圈剩下的敘述，重新執行下一次的迴圈。continue與break敘述的最大差別在於continue只是忽略之後未執行的敘述，但並未跳離迴圈。continue繼續敘述也可以運用標籤的指令將程式作變化。

4-5-3 return回傳敘述

return回傳敘述可以終止程式目前所在的方法（method）回到呼叫方法的程式敘述。使用return回傳敘述時，可以將方法中的變數值或運算式值回傳給呼叫的程式敘述，不過回傳值的資料型態要和宣告的資料型態相符合，如果方法不需要回傳值，可以將方法宣告爲void資料型態。以下是return回傳敘述的使用方法。

【**return**回傳敘述語法】

```
return 變數或運算式;
return; // 不回傳值
```

4-6 全真綜合實作測驗

4-6-1 三角形辨別：105年10月實作題

問題描述

三角形除了是最基本的多邊形外，亦可進一步細分爲鈍角三角形、直角三角形及銳角三角形。若給定三個線段的長度，透過下列公式的運算，即可得知此三線段能否構成三角形，亦可判斷是直角、銳角和鈍角三角形。

提示：若a、b、c爲三個線段的邊長，且c爲最大值，則

若a + b ≦ c，三線段無法構成三角形

若a×a + b×b < c×c，三線段構成鈍角三角形（Obtuse triangle）

若a×a + b×b = c×c，三線段構成直角三角形（Right triangle）

若a×a + b×b > c×c，三線段構成銳角三角形（Acute triangle）

請設計程式以讀入三個線段的長度判斷並輸出此三線段可否構成三角形？若可，判斷並輸出其所屬三角形類型。

輸入格式

輸入僅一行包含三正整數，三正整數皆小於30,001，兩數之間有一空白。

輸出格式

輸出共有兩行，第一行由小而大印出此三正整數，兩數字之間以一個空白間格，最後一個數字後不應有空白；第二行輸出三角形的類型：

若無法構成三角形時輸出「No」；

若構成鈍角三角形時輸出「Obtuse」；

若直角三角形時輸出「Right」；

若銳角三角形時輸出「Acute」。

範例一：輸入	範例二：輸入	範例三：輸入
3 4 5	101 100 99	10 100 10
範例一：正確輸出	範例二：正確輸出	範例三：正確輸出
3 4 5	99 100 101	10 10 100
Right	Acute	No
（說明）a×a + b×b = c×c成立時爲直角三角形。	（說明）邊長排序由小到大輸出，a×a + b×b > c×c成立時爲銳角三角形。	（說明）由於無法構成三角形，因此第二行須印出「No」。

評分說明

輸入包含若干筆測試資料，每一筆測試資料的執行時間限制（time limit）均爲1秒，依正確通過測資筆數給分。

題目重點分析

輸入三個邊長a、b、c，並將這三邊長由小到大排序。接著判斷是否形成三角形，其條件爲三角形任二邊長和大於第三邊，所以只要最小的兩邊和小於第三邊，則無法形成三角形，並結束程式。

至於如何判斷是直角、銳角或鈍角是以底下的式子來判斷：

如果$a^2+b^2<c^2$是銳角三角形。

如果$a^2+b^2=c^2$是直角三角形。

如果$a^2+b^2<c^2$是鈍角三角形。

參考解答程式碼：ex02.java

```
01   import java.io.*;
02
03   public class ex02{
04   //主要執行區塊
05       public static void main(String[ ] args) throws IOException
06       {
07           int a, b, c, t;
08           double ab, cc;
09           String Line;
10           BufferedReader keyin=new BufferedReader(new
     InputStreamReader(System.in));
11           Line=keyin.readLine();
12           String[] tokens=Line.split(" ");
13           a=Integer.parseInt(tokens[0]);
14           b=Integer.parseInt(tokens[1]);
15           c=Integer.parseInt(tokens[2]);
16           // a,b,c由由小到大排序
17           if(a>b)
18           { t=a; a=b; b=t; }
19           if(b>c)
20           { t=b; b=c; c=t; }
21           if(a>b)
22           { t=a; a=b; b=t; }
23           if(a+b<=c)  //無法形成三角形
24           {
25               System.out.println("No");
```

```
26                return;
27            }
28            ab=Math.pow(a,2)+Math.pow(b,2);
29            cc=Math.pow(c,2);
30            if(ab<cc)
31                System.out.println("Obtuse");
32            else
33            {
34                if(ab!=cc)
35                    System.out.println("Acute");
36                else
37                    System.out.println("Right");
38            }
39        }
40    }
```

範例一執行結果：

```
3 4 5
Right
```

範例二執行結果：

```
101 100 99
Acute
```

範例三執行結果：

```
10 100 10
No
```

程式碼說明：

- 第10～15列：輸入三角形三邊長。

- 第16～22列：比較三邊由小到大排序。
- 第23～27列：如果最小的兩邊和小於第三邊則無法形成三角形，則輸出「No」，然後結束程式。
- 第28～38列：判斷三角形的類型。

4-6-2 小群體：106年3月實作題

問題描述

Q同學正在學習程式，P老師出了以下的題目讓他練習。

一群人在一起時經常會形成一個一個的小群體。假設有N個人，編號由0到N-1，每個人都寫下他最好朋友的編號（最好朋友有可能是他自己的編號，如果他自己沒有其他好友），在本題中，每個人的好友編號絕對不會重複，也就是說0到N-1每個數字都恰好出現一次。

這種好友的關係會形成一些小群體。例如N=10，好友編號如下，

	0	1	2	3	4	5	6	7	8	9
好友編號	4	7	2	9	6	0	8	1	5	3

0的好友是4，4的好友是6，6的好友是8，8的好友是5，5的好友是0，所以0、4、6、8、和5就形成了一個小群體。另外，1的好友是7而且7的好友是1，所以1和7形成另一個小群體，同理，3和9是一個小群體，而2的好友是自己，因此他自己是一個小群體。總而言之，在這個例子裡有4個小群體：{0,4,6,8,5}、{1,7}、{3,9}、{2}。本題的問題是：輸入每個人的好友編號，計算出總共有幾個小群體。

Q同學想了想卻不知如何下手，和藹可親的P老師於是給了他以下的提示：如果你從任何一人x開始，追蹤他的好友，好友的好友，…，這樣一直下去，一定會形成一個圈回到x，這就是一個小群體。如果我們追蹤

的過程中把追蹤過的加以標記，很容易知道哪些人已經追蹤過，因此，當一個小群體找到之後，我們再從任何一個還未追蹤過的開始繼續找下一個小群體，直到所有的人都追蹤完畢。

Q同學聽完之後很順利的完成了作業。

在本題中，你的任務與Q同學一樣：給定一群人的好友，請計算出小群體個數。

輸入格式

第一行是一個正整數N，說明團體中人數。

第二行依序是0的好友編號、1的好友編號、……、N-1的好友編號。共有N個數字，包含0到N-1的每個數字恰好出現一次，數字間會有一個空白隔開。

輸出格式

請輸出小群體的個數。不要有任何多餘的字或空白，並以換行字元結尾。

範例一：輸入

```
10
4 7 2 9 6 0 8 1 5 3
```

範例一：正確輸出

```
4
```

（說明）

4個小群體是{0,4,6,8,5}, {1,7}, {3,9}和{2}。

範例二：輸入

```
3
0 2 1
```

範例二：正確輸出

```
2
```

（說明）

2個小群體分別是{0},{1,2}。

評分說明

輸入包含若干筆測試資料，每一筆測試資料的執行時間限制（time limit）均為1秒，依正確通過測資筆數給分。其中：

(1) 1子題組20分，$1 \le N \le 100$，每一個小群體不超過2人。

(2) 2子題組30分，$1 \le N \le 1{,}000$，無其他限制。

(3) 3子題組50分，$1{,}001 \le N \le 50{,}000$，無其他限制。

題目重點分析

記得宣告一個變數為目前有多少個小群體的計數器，接著讀取從0到N依序讀取各好友編號。另外一開始先設定整數陣列visited的所有元素值為0，表示尚未探訪。同時設定一個字元變數success初設值為0，每找到一個群組就將該變數設值為1，表示已順利找到小群體。

另外補充說明的是陣列是用來記錄每位成員的朋友編號，要開始找小群體時，可以先從第一個人編號為0開始找起，每找到一個小群體就將記錄小群組個數的累加1，接著再找出下一個小群體。

參考解答程式碼：ex03.java

```
01  import java.io.*;
02
03  public class ex03{
04  //主要執行區塊
05      public static void main(String[ ] args) throws IOException
06      {
07          int[] number=new int[50000];
08          int[] visited=new int[50000];
09          int counter; ///小群體的計數器
10          int i,n;
11          int success=0; //是否順利找到小群體
12          int leader;
```

```
13            BufferedReader keyin=new BufferedReader(new
     InputStreamReader(System.in));
14            n=Integer.parseInt(keyin.readLine());
15            String Line=keyin.readLine();
16            String[] tokens=Line.split(" ");
17            for (i=0;i<=n-1;i++){
18              number[i]=Integer.parseInt(tokens[i]);; //好友編號
19              visited[i]=0;//初值設定尚未拜訪
20            }
21            i=0;
22            counter=0;
23            while (success==0) {
24              leader=i;///小群體的頭
25              while (number[i]!=leader && visited[i]==0 ){
26                visited[i]=1; //設定已探訪
27                i=number[i]; //繼續探訪
28              }
29            counter++;       //累加
30            visited[i]=1;//已探訪
31            success=1; //找到小群體
32            //找出不在已找到的群體中且沒有探訪者
33            for (i=0 ;i<=n-1;i++)
34            if (visited[i]==0){
35                success=0;
36                break;
37            }
38          }
39          System.out.println(counter);
40      }
41  }
```

範例一執行結果：

```
10
4 7 2 9 6 0 8 1 5 3
4
```

4個小群體是{0,4,6,8,5}, {1,7}, {3,9}和{2}。

範例二執行結果：

```
3
0 2 1
2
```

2個小群體分別是{0},{1,2}。

程式碼說明：

- 第7列：好友編號的陣列。
- 第8列：宣告一個是否已探訪的陣列。
- 第9列：小群體的計數器。
- 第11列：如果還沒找到小群體預設值為0。
- 第14列：讀取團體人數。
- 第15～20列：從0到N依序讀取各好友編號。
- 第21～38列：從第一個人開始找起，每找到一個小群體，就再找另一個沒有被拜訪的成員且不在其他小群體的人，再次找出另一個小群體。
- 第39列：輸出答案。

第五章 

陣列、字串與矩陣

陣列（Array）在數學上的定義是指：「同一類型元素所形成的有序集合」。在程式語言的領域，可以把陣列看作是一個名稱和一塊相連的記憶體位址來儲存多個相同資料型態的資料。其中的資料稱為陣列的「元素」（Element），並依據索引（Index）順序存放各個元素，同一組「陣列」（Array）的元素皆具備相同的資料型態（Data Type），屬於有序集合。當然，陣列裡可以包含多個元素，依元素之多寡來取得陣列大小。為方便資料的存取，可將陣列設計成一維（Dimension）、二維、三維，…，甚至更多維的陣列。

5-1 陣列簡介

陣列觀念有點像學校的私物櫃，一排外表大小相同的櫃子，區隔的方法是每個櫃子有不同的號碼。當多筆同性質資料需要處理時，可以用陣列的方式存放資料，再以迴圈或巢狀迴圈方式進行陣列資料的處理。

5-1-1 一維陣列

一維陣列（One-dimensional Array）是最基本的陣列結構，只利用到一個索引值。陣列在Java語言裡是一種參考資料型態，儲存的是陣列的位址，而不是陣列的元素值。陣列可以和各種不同資料型態結合，產生該型態的陣列，其宣告和建立的方法如下：

【陣列宣告語法】

- 一般資料型態：
  資料型態[ ]陣列名稱；
- 物件資料型態：
  資料型態[ ]陣列名稱= new資料型態[陣列大小]；

■資料型態：陣列中所有的資料都是此資料型態。

■陣列名稱：是陣列中所有資料的共同名稱。

■陣列大小：代表陣列中有多少的元素。

一旦陣列被宣告和建立後，它的長度就固定不動，當使用者變更陣列大小時，實際上是將陣列指向另一個新建立的陣列記憶體區塊。另外在Java中，必須給予陣列初始值後才能對陣列進行操作，所以Java語言在陣列產生時會針對各資料型態預設初始值，以下為各資料型態的預設初始值：

陣列的資料型態	初始值
數字	0
字元	Unicode的字元0
布林	false
物件	null

當然，使用者也可以自行設定陣列的初始值，以下為設定的方式：

【自行設定陣列初始值】

```
資料型態[ ] 陣列名稱=new 資料型態[ ]{初始值1,初始值2,…}；
```

請注意，陣列中設定初始值時，需要用大括號和逗號來分隔。另外，陣列中有定義一個方法，可以讓使用者取得陣列的長度，也就是陣列的大小：

```
陣列名稱. length；
```

5-1-2 二維陣列

二維陣列可以視為一維陣列的線性方式延伸處理，也看視為是平面上列與行的組合。二維陣列使用兩個索引值來指定存取陣列元素：「列（橫）方向」的元素數目及「行（直）方向」的元素數目。其宣告方式如下：

【二維陣列宣告語法】

```
➢一般資料型態：
  資料型態[ ][ ] 陣列名稱；
➢物件資料型態：
  資料型態[ ][ ] 陣列名稱 =new 資料型態[列大小][行大小]；
```

【舉例說明】

```
int twoArray[ ][ ]=new int[3][4]    // 宣告一個「3列*4行」的（3×4)整
                                    // 數陣列。
```

以上述宣告twoArray來說明，它是一個3列*4行的二維陣列，在存取二維陣列中的資料時，使用的索引值仍然是由0開始計算。下圖以矩陣圖形來說明二維陣列中每個元素的索引值與儲存關係：

二維陣列示意圖

twoArray[0][0]	twoArray[0][1]	twoArray[0][2]	twoArray[0][3]
twoArray[1][0]	twoArray[1][1]	twoArray[1][2]	twoArray[1][3]
twoArray[2][0]	twoArray[2][1]	twoArray[2][2]	twoArray[2][3]

行（左側括號）　列（下方括號）

至於在二維陣列設定初始值時，爲了方便區隔行與列。所以除了最外層的{}外，最好以{}括住每一列的元素初始值，並以「,」區隔每個陣列元素，其宣告方式如下：

【二維陣列設定初始值語法】

以int twoArray[ ][ ]=new int[3][4]爲例，預先指定初始值：

```
int twoArray[ ][ ]=new int[ ][ ]{ {12,92,88,76}, //以大括號區隔，表示第
                                                 //一列
                                  {23,90,98,70},    //表示第二列
                                  {33,82,69,98} };  // 表示第三列
```

5-1-3 三維陣列

二維陣列在幾何的表示上是平面的，因爲考慮x軸和y軸，也就是行和列的關係。三維陣列在幾何的表示上則是立體的，因爲除了考慮x軸和y軸，還考慮z軸，於是三維陣列使用三個索引值來指定存取陣列元素：「x方向」的元素數目、「y方向」的元素數目及「z方向」的元素數目。

【三維陣列宣告語法】

> ➢ 一般資料型態：
> 資料型態 陣列名稱[ ][ ] [ ]；
> ➢ 物件資料型態：
> 資料型態 陣列名稱[ ][ ][ ] =new 資料型態[x方向][y方向] [z方向]；

現在讓我們來針對三維陣列（Three-dimension Array）較爲詳細多說明，基本上三維陣列的表示法和二維陣列一樣皆可視爲是一維陣列的延伸，請看下圖：

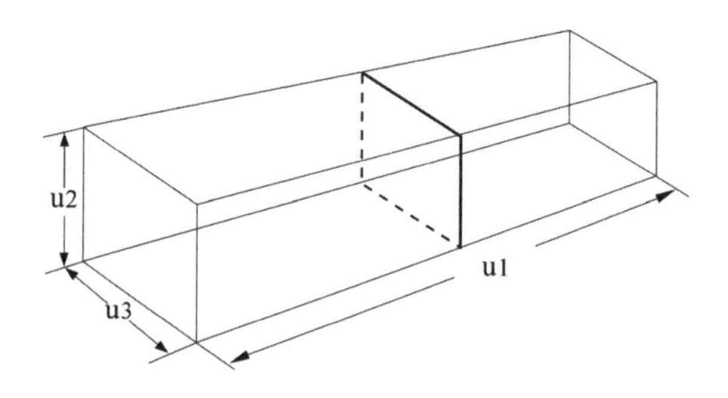

【舉例說明】

```
int threeArray[ ][ ][ ]=new int[2][3][4] //宣告一個「2*3*4」的整數陣列。
```

三維陣列示意圖如下：

三維陣列示意圖

y方向

threeArray[0][0][0]	threeArray[0][0][1]	threeArray[0][0][2]	threeArray[0][0][3]
threeArray[0][1][0]	threeArray[0][1][1]	threeArray[0][1][2]	threeArray[0][1][3]
threeArray[0][2][0]	threeArray[0][2][1]	threeArray[0][2][2]	threeArray[0][2][3]

z方向

y方向

threeArray[1][0][0]	threeArray[1][0][1]	threeArray[1][0][2]	threeArray[1][0][3]
threeArray[1][1][0]	threeArray[1][1][1]	threeArray[1][1][2]	threeArray[1][1][3]
threeArray[1][2][0]	threeArray[1][2][1]	threeArray[1][2][2]	threeArray[1][2][3]

z方向

【三維陣列設定初始值語法】

➤ 以int threeArray[ ][ ][ ]=new int[2][3][4]為例，預先指定初始值：

```
int threeArray [ ][ ][ ]=new int[ ][ ][ ]{ {{12,92,88,76},
                                           {23,90,98,70},
                                           {33,82,69,98} },
                                          {{32,32,86,36},
                                           {43,30,38,40},
                                           {73,92,89,28}}}；
```

三維陣列的設定初始值似乎有點複雜，以上述為例：以黑色粗體大括號標示的是表示「x方向」，標示2組表示宣告的三維陣列[x][y][z]其中x=2；每一組黑色粗體大括號內有三組以大括號標示的資料集，分別為{12,92,88,76}、{23,90,98,70}和{33,82,69,98}，表示宣告的三維陣列[x][y][z]其中y=3；最後大括號內有4筆資料值，表示宣告的三維陣列[x][y][z]其中z=4。

5-1-4 不規則陣列

之前我們所學到的陣列，都是每一橫列有相同長度的陣列；如果每一橫列的長度如果不同，在Java中可以執行嗎？答案是可以的。

【不規則陣列宣告語法】

```
int twoArray[ ][ ]={{15,48,44,11},
                    {12,78,56,49,58},
                    {55,24,31}};
```

發現每一行的元素個數（陣列長度）不一致，不過這種不規則的陣列宣告語法也是一種合法的宣告方式。

5-2 計算陣列位址

因為陣列是由一連串的記憶體組合而成，陣列元素所儲存的位址可利用方式來計算；而陣列的維度是「2」以上時還能「以列為主」或「以欄為主」的情形下做討論。

5-2-1 一維陣列位址

如果有一個陣列Ary[7]，由於註標只有一個，表示它是一維陣列（One-dimension Array），索引0～7，表示它可存放7個元素，參考下圖。

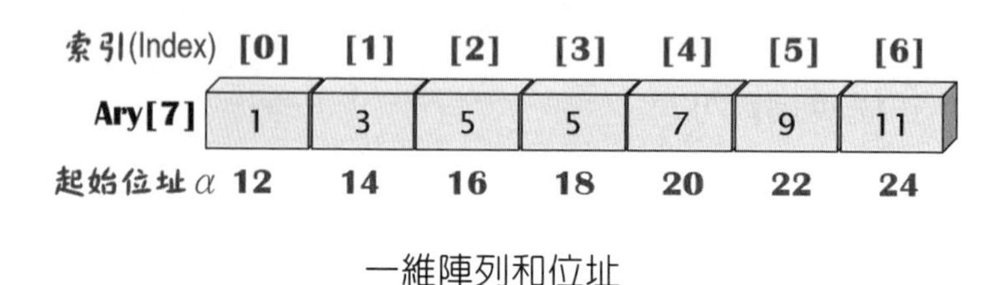

一維陣列和位址

由於記憶體提供陣列的連續性儲存空間，宣告一維陣列之後；得進一步考慮陣列的定址。以下圖來說，一維陣列Ary[7]的起始位址α為「12」，每個元素的儲存空間d為2 Bytes；那麼Ary[2]的位址就是「α + i * d」，所以「12 + 2 * 2 = 16」。進一步推導一維陣列Ary(0:μ)，每個元素占d空間，則Ary_i的位址以下圖來表示：

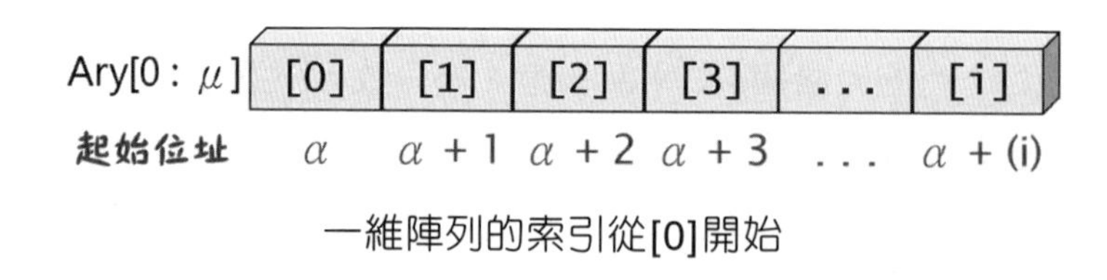

一維陣列的索引從[0]開始

情況一：以索引[0]為基準點，計算一維陣列Ary(0 :μ)的位址如下：

$Loc(Ary_i) = \alpha + i * d$ //公式一，以Ary[0]為基準點

如果一維陣列並非以Ary[0]為初始索引（基準點）的話；得進一步假

設Ary(L:μ)的初始索引為「L」，有N個元素，則Ary(i)的定址會依據起始位址α計算；每個元素占有d空間，加上位址i與L的間距再乘上每個陣列元素所需的空間d。

Ary[L : μ]	L	L + 1	L + 2	...	[i]
起始位址	α	$\alpha + 1$	$\alpha + 2$	...	$\alpha + (i)$

情況二：考量起始位址，一維陣列Ary(L:μ)的位址計算如下：

$Loc(Ary_i) = \alpha + (i - L) * d$ //公式二，以Ary[L]為基準點

例一：一維陣列(0:50)，起始位址A(0) = 10，每個元素占2 Bytes，則A(12)的位址為多少？

$Loc(Ary_{12}) = 10 + 12 * 2 = 10 + 24 = 34$

例二：一維陣列(-2:20)，起始位址A(-2) = 5，每個元素占2 Bytes，則A(2)的位址為多少？

$Loc(Ary_2) = 5 + (2 - (-2)) * 2 = 5 + 8 = 13$

5-2-2 二維陣列位址

若把二維陣列（Two-dimension Array）視為一維陣列的延伸；它就像學校裡上課的教室，學生人數不多，那麼座位可以隨意擺放。當上課的人數越來越多，就得把座位予以排列，才能容納更多的學生。那麼一個「3×4」的二維陣列，可以存放多少個元素？很簡單，就「3*4 = 12」

可存放12個元素。一個二維陣列，如同數學的矩陣（Matrix），包含列（Row）、欄（Column）二個註標。如何表示？

二維陣列若採用「Row-major」；顧名思義，讀取陣列元素「由上往下」，由第一列開始一列列讀入，再轉化爲一維陣列，循序存入記憶體中。也就是把二維陣列儲存的邏輯位置轉換成實際電腦中主記憶體的存儲方式。

二維陣列Ary[0:M-1, 0:N-1]，它是M列×N欄，假設α爲陣列Ary在記憶體中起始位址，d爲每個元素的單位空間。不考量它的起始位址，那麼陣列元素Ary(i, j)與記憶體位址有下列關係：

$Loc(Ary_{i,j}) = \alpha + (i * N + j) * d$ //公式一：不考量起始位置

二維陣列Ary[L_1：μ_1, L_2：μ_2]，有M列×N欄，假設α爲陣列Ary在記憶體中起始位址，d爲每個元素的單位空間。將起始位址納入考量，那麼陣列元素A(i, j)與記憶體位址有下列關係：

$Loc(Ary_{i,j}) = \alpha + (i - L_1) * N * d + (j - L_2) * d$ //公式二

要考量陣列的起始位置就必須知道此陣列的大小，所以M列等於「$\mu_1 - L_1 + 1$」，而N欄等於「$\mu_2 - L_2 + 1$」。那麼二維陣列的記憶體空間如何分配？可參考下圖之示意。

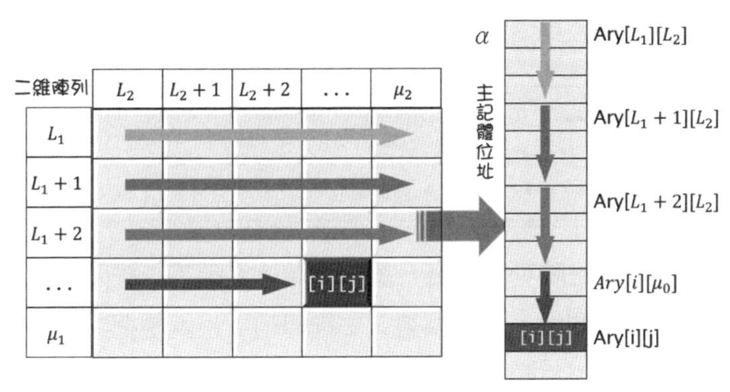

以列為主的記憶體位址

例一：有一個5×5的二維陣列，不考量起始位址，每個元素占兩個單位，起始位址爲10，則Ary(3, 2)的位址應爲多少？

```
Loc(Ary3, 2) = 10 +(3 * 5 + 2) * 2 = 44
```

例二：有一個5×5的二維陣列，起始位址(1, 1)爲10，以列爲主來存放；每個元素占兩個單位，則Ary(3, 2)的位址？

```
Loc(Ary3, 2) = 10 + (3-1) * (5 * 10) + (2-1) * 2
(Ary3, 2) = 32
```

例三：有一個二維陣列Ary(-5 : 4, -3 : 1)，起始位址(-1, -2)爲50，以列爲主做存放；每個元素占兩個單位，則Ary(0, 0)的位址？

```
M列 = 4 – (-5) + 1 = 10
N欄 = 1 – (-3) + 1 = 5  //一個10列、5欄的二維陣列
Loc(Ary0, 0) = 50 + (0-(-1)) * (5 * 2) + (0-(-2)) * 2
Loc(Ary0, 0) = 64
```

轉化為標準式，以公式一計算如下：

```
Ary(-5 : 4, -3 : 1) ➡ Ary(0 : 9, 0 : 4)
A(-1, -2) ➡ Ary(0, 0) ➡ Ary(1, 2)
Loc(Ary1, 2) = 50 + (1 * 5 + 2) * 2 = 64
```

以欄為主的二維陣列要轉為一維陣列時，必須將二維陣列元素「由左往右」，從第一欄開始，一欄欄讀入一維陣列。也就是把二維陣列儲存的邏輯位置轉換成實際電腦中主記憶體的存儲方式。

二維陣列Ary[0:M-1, 0:N-1]，它有M列×N欄，假設α為陣列Ary在記憶體中起始位址，d為每個元素的單位空間。不考量它的起始位址，那麼陣列元素A(i, j)與記憶體位址有下列關係：那麼陣列元素A(i, j)與記憶體位址有下列關係：

$Loc(Ary_{i,j}) = \alpha + (j * M + i) * d$ //公式三：不考量起始位置

二維陣列Ary[L_1 : μ_1, L_2 : μ_2]，有M列*N欄，假設α為陣列Ary在記憶體中起始位址，d為每個元素的單位空間。考量其起始位址，那麼陣列元素A(i, j)與記憶體位址有下列關係：

$Loc(Ary_{i,j}) = \alpha + (i - L_1) * d + (j - L_2) * d * M$ //公式四

要考量陣列的起始位置就必須知道此陣列的大小，所以M列、N欄的計算方式與「以列為主」相同。那麼二維陣列的記憶體空間如何分配？可參考下圖之示意。

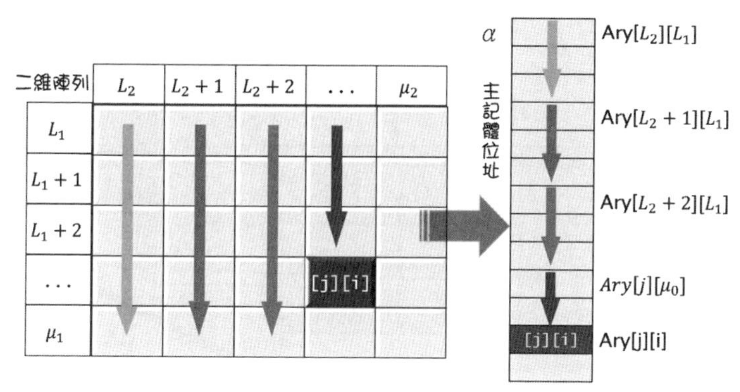

以欄為主的記憶體位址

例一：有一個5*5的二維陣列，不考量起始位址，每個元素占兩個單位，起始位址爲10，則Ary(3, 2)的位址應爲多少？

$Loc(Ary_{3,2}) = 10 + (2 * 5 + 3) * 2 = 34$ //公式三

例二：有一個二維陣列Ary(-5 : 4, -3 : 1)，起始位址(-1, -2)爲50，以列爲主做存放；每個元素占兩個單位，則Ary(0, 0)的位址？

$Loc(Ary_{0,0}) = 50 + (0 - (-1) + (0 - (-2)) * 9 * 2 = 88$

5-2-3 三維陣列位址

我們再將焦點再轉回到教室的座位，當一間教室無法容更多的學生，可以延伸教室的數量。所以陣列的結構會由線、平面而立體化。

下圖如果以二維陣列觀點來看，表示有3個二維陣列，每個二維陣列由3×3個項目構成，二維陣列在幾何的表示上是平面的，考量的是列和欄的關係。三維陣列在幾何的表示上則是立體的，必須以三個註標（或是索引）來指定存取陣列元素。如下圖所示。

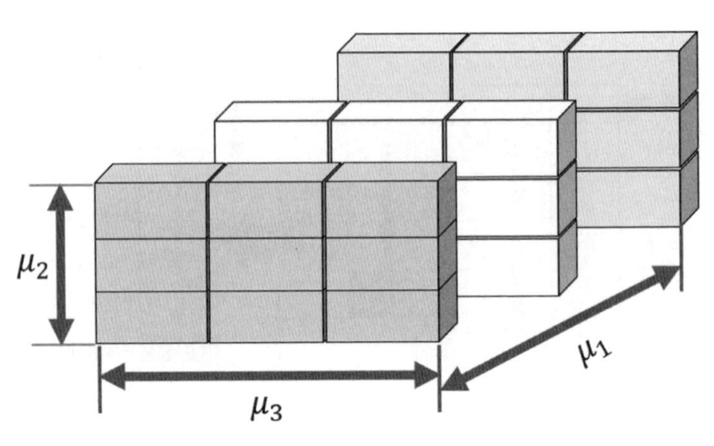

三維陣列由「$\mu_1 * \mu_2 * \mu_3$」組成

上圖表示三維陣列「$\mu_1 * \mu_2 * \mu_3$」，由μ_1個二維陣列「$\mu_2 * \mu_3$」構成。同樣地，可以將三維陣列表示法視爲一維陣列的延伸，以線性方式來處理亦可分成「以列爲主」和「以欄爲主」兩種。

將陣列Ary視爲μ_1個「$\mu_2 * \mu_3$」的二維列陣，每個二維陣列有μ_2個一維陣列，每個一維陣列包含的元素。另外，α爲陣列起始位址，每個元素含有d個空間單位。

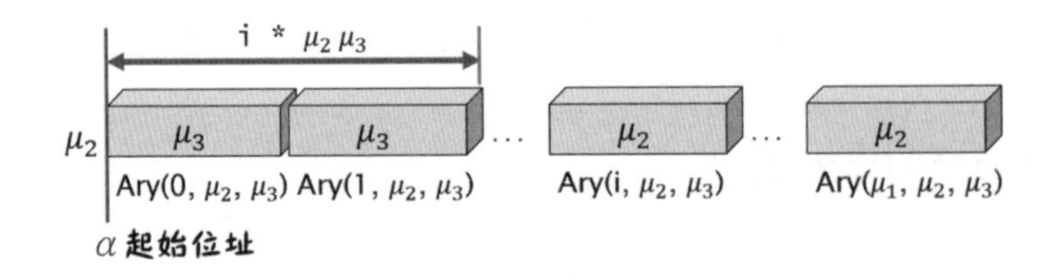

轉換公式時，將Ary(i, j, k)視爲一直線排列的第幾個，得到以下位址計算公式：

$$Loc(Ary_{i,j,k}) = \alpha + (i * \mu_2\mu_3 + j * \mu_3 + k) * d$$

三維陣列Aryp[L_1：μ_1, L_2：μ_2]，有O個M列×N欄，假設α為陣列Ary在記憶體中起始位址，d為每個元素的單位空間。

$$N = \mu_1 - L_1 + 1, M = \mu_2 - L_2 + 1, O = \mu_3 - L_3 + 1$$
$$Loc(Ary_{i,j,k}) = \alpha + (i - L_1)MOd + (j - L_2)Od + (k - L_1)d$$

陣列Ary有μ_3個「μ_1 * μ_2」的二維列陣，每個二維陣列有μ_2個一維陣列，每個一維陣列包含μ_1的元素。每個元素有d單位空間，且α為起始位址。

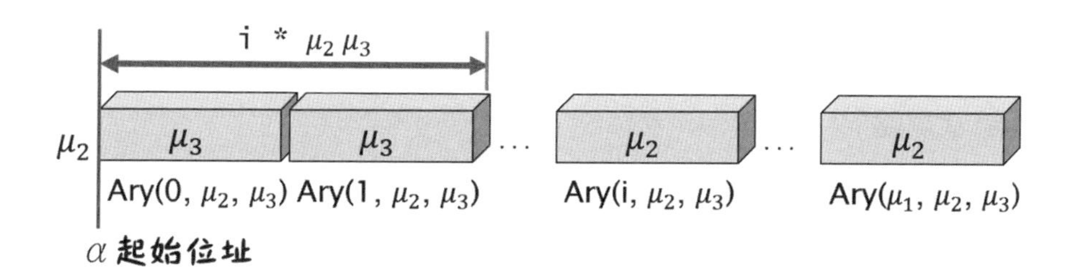

轉換公式時，得到以下位址計算公式：

$$Loc(Ary_{i,j,k}) = \alpha + (i * \mu_1\mu_2 + j * \mu_3 + k) * d$$

三維陣列Ary[L_1：μ_1, L_2：μ_2, L_3：μ_3]，有O個M列×N欄，假設α為陣列Ary在記憶體中起始位址，d為每個元素的單位空間，位址計算如下：

$$N = \mu_1 - L_1 + 1, M = \mu_2 - L_2 + 1, O = \mu_3 - L_3 + 1$$
$$Loc(Ary_{i,j,k}) = \alpha + (k - L_3)NMd + (j - L_2)Nd + (i - L_1)d$$

例一：以列為主：三維陣列Ary(2, 4, 7)，起始位址為120，每個元素只占1 Byte，則Ary(2, 2, 5)的位址多少？

```
Loc(Ary_{2, 2, 5}) = 120 + ((2-1)*4*7 + (2–1)*7 + 3)*1 = 158
```

例二：以列為主的三維陣列Ary(-4:6, -3:5, 1:4)，起始位址Ary(-4, -5, 2) = 120；每個元素只占1 Byte，則Ary(1, 2, 2)的位址多少？

```
N = 6-(-4)+1 = 11
M = 5-(-3)+1 = 9
O = 4-1+1 = 4
Loc(Ary_{1, 2, 2}) = 120 +(1-(-4))*9*4*1 +(2-(-3))*4*1 + 2-1 = 321
```

〔隨堂測驗〕

1. 大部分程式語言都是以列為主的方式儲存陣列。在一個8×4的陣列（array）A裡，若每個元素需要兩單位的記憶體大小，且若A[0][0]的記憶體位址為108（十進制表示），則A[1][2]的記憶體位址為何？

   (A) 120

   (B) 124

   (C) 128

   (D) 以上皆非（105年3月觀念題）

   解答：(A) 120

2. 右側F()函式執行時，若輸入依序為整數0, 1, 2, 3, 4, 5, 6, 7, 8, 9，請問X[]陣列的元素值依順序為何？

```
void F () {
  int X[10] = {0};
  for (int i=0; i<10; i=i+1) {
    scanf("%d", &X[(i+2)%10]);
  }
}
```

   (A) 0, 1, 2, 3, 4, 5, 6, 7, 8, 9

   (B) 2, 0, 2, 0, 2, 0, 2, 0, 2, 0

(C) 9, 0, 1, 2, 3, 4, 5, 6, 7, 8

(D) 8, 9, 0, 1, 2, 3, 4, 5, 6, 7（106年3月觀念題)

解答：(D) 8, 9, 0, 1, 2, 3, 4, 5, 6, 7

i=0時對應第一個輸入的整數0：X[(i+2)%10]=X[2]=0，其實從這個地方就可以判斷出選項(D)就是正確的答案。

3. 右側程式片段執行過程的輸出為何？

```
int i, sum, arr[10];
for (int i=0; i<10; i=i+1)
   arr[i] = i;
sum = 0;
for (int i=1; i<9; i=i+1)
   sum = sum - arr[i-1] + arr[i] + arr[i+1];
printf ("%d", sum);
```

(A) 44

(B) 52

(C) 54

(D) 63（105年10月觀念題）

解答：(B) 52，初始值sum=0，arr[0]=0、arr[1]=1、…arr[9]=9逐步帶入計算即可求解

4. 若A是一個可儲存n筆整數的陣列，且資料儲存於A[0]～A[n-1]。經過右側程式碼運算後，以下何者敘述不一定正確？

```
int A[n]={ … };
int p = q = A[0];
for (int i=1; i<n; i=i+1) {
   if (A[i] > p)
      p = A[i];
   if (A[i] < q)
      q = A[i];
}
```

(A) p是A陣列資料中的最大值

(B) q是A陣列資料中的最小值

(C) q < p

(D) A[0] <= p（106年3月觀念題）

解答：(C) q < p

5. 右側程式擬找出陣列A[]中的最大值和最小值。不過，這段程式碼有誤，請問A[]初始值如何設定就可以測出程式有誤？

(A) {90, 80, 100}

(B) {80, 90, 100}

(C) {100, 90, 80}

(D) {90, 100, 80}（106年3月觀念題）

```
int main () {
  int M = -1, N = 101, s = 3;
  int A[] = ______?______;
  for (int i=0; i<s; i=i+1) {
    if (A[i]>M) {
      M = A[i];
    }
    else if (A[i]<N) {
      N = A[i];
    }
  }
  printf("M = %d, N = %d\n", M, N);
  return 0;
}
```

解答：(B) {80, 90, 100}

就以選項(A)爲例，其迴圈執行過程如下：

當i=0，A[0]=90>-1，故執行M = A[i]，此時M=90。

當i=1，A[1]=80<90且90<101，故執行N = A[i]，此時N=80。

當i=2，A[2]=100>90，故執行M = A[i]，此時M=100。

此選項符合陣列的給定值，因此選項(A)無法測試出程式有錯誤。同理，各位可以去試看看其它選項。

6. 經過運算後，下列程式的輸出爲何？

(A) 1275

(B) 20

(C) 1000

(D) 810（105年3月觀念題）

```
for (i=1; i<=100; i=i+1) {
    b[i] = i;
}
a[0] = 0;
for (i=1; i<=100; i=i+1) {
    a[i] = b[i] + a[i-1];
}
printf ("%d\n", a[50]-a[30]);
```

解答：(D) 810

7. 請問下列程式輸出為何？

(A) 1

(B) 4

(C) 3

(D) 33（105年3月觀念題）

```
int A[5], B[5], i, c;
…
for (i=1; i<=4; i=i+1) {
   A[i] = 2 + i*4;
   B[i] = i*5;
}
c = 0;
for (i=1; i<=4; i=i+1) {
   if (B[i] > A[i]) {
       c = c + (B[i] % A[i]);
   }
   else {
       c = 1;
   }
}
printf ("%d\n", c);
```

解答：逐步將i=1帶入計算即可，(B) 4

8. 定義a[n]為一陣列（array），陣列元素的指標為0至n-1。若要將陣列中a[0]的元素移到a[n-1]，右側程式片段空白處該填入何運算式？（105年3月觀念題）

```
int i, hold, n;
…
for (i=0; i<= __; i=i+1) {
   hold = a[i];
   a[i] = a[i+1];
   a[i+1] = hold;
}
```

(A) n+1

(B) n

(C) n-1

(D) n-2

解答：(D) n-2；這支程式的作用在於逐一交換位置，最後將陣列中a[0]的元素移到a[n-1]，此例空白處只要填入n-2就可以達到題目的要求。

9. 若A[][]是一個MxN的整數陣列，下列程式片段用以計算A陣列每一列的總和，以下敘述何者正確？

(A) 第一列總和是正確，但其他列總和不一定正確

(B) 程式片段在執行時會產生錯誤（run-time error）

(C) 程式片段中有語法上的錯誤

(D) 程式片段會完成執行並正確印出每一列的總和（106年3月觀念題）

```
void main () {
  int rowsum = 0;
  for (int i=0; i<M; i=i+1) {
     for (int j=0; j<N; j=j+1) {
        rowsum = rowsum + A[i][j];
     }
     printf("The sum of row %d is %d.\n", i, rowsum);
  }
}
```

解答：(A)第一列總和是正確，但其他列總和不一定正確

10. 若A[1]、A[2]，和A[3]分別為陣列A[]的三個元素（element），下列那個程式片段可以將A[1]和A[2]的內容交換？

(A) A[1] = A[2]; A[2] = A[1];

(B) A[3] = A[1]; A[1] = A[2]; A[2] = A[3];

(C) A[2] = A[1]; A[3] = A[2]; A[1] = A[3];

(D) 以上皆可（106年3月觀念題）

解答：(B) A[3] = A[1]; A[1] = A[2]; A[2] = A[3];

必須以另一個變數A[3]去暫存A[1]內容值，再將A[2]內容值設定給A[1]，最後再將剛才暫存的A[3]內容值設定給A[2]。

5-3 字元的宣告

由於Java是採用Unicode編碼，所以一個字元占記憶體2個Byte（位元組）。通常字元宣告可分為以下兩種方式：

```
char 變數名稱= '字元';                              //以基本資料型別宣告
Character 物件名稱=new Character('字元');        //以類別型別宣告
```

一般以基本資料型別宣告字元變數，當變數需要以參考型別（Reference）表示時，則必須以類別型別宣告變數。

5-3-1 字元的表示法

定義字元時，必須將資料置於一對單引號內或是直接以ASCII碼表示。表示方式可分為以下四種：

表示方式	說明	範例
ASCII碼	合法ASCII碼	65、97
'Unicode字元'	合法的Unicode字元	'J'、'a'
'\uXXXX'	Unicode字元碼。以\u再加上四個16進位符號	'\u0001'、'\uffff'
'\特殊字元'	控制字元及不被列印字元	另表說明

特殊字元表示法：

字元	說明	以Unicode碼表示
\b	倒退鍵	\u0008
\f	換頁	\u000C
\n	換行	\u000A
\t	定位	\u0009
\r	Return	\u000D
\\	\字元	\u005C
\'	'字元	\u0027
\"	"字元	\u0022
\ddd	以八進位符號表示Unicode碼。範圍0～377	

例如：

```
char ch1=74;          //ASCII碼定義。代表字母J
char ch2='A';         //合法字元定義。代表字母A
char ch3='\u0056';    //Unicode碼定義。代表字母V
```

5-3-2 Character類別方法

除了字元與不同的資料型態結合會產生不一樣的結果外，我們也可以利用Character類別所屬的方法來進行字元檢查或轉換。以下為您列出常用方法：

方法名稱	說明
boolean isUpperCase(char字元)	判斷字元是否爲大寫
boolean isLowerCase(char字元)	判斷字元是否爲小寫
boolean isWhitespace(char字元)	判斷字元是否爲空白
boolean isLetter(char字元)	判斷字元是否爲字母
static boolean isDigit(char字元)	判斷字元是否爲數字
static boolean isISOControl(char字元)	判斷字元是否爲控制字元
static boolean isLetterOrDigit(char字元)	判斷字元是否爲數字或單字。中文字也視爲單字
static boolean isTitleCase(char字元)	判斷字元是否爲可作變數名稱的第一個字
char toUpperCase(char字元)	將字元轉換成大寫
char toLowerCase(char字元)	將字元轉換成小寫
int digit(char字元,int基數)	傳回字元在基數進位制所代表的數值。無法轉換時傳回-1。例如1在10進位中代表1，a在16進位中代表10
char forDigit(int數值,int基數)	傳回在基數進位制中數值所代表的字元
char charValue()	傳回物件所代表之字元

例如底下的片段程式碼：

```
char ch1='J';
Character ch2=new Character('J');
Character.toLowerCase(ch1); //將ch1轉換爲小寫
ch2.isLetter(ch2.charValue()); //檢查ch2是否爲英文字母
```

5-4 字串類別

在Java語言中將字串分爲字串（String）類別和字串緩衝區（StringBuffer）類別兩種，兩者的差異在於String類別不能變更已定義的字串內容，而StringBuffer類別則可以更改已定義的字串內容。

5-4-1 建構字串

Java語言中的字串是指雙引號（"）之間的字元，可以包含數字、英文字母、符號和特殊字元等。不過字串類別中建立的字串主要是用來定義常數字串，並不能更改內容。所謂的常數字串是指以一般字串型態和以雙引號（"）所建立的出來的字串。不過字串類別的字串物件，與StringBuffer類別的字串物件相比，所使用的記憶體較少和處理的速率較高，所以在程式中較常使用字串類別的物件。以下爲字串的兩種建立方式：

【字串宣告語法】

➢基本型態宣告：

String 變數="字串內容"；

➢類別型態宣告：

String 物件=new String ("字串內容")；

【舉例說明】

➢基本型態宣告：

String str="Hello"；

➤類別型態宣告：

String str =new String ("Hello ")；

當程式中宣告一個字串變數後，會在記憶體中配置位址給字串，如果要將變數宣告成另一個字串內容時，編譯器是以下方的情況來處理：

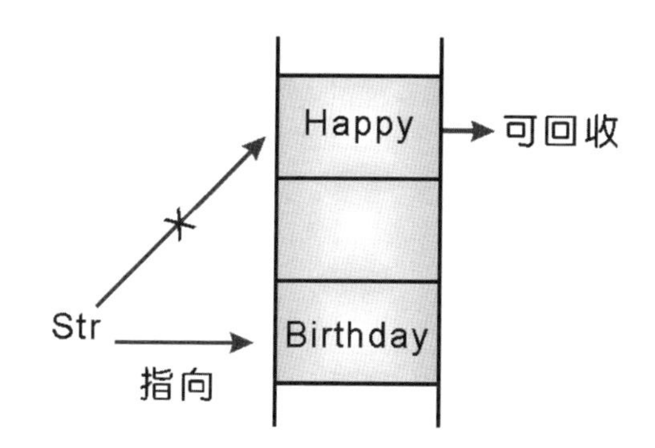

在宣告字串變數時可能會因爲格式錯誤而造成宣告失敗，以下分別列舉正確及錯誤方法：

定義方法	說明
正確的定義	
String str1="Java";	在雙引號內定義字串內容
String str2="J" +"ava";	使用兩個正確的字串相加
String str3=new String("Java");	在建構子內定義字串內容
錯誤的定義	
String str1='Java';	不可使用單引號定義字串
String str1='J'+'a'+'v'+'a';	使用不正確的字串相加

除了上述兩種的字串建立方式，Java語言還有其他的建構子可以建立字串，以下列出幾個常用的建構子供各位參考：

建構子	說明
String( )	建立一個空字串的物件
String(char[ ] 字元陣列名稱)	建立一個以字元陣列爲參數的字串物件
String(char[ ]字元陣列名稱，int索引值，int字元數)	建立一個指定字元陣列的位置與長度，來當作參數的字串物件
String(String 字串名稱)	建立一個以字串爲參數的字串物件
String(StringBuffer 字串暫存區名稱)	建立一個以字串暫存區爲參數的字串物件

5-4-2 字元陣列建構法

除了上述使用字串類別建構字串外，我們也可以利用建立「字元陣列（Char Array）」，再配合「物件建構法」，來建立字串，其語法如下：

【物件建構法語法】

```
① String (char 字元陣列名稱 [ ] )；
② String (char 字元陣列名稱[ ] , int 索引值 , int 字元數 )；
```

【舉例說明】

```
char a [ ]= {'I','L','o','v','e','J','a','v','a' }，    // 建立字元陣列a
String str= new String(a,5,4)；
```

宣告字串str的內容則是「ILoveJava」。String str= new String(a, 5,

4)，則是將字元陣列中從第5個索引值開始算4個字元；也就是a[0]對應字元「I」、a[1]對應字元「L」、a[2]對應字元「o」、a[3]對應字元「v」以此類推；所以「String(a, 5, 4)」中5代表開始計算的索引值，4代表往後數4個字元，分別是a[5]對應字元「J」、a[6]對應字元「a」、a[7]對應字元「v」和a[8]對應字元「a」，因此字串str內容為「Java」。

另外要注意的是，在「舉例說明」中，建立的字元陣列元素內容為「'I','L','o','v','e','J','a','v','a'」，顯示結果為「ILoveJava」，有沒有發現字母都連在一起，不易分辨出英文單字的意思，如果想要將輸出結果能夠顯示成「I Love Java」，必須將「間隔」也加入字元陣列。重新建立字元陣列元素內容為「'I',' ','L','o','v','e',' ','J','a','v','a'」。

〔隨堂測驗〕

若宣告一個字元陣列char str[20] = "Hello world!"；該陣列str[12]值為何？（105年10月觀念題）

(A) 未宣告

(B) \0

(C) !

(D) \n

解答：(B) \0

5-5 矩陣

矩陣（Matrix）結構類似於二維陣列，由「M×N」的形式來表達矩陣中M列（Rows）和N行（Columns），習慣以大寫的英文字母來表示。例如宣告一個Ary(1:3, 1:4)的二維陣列。

$$
3列\overset{4欄}{\begin{bmatrix} a_{0,0} & a_{0,1} & a_{0,2} & a_{0,3} \\ a_{1,0} & a_{1,1} & a_{1,2} & a_{1,3} \\ a_{2,0} & a_{2,1} & a_{2,2} & a_{2,3} \end{bmatrix}}_{3\times 4}
$$

實際上電腦面對於二維陣列所儲存的資料，我們都可以在紙上以陣列的方法表示出來。不過對於資料的存放不同，應把單純儲存在二維陣列中的方法作某些調整。

5-5-1 矩陣相加演算法

從數學的角度來看，矩陣的運算方式可以涵蓋加法、乘積及轉置等。假設A、B都是「M×N」矩陣，將A矩陣加上B矩陣以得到一個C矩陣，並且此C矩陣亦爲（M×N）矩陣。所以，C矩陣上的第i列第j行的元素必定等於A矩陣的第i列第j行的元素加上B矩陣的第i列第j行的元素。以數學式表示：

$$C_{ij} = A_{ij} + B_{ij}$$

假設矩陣A、B、C的M與N都是從0開始計算，因此，A、B兩個矩陣相加等於C矩陣，其表示如下：

$$
A = \begin{bmatrix} A_{00} & A_{01} & \cdots & A_{0n} \\ A_{10} & A_{11} & \cdots & A_{1n} \\ \cdots & \cdots & \cdots & \cdots \\ A_{m1} & A_{m2} & \cdots & A_{mn} \end{bmatrix}_{m\times n} + \quad A = \begin{bmatrix} B_{00} & B_{01} & \cdots & B_{0n} \\ B_{10} & B_{11} & \cdots & B_{1n} \\ \cdots & \cdots & \cdots & \cdots \\ B_{m1} & B_{m2} & \cdots & B_{mn} \end{bmatrix}_{m\times n}
$$

$$
A = \begin{bmatrix} A_{00}+B_{00} & A_{01}+B_{01} & \cdots & A_{0n}+B_{0n} \\ A_{10}+B_{10} & A_{11}+B_{11} & \cdots & A_{1n}+B_{1n} \\ \cdots & \cdots & \cdots & \cdots \\ A_{m1}+B_{m1} & A_{m2}+B_{m2} & \cdots & A_{mn}+B_{mn} \end{bmatrix}_{m\times n}
$$

5-5-2 矩陣相乘演算法

假設矩陣A爲「M×N」，而矩陣B爲「N×P」，可以將矩陣A乘上矩陣B得到一個（M×P）的矩陣C；所以，矩陣C的第i列第j行的元素必定等於A矩陣的第i列乘上B矩陣的第j行（兩個向量的內積），以數學式表示如下：

$$C_{ij} = \sum_{k=1}^{n} A_{ik} + B_{kj}$$

假設矩陣A、B、C的M與N都是從0開始計算，因此，A、B兩個矩陣相乘等於C矩陣，其表示如下：

$$A = \begin{bmatrix} A_{00} & A_{01} & \cdots & A_{0n} \\ A_{10} & A_{11} & \cdots & A_{1n} \\ \cdots & \cdots & \cdots & \cdots \\ A_{m1} & A_{m2} & \cdots & A_{mn} \end{bmatrix}_{m \times n} \times \quad B = \begin{bmatrix} B_{00} & B_{01} & \cdots & B_{0n} \\ B_{10} & B_{11} & \cdots & B_{1n} \\ \cdots & \cdots & \cdots & \cdots \\ B_{m1} & B_{m2} & \cdots & B_{mn} \end{bmatrix}_{m \times n}$$

$$C = A \times B \begin{bmatrix} C_{00} & C_{01} & \cdots & C_{0p} \\ C_{10} & C_{11} & \cdots & C_{1p} \\ \cdots & \cdots & \cdots & \cdots \\ C_{m1} & C_{m2} & \cdots & C_{mp} \end{bmatrix}_{m \times p}$$

其中的C_{ij}兩個項目的相乘表示如下：

$$C_{ij} = [A_{i0} \ A_{i1} \ldots A_{in}] \times \begin{bmatrix} B_{0j} \\ B_{1j} \\ \cdots \\ B_{nj} \end{bmatrix}$$

$$= A_{i0} \times B_{0j} + A_{i1} \times B_{1j} + \ldots A_{im} \times B_{nj}$$

$$= \sum_{k=1}^{n} A_{ik} \times B_{kj}$$

5-5-3 轉置矩陣演算法

假設有一個矩陣A爲「m×n」，將矩陣A轉置爲「n×m」的矩陣B，並且矩陣B的第j列第i行的元素等於A矩陣的第i列第j行的元素，數學式表示如下：

$$A_{ij} = B_{ji}$$

假設矩陣A、B的m與n都是從0開始計算；矩陣A、B的表示如下：

$$A = \begin{bmatrix} A_{00} & A_{01} & \cdots & A_{0n} \\ A_{10} & A_{11} & \cdots & A_{1n} \\ \cdots & \cdots & \cdots & \cdots \\ A_{m1} & A_{m2} & \cdots & A_{mn} \end{bmatrix}_{m \times n} \quad B = A^t = \begin{bmatrix} A_{00} & A_{10} & \cdots & A_{m1} \\ A_{01} & A_{11} & \cdots & A_{m2} \\ \cdots & \cdots & \cdots & \cdots \\ A_{0n} & A_{1n} & \cdots & A_{mn} \end{bmatrix}_{m \times n}$$

5-5-4 稀疏矩陣簡介

「稀疏矩陣」（Sparse Matrix）是指矩陣中大部分元素皆爲0，元素稀稀落落；例如下列矩陣就是相當典型的稀疏矩陣。

$$\begin{bmatrix} 0 & 0 & 0 & 27 & 0 \\ 0 & 0 & 13 & 0 & 0 \\ 0 & 41 & 0 & 0 & 36 \\ 52 & 0 & 9 & 0 & 0 \\ 0 & 0 & 0 & 18 & 0 \end{bmatrix}_{5 \times 5}$$

問題來了，如何處理稀疏矩陣？有兩種作法：①直接利用「M × N」的二維陣列來一一對應儲存。②使用三行式（3-tuple）結構儲存非零元素。

如果直接使用傳統的二維陣列來儲存上述的稀疏矩陣也是可以，但許多元素都是0情形下，十分浪費記憶體空間，虛耗不必要的時間，這是雙重浪費。改進空間浪費的方法就是利用三行式（3-tuple）的資料結構。同樣地，假設有一個M×N的稀疏矩陣中共有K個非零元素，則必須要準備一個二維陣列Ary[0:K, 1:3]，將稀疏矩陣的非零元素以「row, column, value」的方式存放。

所以要轉化一個5×5的稀疏矩陣，表示如下：

- A(0,1)代表此稀疏矩陣的列數。
- A(0,2)代表此稀疏矩陣的行數。
- A(0,3)則是此稀疏矩陣非零項目的總數。
- 每一個非零項目以（i, j, item-value）表示。其中i為此非零項目所在的列數，j為此非零項目所在的行數，item-value則為此非零項的值。

歸納之後，可以把5×5稀疏矩陣取得如下結果。

列	欄	值
5	5	7
1	4	27
2	3	13
3	2	41
3	5	36
4	1	52
4	3	9
5	4	18

5-6 全真綜合實作測驗

5-6-1 交錯字串（Alternating Strings）

問題描述：106年10月實作題

一個字串如果全由大寫英文字母組成，我們稱爲大寫字串；如果全由小寫字母組成則稱爲小寫字串。字串的長度是它所包含字母的個數，在本題中，字串均由大小寫英文字母組成。假設k是一個自然數，一個字串被稱爲「k-交錯字串」，如果它是由長度爲k的大寫字串與長度爲k的小寫字串交錯串接組成。

舉例來說，「StRiNg」是一個1-交錯字串，因爲它是一個大寫一個小寫交替出現；而「heLLow」是一個2-交錯字串，因爲它是兩個小寫接兩個大寫再接兩個小寫。但不管k是多少，「aBBaaa」、「BaBaBB」、「aaaAAbbCCCC」都不是k-交錯字串。

本題的目標是對於給定k值，在一個輸入字串找出最長一段連續子字串滿足k-交錯字串的要求。例如k=2且輸入「aBBaaa」，最長的k-交錯字串是「BBaa」，長度爲4。又如k=1且輸入「BaBaBB」，最長的k-交錯字串是「BaBaB」，長度爲5。

請注意，滿足條件的子字串可能只包含一段小寫或大寫字母而無交替，如範例二。

此外，也可能不存在滿足條件的子字串，如範例四。

輸入格式

輸入的第一行是k，第二行是輸入字串，字串長度至少爲1，只由大小寫英文字母組成（A～Z、a～z）並且沒有空白。

輸出格式

輸出輸入字串中滿足k-交錯字串的要求的最長一段連續子字串的長度，以換行結尾。

範例一：輸入

```
1
aBBdaaa
```

範例一：正確輸出

```
2
```

範例二：輸入

```
3
DDaasAAbbCC
```

範例二：正確輸出

```
3
```

範例三：輸入

```
2
aafAXbbCDCCC
```

範例三：正確輸出

```
8
```

範例四：輸入

```
3
DDaasAAbbCC
```

範例四：正確輸出

```
0
```

評分說明

輸入包含若干筆測試資料，每一筆測試資料的執行時間限制（time limit）均為1秒，依正確通過測資筆數給分。其中：

第1子題組20分，字串長度不超過20且k=1。

第2子題組30分，字串長度不超過100且$k \le 2$。

第3子題組50分，字串長度不超過100,000且無其他限制。

提示：根據定義，要找的答案是大寫片段與小寫片段交錯串接而成。本題有多種解法的思考方式，其中一種是從左往右掃描輸入字串，我們需要記錄的狀態包含：目前是在小寫子字串中還是大寫子字串中，以及在目前大（小）寫子字串的第幾個位置。根據下一個字母的大小寫，我們需要更新狀態並且記錄以此位置爲結尾的最長交替字串長度。

另外一種思考是先掃描一遍字串，找出每一個連續大（小）寫片段的長度並將其記錄在一個陣列，然後針對這個陣列來找出答案。

解題重點分析

此處筆者的解題技巧是採用從左往右掃描輸入字串，並記錄目前是在小寫子字串中還是大寫子字串中，以及目前在這個大（小）寫子字串的第幾個位置。

本題目要求輸入二行資料，第一行是整數k，第二行是輸入字串，並將這個字串儲存到字元型態的str一維陣列。接著就由左至右開始掃描字串，因爲字串的第一個字元前面沒有字元，因此程式邏輯必須以第1個字元及第2個（含）以後的字元這兩種情況分別處理。

● 處理第1個字元的作法

必須先判斷第一個字元是否爲大寫，如果是大寫。接著判斷如果題目所輸入的k值爲1，則這個字元就符合交錯字元的條件，此時就必須將記錄目前交錯字串長度的變數設定爲數值1。

但是如果第一個字元經判斷爲小寫，則將連續小寫的變數的值設爲1，相關演算法如下：

```
if (Character.isLowerCase(str[0])) {
    capital = false;
    small = 1; //連續小寫爲1
    if(k==1) {
        length = 1;
        answer = 1;
    }
```

```
}
else { //大寫字母
    capital = true;
    big = 1; //連續大寫爲1
    if(k==1) {
        length = 1;
        answer = 1;
    }
}
```

● 處理第2個（含）以後的字元的作法

這種情況就必須分底下四種情況來分別處理：

1. 此字元爲小寫且前字元也是小寫
2. 此字元爲小寫且前字元爲大寫
3. 此字元爲大寫且前字元也是大寫
4. 此字元爲大寫且前字元爲小寫

在實作這一部分的程式碼中每取得一個目前交錯字串的長度後，必須與最長交錯的字串長度比較大小，再將較大值儲存到answer變數中。

```
answer = Math.max(length, answer);
```

參考解答程式碼：ex04.java

```
01    import java.io.*;
02
03    public class ex04{
04            //主要執行區塊
05            public static void main(String[ ] args) throws IOException
```

```
06        {
07            int k;
08            int i;
09            char[] str=new char[1000];
10            boolean capital;   //前一字元是不是大寫
11            int big = 0;       //連續大寫的字元總數
12            int small = 0;     //連續小寫的字元總數
13            int length = 0;    //目前交錯字串長度
14            int answer = 0;    //最長交錯的字串長度
15
16            BufferedReader keyin=new BufferedReader(new
      InputStreamReader(System.in));
17            k=Integer.parseInt(keyin.readLine());
18            str=keyin.readLine().toCharArray();
19        //處理第一個字元的作法
20        if( Character.isLowerCase(str[0])) {
21              capital = false;
22              small = 1; //連續小寫為1
23              if(k==1) {
24                      length = 1;
25                      answer = 1;
26              }
27        }
28        else {//大寫字母
29             capital = true;
30             big = 1; //連續大寫為1
31             if(k==1) {
32                     ength = 1;
33                     answer = 1;
34        }
35     }
36     //第2個以後的字元
37     for(i=1; i<str.length; i++) {
38            if(Character.isLowerCase(str[i]) && capital==false) {
39                   small += 1;
40                   big = 0;
41                   if(small==k) {
```

```
42                          length += k;
43                          answer = Math.max(length, answer);
44                      }
45                      if(small>k)  length = k;
46                  }
47                  else if(Character.isLowerCase(str[i]) && capital==true) {
48                      if(big<k)  length = 0;
49                      small = 1;
50                      big = 0;
51                      if(k==1) {
52                          length += k;
53                          answer = Math.max(length, answer);
54                      }
55                      capital = false;
56                  }
57                  else if(Character.isUpperCase(str[i]) && capital==true) {
58                      big += 1;
59                      small = 0;
60                      if(big==k) {
61                          length += k;
62                          answer = Math.max(length, answer);
63                      }
64                      if(big>k)  length = k;
65                  }
66                  else if(Character.isUpperCase(str[i]) && capital==false) {
67                      if(small<k)  length = 0;
68                      big = 1;
69                      small = 0;
70                      if(big==k) {
71                          length += k;
72                          answer = Math.max(length, answer);
73                      }
74                      capital = true;
75                  }
76          }
77          System.out.println(answer);
78      }
79  }
```

範例一執行結果：

```
1
aBBdaaa
2
```

範例二執行結果：

```
3
DDaasAAbbCC
3
```

範例三執行結果：

```
2
aafAXbbCDCCC
8
```

範例四執行結果：

```
3
DDaaAAbbCC
0
```

程式碼說明：

- 第7～14列：變數宣告。
- 第16～18列：輸入的第一行是k，第二行是輸入字串。
- 第20～35列：處理字串第一個字元的程式碼，第20～27列爲第一個字元爲小寫的處理方式，第28～34列爲第一個字元爲大寫的處理方式。
- 第37～76列：處理字串第2個以後的字元的程式碼，此段程式會以迴圈方式逐一讀取第2個字元後的每一個字元。

● 第77列：輸出答案。

5-6-2 矩陣轉換

問題描述：105年3月實作題

矩陣是將一群元素整齊的排列成一個矩形，在矩陣中的橫排稱爲列（row），直排稱爲行（column），其中以*Xij*來表示矩陣*X*中的第*i*列第*j*行的元素。如圖一中，$X_{32} = 6$。

我們可以對矩陣定義兩種操作如下：

翻轉：即第一列與最後一列交換、第二列與倒數第二列交換、……依此類推。

旋轉：將矩陣以順時針方向轉90 度。

例如：矩陣*X*翻轉後可得到*Y*，將矩陣*Y*再旋轉後可得到*Z*。

X

1	4
2	5
3	6

Y

3	6
2	5
1	4

Z

1	2	3
4	5	6

圖一

一個矩陣*A*可以經過一連串的旋轉與翻轉操作後，轉換成新矩陣*B*。如圖二中，*A*經過翻轉與兩次旋轉後，可以得到*B*。給定矩陣*B*和一連串的操作，請算出原始的矩陣*A*。

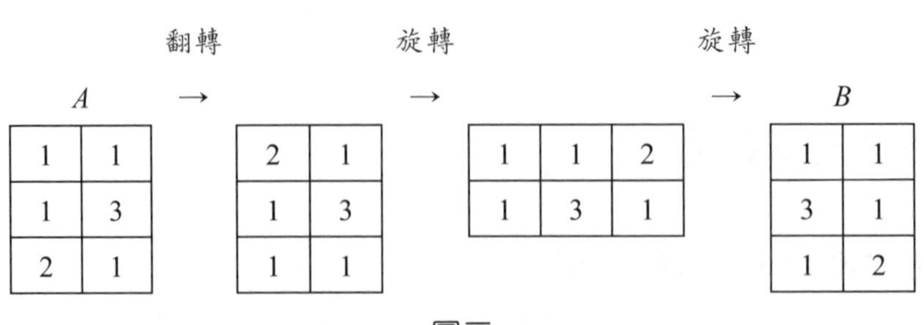

圖二

輸入格式

第一行有三個介於1與10之間的正整數R, C, M。接下來有R行（line）是矩陣B的內容，每一行（line）都包含C個正整數，其中的第i行第j個數字代表矩陣B_{ij}的值。在矩陣內容後的一行有M個整數，表示對矩陣A進行的操作。第k個整數m_k代表第k個操作，如果$m_k = 0$則代表旋轉，$m_k = 1$代表翻轉。同一行的數字之間都是以一個空白間格，且矩陣內容爲0～9的整數。

輸出格式

輸出包含兩個部分。第一個部分有一行，包含兩個正整數R'和C'，以一個空白隔開，分別代表矩陣A的列數和行數。接下來有R'行，每一行都包含C'個正整數，且每一行的整數之間以一個空白隔開，其中第i行的第j個數字代表矩陣A_{ij}的值。每一行的最後一個數字後並無空白。

範例一：輸入

```
3 2 3
1 1
3 1
1 2
1 0 0
```

範例二：輸入

```
3 2 2
3 3
2 1
1 2
0 1
```

範例一：正確輸出

3 2

1 1

1 3

2 1

（說明）

如圖二所示

範例二：正確輸出

2 3

2 1 3

1 2 3

（說明）

旋轉 → 翻轉 →

2	1	3
1	2	3

1	2
2	1
3	3

3	3
2	1
1	2

評分說明

輸入包含若干筆測試資料，每一筆測試資料的執行時間限制（time limit）均爲2秒，依正確通過測資筆數給分。其中：

第一子題組共30分，其每個操作都是翻轉。

第二子題組共70分，操作有翻轉也有旋轉。

解題重點分析

本題目是要從已知的矩陣，以反推的方式，找出原始的矩陣。在矩陣內容後的一行有M個整數，表示對矩陣A進行的操作，解題的技巧就是將這一行的操作指令，由後往前反向操作，如此一來就可以求取最原始的矩陣A。

參考解答程式碼：**ex05.java**

```
01  import java.io.*;
02  
03  public class ex05{
04  
05      static int [][] a=new int [10][10];
06      static int [][] b=new int [10][10];
07  
08      static void rotate(int r,int c){//向左旋轉
09          for(int i=c-1;i>=0;i--){
10              for(int j=0;j<r;j++){
11                  b[(c-1)-i][j]=a[j][i];
12              }
13          }
14          for(int i=0;i<c;i++){
15              for(int j=0;j<r;j++){
16                  a[i][j]=b[i][j];
17              }
18          }
19      }
20  
21      static void mirror(int r,int c){ //上下互換
22          for(int i=r-1;i>=0;i--){
23              for(int j=0;j<c;j++){
24                  b[(r-1)-i][j]=a[i][j];
25              }
26          }
27          for(int i=0;i<r;i++){
28              for(int j=0;j<c;j++){
29                  a[i][j]=b[i][j];
30              }
31          }
32      }
33  
34      //主要執行區塊
35      public static void main(String[ ] args) throws IOException
```

```
36        {
37            int[] op=new int[10];
38            int R,C,M;
39            BufferedReader keyin=new BufferedReader(new
      InputStreamReader(System.in));
40            String Line=keyin.readLine();
41            String[] tokens=Line.split(" ");
42            R =Integer.parseInt(tokens[0]);
43            C =Integer.parseInt(tokens[1]);
44            M =Integer.parseInt(tokens[2]);
45
46            for(int i=0;i<R;i++){
47                Line=keyin.readLine();
48                tokens=Line.split(" ");
49                for(int j=0;j<C;j++){
50                a[i][j]=Integer.parseInt(tokens[j]);
51                }
52          }
53          Line=keyin.readLine();
54          tokens=Line.split(" ");
55          or(int i=0;i<M;i++) op[i]=Integer.parseInt(tokens[i]);
56
57          for(int i=M-1;i>=0;i--){
58            if (op[i] == 1) {
59                mirror(R,C);
60            }else{
61                rotate(R,C);
62            int tmp=R;
63            R=C;
64            C=tmp;
65            }
66          }
67          System.out.println(R+" "+C);
68
69          for(int i=0;i<R;i++){
70              System.out.print(a[i][0]);
71              for(int j=1;j<C;j++){
```

```
72                  System.out.print( " " + a[i][j]);
73              }
74              System.out.println();
75              }
76          }
77  }
```

範例一：執行結果

```
3 2 3
1 1
3 1
1 2
1 0 0
3 2
1 1
1 3
2 1
```

```
3 2 2
3 3
2 1
1 2
0 1
2 3
2 1 3
1 2 3
```

程式碼說明：

- 第8～19列：翻轉的程式。
- 第21～32列：將矩陣上下互換的程式。
- 第39～44列：讀取正整數R、C、M。
- 第46～52列：讀取矩陣內容。
- 第53～66列：讀取操作指令，如果操作指令爲0，呼叫旋轉函數。否則呼叫翻轉函數。
- 第69～75列：輸出包含兩個部分。第一個部分有一行，包含兩個正整數，以一個空白隔開，分別代表矩陣的列數和行數。接下來有R行，每一行都包含C個正整數，且每一行的整數之間以一個空白隔開，輸出的結果就是原先矩陣的內容。

5-6-3 祕密差

問題描述：106年3月實作題

將一個十進位正整數的奇數位數的和稱爲A，偶數位數的和稱爲B，則A與B的絕對差值|A－B|稱爲這個正整數的祕密差。

例如：263541的奇數位數的和A = 6+5+1 = 12，偶數位數的和B = 2+3+4 = 9，所以263541的祕密差是|12－9|= 3。

給定一個十進位正整數X，請找出X的祕密差。

輸入格式

輸入爲一行含有一個十進位表示法的正整數X，之後是一個換行字元。

輸出格式

請輸出X的祕密差Y（以十進位表示法輸出），以換行字元結尾。

範例一：輸入	範例二：輸入
263541	131
範例一：正確輸出	範例二：正確輸出
3	1
（說明） 263541的A = 6+5+1 = 12，B = 2+3+4 = 9，|A–B|= |12–9|= 3。	（說明） 131的A = 1+1 = 2，B = 3，|A–B|= |2–3|= 1。

評分說明

輸入包含若干筆測試資料，每一筆測試資料的執行時間限制（time limit）均為1秒，依正確通過測資筆數給分。其中：

第1子題組20分：X一定恰好四位數。

第2子題組30分：X的位數不超過9。

第3子題組50分：X的位數不超過1000。

解題重點分析

本程式的技巧在宣告一個字元陣列來儲存所輸入的1000位以內的整數，首先判斷字串的長度的值，由該值就可以推論出字串的第一個字元為奇數位或偶數位，如果數字總長度能被2整除，表示第一個字元是偶數位，如果要將這些偶數位的字元的數字加總，必須先將先該字元轉成整數，請各位記得每個數字字元轉換成ASCII值之後，必須先行減掉數字0的ACSII值48，如此才會等於該字元的整數值。

參考解答程式碼；ex06.java

```
01  import java.io.*;
02
03  public class ex06{
04  //主要執行區塊
05      public static void main(String[ ] args) throws IOException
06      {
07          char[] str=new char[1000];
08          int i;
09          int odd = 0; //記錄奇數位數的和
10          int even = 0; //記錄偶數位數的和
11
12          BufferedReader keyin=new BufferedReader(new
    InputStreamReader(System.in));
13          str=keyin.readLine().toCharArray();
14          if (str.length % 2==0) { //第一位是偶位數
15              for(i=0; i<str.length; i++){
16                  if((i%2)==0)
17                      even += (int)(str[i])-48;
18                  else
19                      odd += (int)(str[i])-48;
20              }
21          }
22          else{ //第一位是奇位數
23              for(i=0; i<str.length; i++) {
24                  if((i%2)==0)
25                      odd += (int)(str[i])-48;
26                  else
27                      even += (int)(str[i])-48;
28              }
29          }
30          System.out.println(Math.abs(even-odd));
31      }
32  }
```

範例一執行結果：

```
263541
3
```

範例二執行結果：

```
131
1
```

程式碼說明：

- 第7列：以字串資料型態輸入位數不超過1000位的正整數，並將結果值儲在已宣告的字元陣列。
- 第9列：宣告記錄奇數位數的和的變數，預設值為0。
- 第10列：宣告記錄偶數位數的和的變數，預設值為0。
- 第12～13列：讀取字元陣列。
- 第14～21列：若數字總長度能被2整除，表示第一個字元是偶位數。
- 第22～29列：若數字總長度不能被2整除，表示第一個字元是奇位數。
- 第30列：輸出祕密差。

5-6-4 數字龍捲風

問題描述：106年3月實作題

給定一個N×N的二維陣列，其中N是奇數，我們可以從正中間的位置開始，以順時針旋轉的方式走訪每個陣列元素恰好一次。對於給定的陣列內容與起始方向，請輸出走訪順序之內容。下面的例子顯示了N=5且第一步往左的走訪順序：

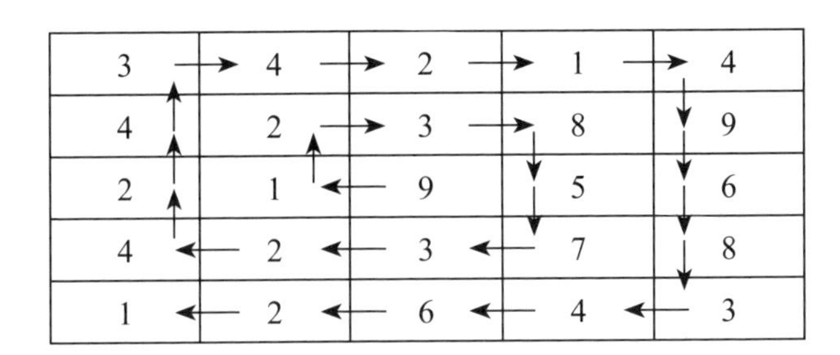

3	4	2	1	4
4	2	3	8	9
2	1	9	5	6
4	2	3	7	8
1	2	6	4	3

依此順序輸出陣列內容則可以得到「9123857324243421496834621」。

類似地，如果是第一步向上，則走訪順序如下：

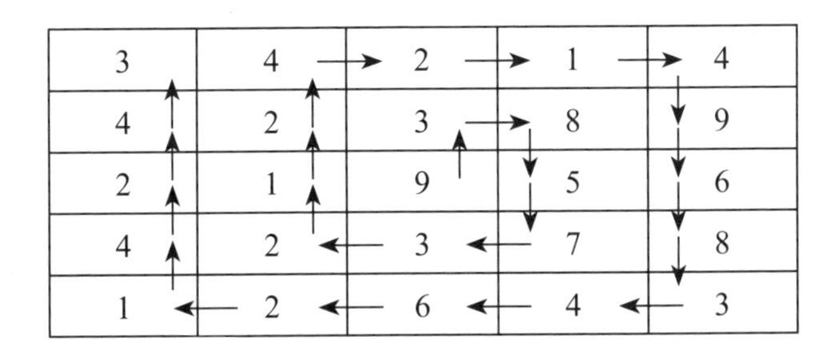

3	4	2	1	4
4	2	3	8	9
2	1	9	5	6
4	2	3	7	8
1	2	6	4	3

依此順序輸出陣列內容則可以得到「9385732124214968346214243」。

輸入格式

輸入第一行是整數N，N爲奇數且不小於3。第二行是一個0～3的整數代表起始方向，其中0代表左、1代表上、2代表右、3代表下。第三行開始N行是陣列內容，順序是由上而下，由左至右，陣列的內容爲0～9的整數，同一行數字中間以一個空白間隔。

輸出格式

請輸出走訪順序的陣列內容，該答案會是一連串的數字，數字之間不要輸出空白，結尾有換行符號。

範例一：輸入

```
5
0
3 4 2 1 4
4 2 3 8 9
2 1 9 5 6
4 2 3 7 8
1 2 6 4 3
```

範例一：正確輸出

```
9123857324243421496834621
```

範例二：輸入

```
3
1
4 1 2
3 0 5
6 7 8
```

範例二：正確輸出

```
012587634
```

評分說明

輸入包含若干筆測試資料，每一筆測試資料的執行時間限制（time limit）均為1秒，依正確通過測資筆數給分。其中：

(1) 1子題組20分，$3 \le N \le 5$，且起始方向均為向左。

(2) 2子題組80分，$3 \le N \le 49$，起始方向無限定。

提示：本題有多種處理方式，其中之一是觀察每次轉向與走的步數。例如，起始方向是向左時，前幾步的走法是：左1、上1、右2、下2、左3、上3、……一直到出界為止。

解題重點分析

本題目程式設計重點在於觀察「每次走的方向」及「每次走的步數」，目前可以走的方向有四個，0代表向左移動，1代表向上移動，2代表向右移動，3代表向下移動。底下為本程式重要變數所代表的意義：

- 變數dir是用來記錄移動方向，每改變一個方向時，該變數值要累加1。4個不同方向為一循環。

- step用來記錄要走多少步。
- dirindex行進方向變化的索引器，每走兩個行進方向後，下一個方向要走的步數要累加1。
- number用來記錄已拜訪陣列的元素個數。

程式開頭是一個方向向量的二維陣列，分別為左、上、右、下的四個方向的橫向列及縱向行索引值的數值變化。

```
int[][] unit=new int[][] {{0,-1},{-1,0},{0,1},{1,0}};
```

在實際模擬的過程中，請仔細觀察數列的變化，各位可以看出每經歷兩個方向後，必須在下一個方向轉變時，走的步數要累加1步，接著再經歷兩個方向後，走的步數又會累加1步，同時每走完四個方向為一循環。

參考解答程式碼：ex07.java

```
01  import java.io.*;
02
03  public class ex07{
04  //主要執行區塊
05      public static void main(String[ ] args) throws IOException
06      {
07          int[][] unit=new int[][] {{0,-1},{-1,0},{0,1},{1,0}};
08          int n;
09          int i,j;
10          int dir; //移動方向
11          int row,col;
12          int step = 1; //走多少步
13          int dirindex = 0; //方向變化的索引器
14          int number = 1; //已拜訪陣列的元素個數
15          BufferedReader keyin=new BufferedReader(new
    InputStreamReader(System.in));
```

```
16            n=Integer.parseInt(keyin.readLine()); //二維陣列的維數
17            dir=Integer.parseInt(keyin.readLine()); //0~3整數,記錄移
              動方式
18            int [][] data=new int[n][n]; //陣列內容
19            for (i = 0; i < n; i++)  {
20                String Line=keyin.readLine();
21                String[] tokens=Line.split(" ");
22                for (j = 0; j < n; j++) {
23                    data[i][j]=Integer.parseInt(tokens[j]);
24                }
25            }
26            row = (int)(n / 2);
27            col = (int)(n / 2);
28            System.out.print(data[row][col]);
29            while (number < n * n) {
30                for (i = 0; i < step; i++) {
31                    row += unit[dir][0];
32                    col += unit[dir][1];
33                    System.out.print(data[row][col]);
34                    number++;
34                    if (number == n * n) break;
36                }
37                dirindex++;
38                if (dirindex % 2 == 0) step++;
39                dir++;
40                dir %= 4; //移動方向四個一循環
41        }
42    }
43 }
```

範例一執行結果：

```
5
0
3 4 2 1 4
4 2 3 8 9
2 1 9 5 6
4 2 3 7 8
1 2 6 4 3
9123857324243421496834621
```

範例二執行結果：

```
3
1
4 1 2
3 0 5
6 7 8
012587634
```

程式碼說明：

- 第7列：方向向量，其中0代表左、1代表上、2代表右、3代表下。
- 第12列：用來控制同一個方向要持續走多少步。
- 第13列：行進方向變化的計數器。
- 第14列：用來記錄已走訪的陣列元素個數。
- 第16列：讀入二維陣列的維數。
- 第17列：讀入dir變數的值，此變數記錄移動方式的變數,一個0～3的整數代表起始方向，其中0代表左、1代表上、2代表右、3代表下。
- 第18列：data二維陣列是用來記錄陣列內容。
- 第19～25列：讀取二維陣列的內容。
- 第26～27列：計算二維陣列正中間位置的橫向及縱向的索引值。
- 第29～41列：從最中間位置開始出發，每輸出一個位置的數字，就累加number計數器變數，當number值等於n*n時，就跳離迴圈，另外每累積2個方向，下一個方向一次要走的步伐就要加1。

第六章

指標與串列演算法

指標（Pointer）在C/C++的語法中，是初學者較難掌握的一個課題，因爲它使用了「間接參考」的觀念。我們都知道資料在電腦中會先載入至記憶體中再進行運算，而電腦爲了要能正確地存取記憶體中的資料，於是賦予記憶體中每個空間擁有各自的位址。當需要存取某個資料時，就指出是存取哪一個位址的記憶體空間，而指標的工作就是用來記錄這個位址，並可以藉由指標變數間接存取該變數的內容。

6-1 認識指標

在C/C++中可以宣告變數來儲存數值，而指標其實就可以看成是一種變數，所不同的是指標並不儲存數值，而是記憶體的位址。也就是說，指標與記憶體有著相當密切的關係。

現在請各位思考一個問題，變數是用來儲存數值，而這個數值到底儲存在記憶體的哪個位址上呢？相當簡單，如果要了解變數所在記憶體位址，只要透過&（取址運算子）就能求出變數所在的位址。語法格式如下：

```
&變數名稱；
```

在一般情況下，我們並不會直接處理記憶體位址的問題，因爲變數就已經包括了記憶體位址的資訊，它會直接告訴程式，應該到記憶體中的何處取出數值。

6-1-1 宣告指標變數

在C/C++中要儲存與操作記憶體的位址，最直接的方法就是使用指標變數，指標變數的作用類似於變數，但功能比一般變數更爲強大，指標是專門用來儲存記憶體位址、進行與位址相關的運算、指定給另一個變數等動作。由於指標也是一種變數，命名規則與一般我們常用的變數相同。

所以宣告指標時，首先必須定義指標的資料型態，並於資料型態後加上「*」字號（稱爲取值運算子或反參考運算子），再給予指標名稱，即可宣告一個指標變數。「*」的功用可取得指標所指向變數的內容。指標的宣告方式如下兩種：

```
資料型態 *指標名稱;
或
資料型態* 指標名稱;
```

以下是幾個指標變數的宣告方式：

```
int* x;
int *x, *y;
```

在宣告指標時，我們可以將*置放於型態宣告的關鍵字旁，或是變數名稱旁邊，通常若要宣告兩個以上的變數，會將*靠在變數名稱旁，增加可讀性。當然指標變數宣告時也可設定初值為0或是NULL來增加可讀性：

```
int *x=0;
int *y=NULL;
```

然而您不能使用以下的方式宣告指標，這可不是宣告兩個指標變數，而是x為一個指標變數，但y卻只是個整數變數：

```
int* x, y;
```

在指標宣告之後，如果沒有指定其初值，則指標所指向的記憶體位址將是未知的，各位不能對未初始化的指標進行存取，因為它可能指向一個正在使用的記憶體位址。要指定指標的值，可以使用&取址運算子將變數所指向的記憶體位址指定給指標，如下所示：

```
資料型態 *指標變數;
指標變數=&變數名稱; /*變數名稱已定義或宣告*/
```

例如：

```
int num1 = 10;
int *address1;
address1 = &num1;
```

此外，也不能直接將指標變數的初始值設定為數值，這樣會造成指標變數指向不合法位址。例如：

```
int* piVal=10; /*不合法指令*/
```

最後我們還要談到指標的運算，當使用指標儲存變數的記憶體位址之後，就能針對指標進行運算。例如可以針對指標使用+運算子或-運算子，然而當您對指標使用這兩個運算子時，並不是進行如數值般的加法或減法運算，而是向右或左移動一個單位的記憶體位址，而移動的單位則視宣告資料型態所占的位元組而定。

不過對於指標的加法或減法運算，只能針對常數值（如+1或-1）來進行，不可以直接做指標變數之間的相互運算。因爲指標變數內容只是存放位址，而位址間的運算並沒有任何意義，而且容易讓指標變數指向不合法的位址。例如對整數型態的指標來說每進行一次加法運算，記憶體位址就會向右移動4位元組，而對於字元型態的指標而言，加法運算則是每次向右移動1位元組。在此程式中於指標變數宣告之後，並沒有指定其初值，因此不能對未初始化的指標進行存取，而僅是用來輸出此指標目前所指向的位址。

6-1-2 多重指標

指標所儲存的是變數所指向的記憶體位址，透過這個位址就可存取該變數的內容。指標本身就是一個變數，其所占有的記憶體空間也擁有一個位址，我們可以宣告「指標的指標」（pointer of pointer），來儲存指標儲存資料時所使用到的記憶體位址，例如一個宣告雙重指標的例子：

```
int **ptr;
```

簡單來說。雙重指標變數所存放的就是某個指標變數在記憶體中的位址，也就是這個ptr就是一個指向指標的指標變數。例如我們宣告如下：

```
int num=100,*ptr1,**ptr2;
ptr1=&num;
ptr2=&ptr1;
```

由以上得知，ptr1是指向num的位址，則*ptr1=num=100;而ptr2是指向ptr的位址，則*ptr2=ptr1，經過兩次「取值運算子」運算後，可以得到**ptr2=num=100。依此類推，當然還可以更進一步宣告雙重以上的多重指標，例如三重指標只是「指向雙重指標」的指標，其他更多重的指標便可依此類推。以下則是一種四重指標：

```
int  a1= 10;
int *ptr1 = &num;
int **ptr2 = &ptr1;
int ***ptr3 = &ptr2;
int ****ptr4 = &ptr3;
```

6-1-3 指標與陣列的應用

我們從之前的說明中知道陣列是由系統配置一段連續的記憶體空間，且「陣列名稱」可以代表該陣列在記憶體中的起始位址，因此各位可以將指標的觀念應用於陣列上，並配合索引值來存取陣列內的元素。在撰寫C/C++程式碼時，各位不但可以把陣列名稱直接當成一種指標常數來運作，也可以將指標變數指到陣列的起始位址，並且間接就能藉由指標變數來存取陣列中的元素值。首先我們來看以下陣列宣告：

```
int arr[6]={312,16,35,65,52,111};
```

這時陣列名稱arr就是一個指標常數，也是這個陣列的起始位址。例如只要在陣列名稱上加1，或透過取址運算子「&」取得該陣列元素的位址，就可表示移動一個陣列元素記憶體的位移量。而既然陣列元素是個指標常數，便可以利用指標方式與取值運算子「*」來直接存取陣列內的元素值。使用語法如下：

```
陣列名稱[索引值]=> *陣列名稱(+索引值)
或
陣列名稱[索引值]= >*(&陣列名稱[索引值])
```

由以上範例中各位應該可以理解到，為何C/C++的陣列索引值總是從0開始，因為直接使用陣列名稱arr來進行指標的加法運算時，在陣列名稱上加1，表示移動一個記憶體的位移量。當然我們也可以將陣列的記憶體位址指派給一個指標變數，並使用此指標變數來間接顯示陣列元素內容。有關指標變數取得一維陣列位址的方式如下：

```
資料型態 *指標變數=陣列名稱;
或
資料型態 *指標變數=&陣列名稱[0];
```

以上介紹的都是一維陣列，接下來介紹多維陣列與指標的關係。例如二維陣列的觀念其實就使用到了雙重指標，由於記憶體的構造是線性的，所以即使是多維陣列，其於記憶體中也是以線性方式配置陣列的可用空間，當然二維陣列的名稱同樣也代表了陣列中第一個元素的記憶體位址。

不過二維陣列具有兩個索引值，這意味著二維陣列會有兩個值來控制指定元素相對於第一個元素的位移量，爲了說明方便，我們以下面這個宣告爲例：

```
int  no[2][4];
```

在這個例子中，*(no+0)將表示陣列中維度1的第一個元素的記憶體位址，也就是&no[0][0]；而*(no+1)表示陣列中維度2的第一個元素的記憶體位址，也就是&no[1][0]，而*(no+i)表示陣列中維i+1的第一個元素的記憶體位址。

例如要取得no[1][2]的記憶體位址，則要使用*(no+1)+2來取得，依此類推。也就是要取得元素no[i][j]的記憶體位址，則要使用*(no+i)+j來取得。此外，由於二維陣列是占用連續記憶體空間，當然也可藉由指標變數指向二維陣列的起始位址來取得陣列的所有元素值，這樣的作法會更加靈活。宣告方式如下：

```
資料型態指標變數=&二維陣列名稱[0][0];
```

6-1-4 指標與字串

在C語言中，字串是以字元陣列來表現，指標既然可以運用在陣列的表示，則當然也可以適用於字串。例如以下都是字串宣告的合法方式：

```
char name[] = { 'J', 'u', 's', 't', '\0'};
char name1[] = "Just";
char *ptr = "Just";
```

在這邊請各位先回憶一下，字串與字元陣列唯一的不同，在於字串最後一定要連接一個空字元'\0'，以表示字串結束；上例中的第三個字串宣告方式爲指標的運用，因爲使用""來括住，它會自動加上一個空字元'\0'。使用指標的觀念來處理字串，會比使用陣列來得方便許多，宣告格式如下：

```
char *指標變數="字串內容";
```

以字元陣列或指標來宣告字串，如上述三個宣告，其中name、name1都看成是一種指標常數，都是指向字串中第一個位元的位址，也不可改變其值。而ptr是指標變數，其值可改變並加以運算，相較起來靈活許多。

〔隨堂練習〕

右列程式片段中，假設a, a_ptr和a_ptrptr這三個變數都有被正確宣告，且呼叫G()函式時的參數爲a_ptr及a_ptrptr。G()函式的兩個參數型態該如何宣告？

```
void G ( (a) a_ptr, (b) a_ptrptr) {
…
}
void main () {
  int a = 1;
  // 加入 a_ptr, a_ptrptr 變數的宣告
  …
  a_ptr = &a;
  a_ptrptr = &a_ptr;
  G (a_ptr, a_ptrptr);
}
```

(A) (a) *int, (b) *int

(B) (a) *int, (b) **int

(C) (a) int*, (b) int*

(D) (a) int*, (b) int**（105年10月觀念題）

解答：(D) (a) int*, (n) int**

這是單一指標及雙重指標的用法，指標其實就可以看成是一種變數，所不同的是指標並不儲存數值，而是記憶體的位址。

6-2 鏈結串列

什麼是鏈結串列（Linked List）？可以把它想像成一列火車，乘客多就多掛車廂，人少了就以少量車廂行駛。鏈結串列也是一樣，新資料加入就向系統要一塊新節點，資料刪除後，就把節點所占用的記憶體空間還給系統。因爲鏈結串列加入或刪除一個節點非常方便，不需要大幅搬動資料，只要改變鏈結的指標即可。

本章節所探討的鏈結串列，其資料結構也是「動態記憶體配置」的一環。如何定義鏈結串列（Linked List）？

- 由一組節點（node）所構成，各節點之間並不一定占用連續的記憶體空間。
- 各節點的型態不一定相同。
- 插入節點、刪除節點方便；可任意（動態）增加、清除記憶體空間。
- 要留意它支援循序存取，不支援隨機存取。

鏈結串列與陣列有何差異？以下表說明

項目	鏈結串列（Linked List）	陣列（Array）
記憶體	不需要連續的空間	需要連續的空間
節點型別	各node型別不相同	各node型別相同
操作複雜度	插入、刪除都爲O(1)	插入刪除都爲O(n)
空間配置	不需預留空間	須事先宣告連續空間
資料分割、連結	容易	不容易
存取方式	只能循序存取	支援隨機與循序存取
存取速度	速度慢	速度快
可靠性	差	佳
額外指標空間	需要額外的指標空間	不需要

6-2-1 鏈結串列是什麼？

線性串列能藉由陣列來儲存資料，來到鏈結串列就稍有不同；除了儲存資料外，還要「鏈結」後續資料的儲存位址。所以，鏈結串列是由一群「節點」（Node）組成的有序串列集合；節點又稱為串列節點（List Node）。每一個節點至少包含一個「資料欄」（Data Field）和「鏈結欄」（Linked Field）。「資料欄」存放該節點的資料；鏈結欄存放著指向下一個元素的參考（或者是指標），由下圖做簡單示意。

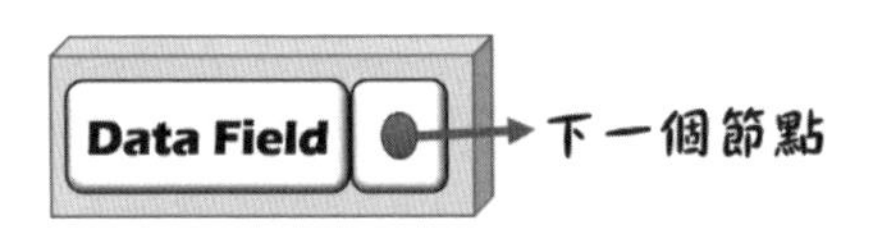

鏈結串列的節點

其實線性串列是有頭有尾；所以，可以把鏈結串列（Linked List）的第一個節點視為「首節點」（Head Node），如同火車頭一般，後面會接連的車廂。那麼，問題來了，尾節點的鏈結欄究竟指向何處？當然是「空的」指標，我們以Null來表示。

不過為了讓大家更了解鏈結串列的操作，會有兩個比較特別的成員參與，習慣把鏈結串列的第一個節點再附設一個「首鏈結」，但是它不儲存任何資訊。有了首鏈結，表示由它開始就能找到第一個節點，也能藉由它儲存的「鏈結」（或參考、指標）往下一個節點走訪（Traversing）。最後到達鏈結串列的終點，稱為「尾節點」（Tail Node），除了說明它是鏈結串列的最後一個節點之外，它的鏈結欄會指向「Null」。巡訪串列節點到最後，當鏈結欄指向「Null」不就表明它是最後一個節點，可參考下圖做更多的了解。

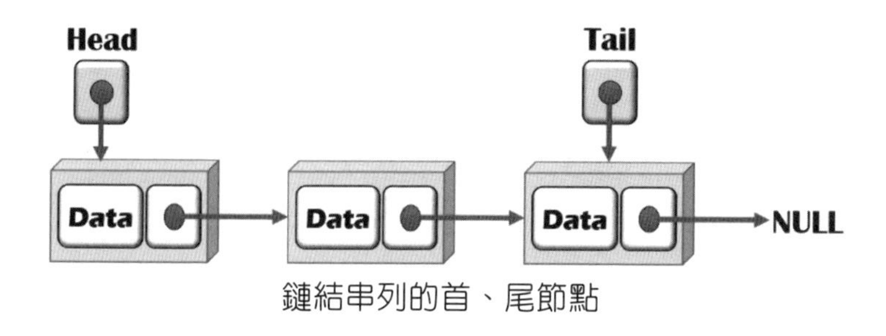

鏈結串列的首、尾節點

鏈結串列依據其種類，共有三種：

- ➢ 單向鏈結串列（Singly Linked List）：每個節點只有一個鏈結欄。
- ➢ 雙向鏈結串列（Doubly Linked List）：每個節點含有左、右兩個鏈結欄。
- ➢ 環狀鏈結串列（Circular Linked List）。

6-2-2 定義單向鏈結串列

鏈結串列中最簡單的結構就是「單向鏈結串列」（Singly Linked List），可以把它想像如同一列火車，所有節點串成一列。它只能有單一方向，隨著火車頭前進；比較通俗的說法是尋找某筆資料時只能勇往直前，無法回頭另外查看。我們可以利用Java來模擬鏈結串列的節點。簡例如下：

```
package SingleLinkedList;
public class Node {
   int item;  //資料欄
   Node next; //指向下一個節點
   Node(int data){  //建構式
     this.item = data;
```

```
        this.next = null;
    }
}
```

◈ 定義建構式，把傳入的參數data指派給屬性item，設next屬性的初值為「null」。

6-2-3 節點的新增

在單向鏈結串列中插入新的節點，有四種方式可供選擇：(1)加至最後節點處；(2)加至第一個節點處；(3)指定節點新增項目；(4)指定位置來新增節點。不過，無論是哪一種方式都是把鏈結的參考指向新的節點。

(1) 加至最後節點處，也就是把新節點加到最後一個節點之後

Step 1. 從尾節點插入資料時，①將新節點「255」先予以初始化；②指向目前節點的參考「current」，把它先指向第一個節點。

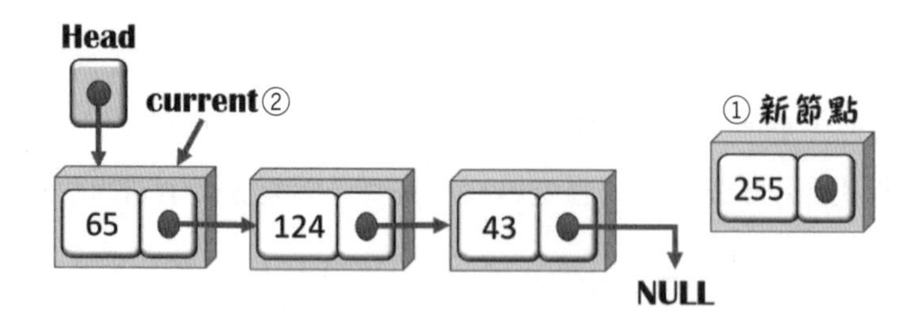

Step 2. 串列裡有節點的情形下，while迴圈走訪整個串列，並把①參考「current」移向最後一個節點，②再把最後節點（指標current所指向的節點）的next鏈結指向新節點。

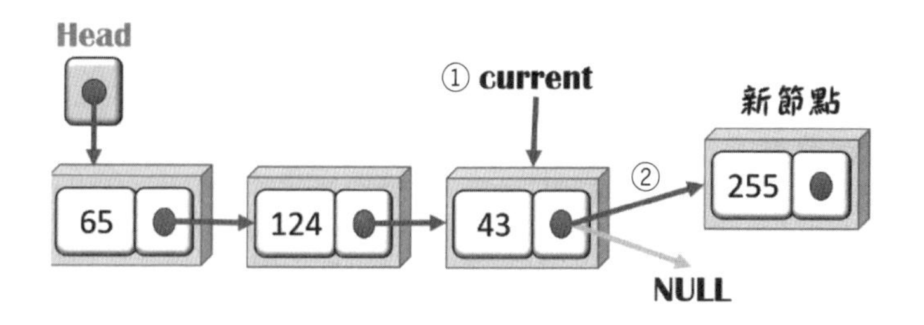

Step 3. 此時新節點「255」就加到鏈結串列末端而成為最後一個節點。

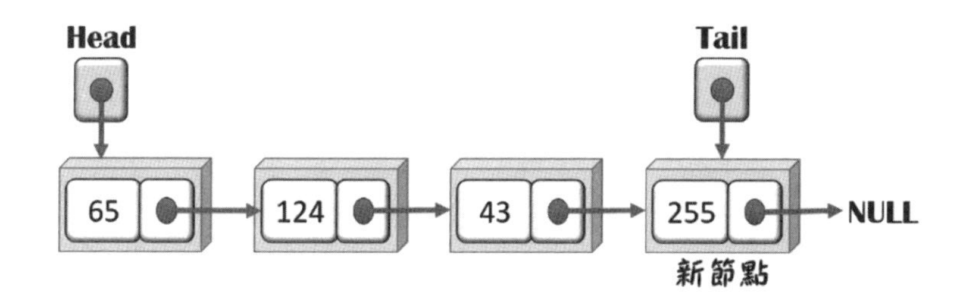

(2) 加至第一個節點處，也就是把新節點插到第一個節點之前

如何從首節點插入資料？由下圖可以得知，其實是把插入的項目設為第一個節點即可。

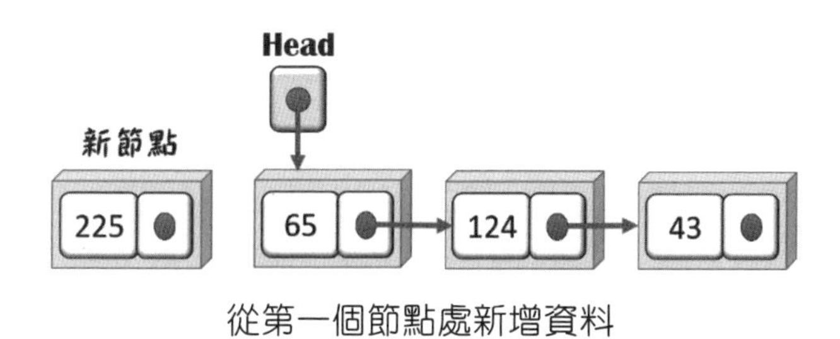

從第一個節點處新增資料

Step 1. ①將首節點參考「Head」指向要新加入的節點「225」；②新節點的鏈結Next指向原有的第一個節點「65」。

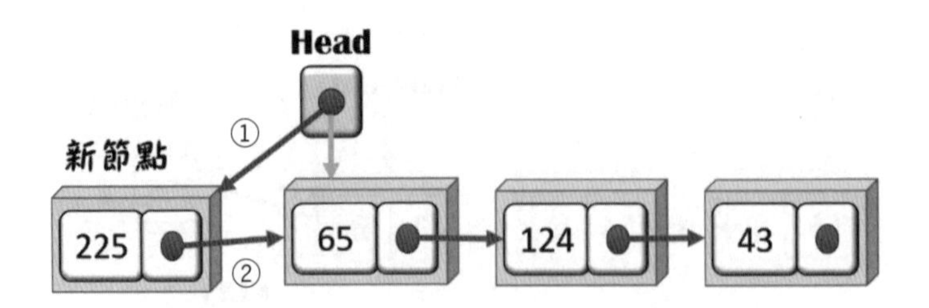

Step 2. 最後，新節點「225」加到第一個節點「65」之前，變成第一個節點。

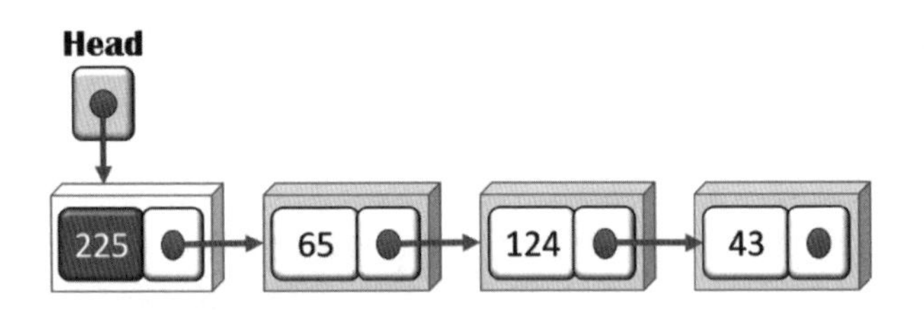

(3) 新增項目加到指定節點

如何在兩個節點「124」、「43」之間加入新節點「225」？可以先指定節點「124」，再把新節點插入到指定節點之後。

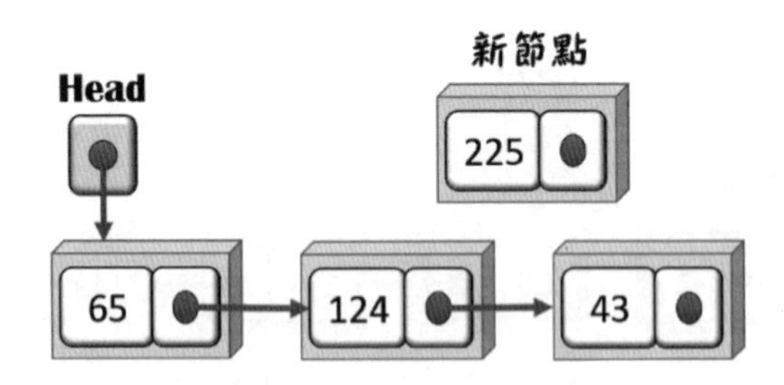

Step 1. 設目前節點參考ptr指向第一個節點「65」，然後以while迴圈找到指定節點「124」。

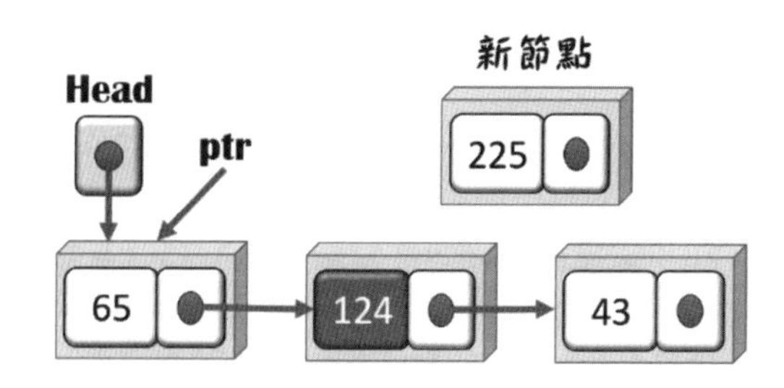

Step 2. ①新節點「225」配置記憶體空間，其Next參考指向節點「43」；②指定節點「124」的Next參考指向新節點。

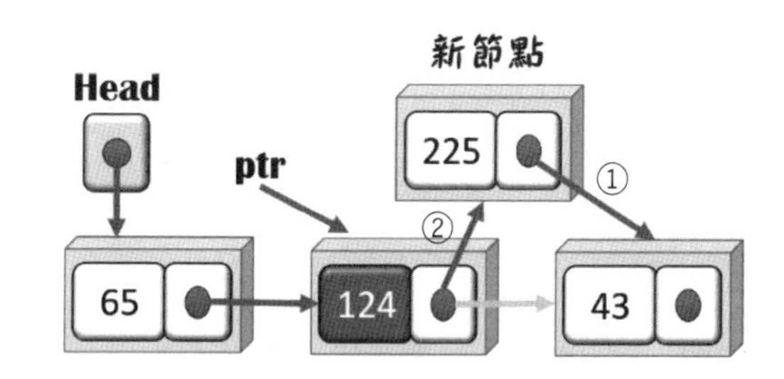

Step 3. 新節點「225」加到指定節點「124」之後。

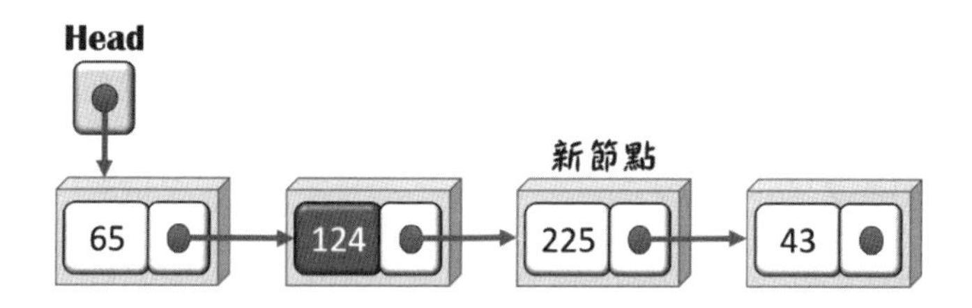

(4) 指定位置來新增節點

兩個節點間插入新節點的另一種作法就是指定位置來加入新節點；新節點「225」欲加入指定位置2；也就是新節點插入後，原來的節點「124」向後挪移。

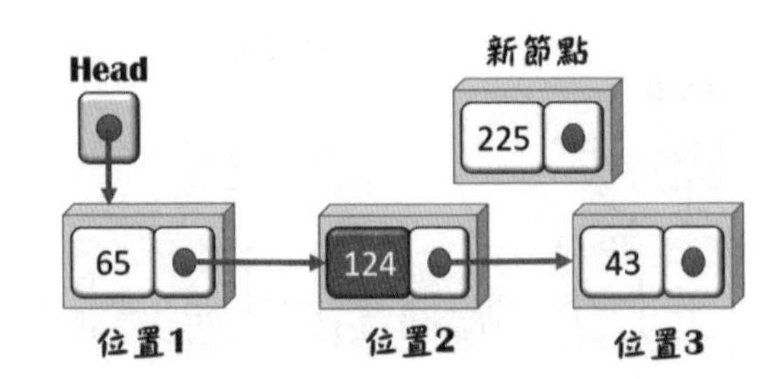

Step 1. ①目前節點參考ptr指向第一個節點；走訪串列取得指定位置「124」的前一個節點；②產生新節點，其參考Next指向指定節點「124」；③目前節點「65」Next參考指向新節點。

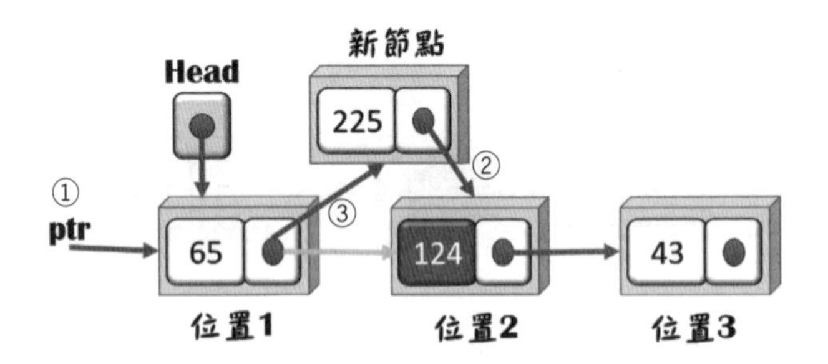

Step 2. 新節點「225」加到指定位置2，原有節點「124」的位置變更爲3。

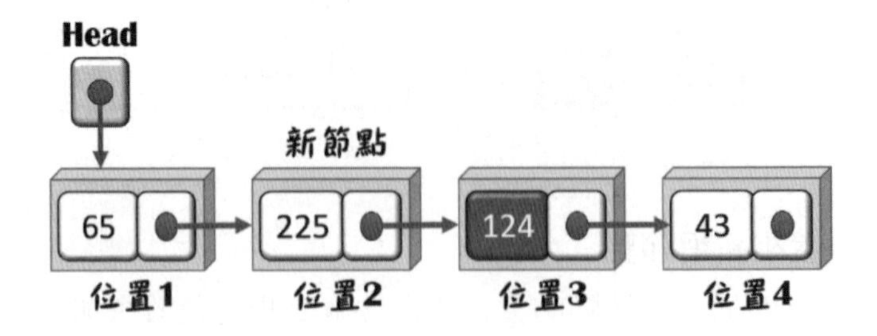

6-2-4 刪除節點

資料結構中，單向鏈結串列中刪除一個節點同樣有下述三種情況：(1)刪除串列的第一個節點：只要把串列首指標指向第二個節點即可。(2)刪除串列後的最後一個節點：只要指向最後一個節點的指標，直接指向Null即可。(3)刪除鏈結串列的中間節點：將欲刪除節點的指標，直接指向Null即可。

(1) 刪除串列的第一個節點

要刪除串列的第一個節點就是把鏈結串列的首節點予以刪除。

Step 1. 刪除首節點之前，①將第一個節點的參考變更為Null，②把首節點參考Head指向下一個節點。

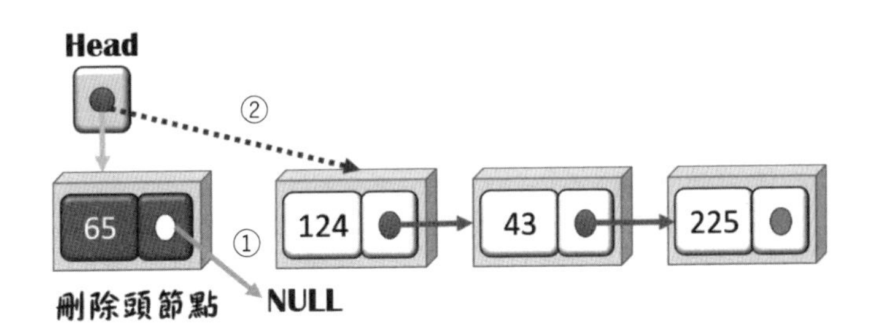

Step 2. 再把參考為NULL的第一個節點刪除。

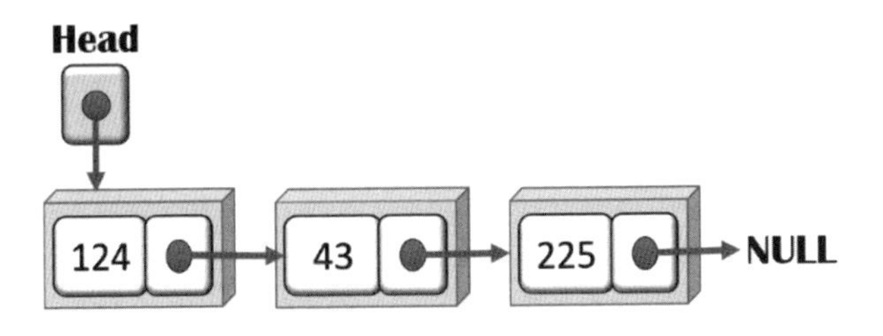

(2) 刪除最後一個節點

把最後一個節點的Next鏈結，直接指向Null即可。作法跟刪除首節點雷同，只是把目標轉移到最後一個節點。

Step 1. ①目前參考ptr指向第一個節點，配合while迴圈走訪到最後一個節點；②將節點「43」的Next鏈結指向Null。

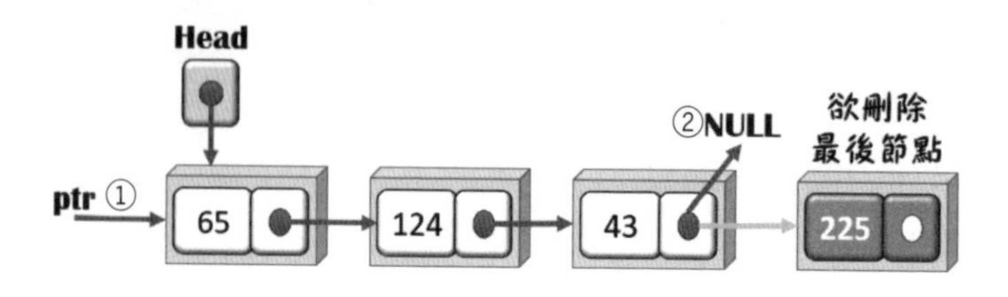

Step 2. 最後一個節點變成節點「43」。

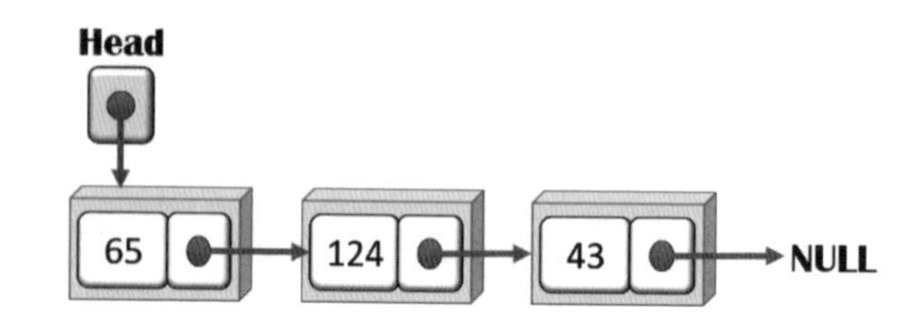

(3) 刪除鏈結串列的中間節點

單向鏈結串列中，欲刪除指定節點需要兩個步驟來完成。

Step 1. ①目前節點參考ptr指向第一個節點，配合while迴圈走訪到欲刪除節點的前一個節點；②將欲刪除節點的前一個節點「65」的Next鏈結，重新指向欲刪除節點的下一個節點「43」。

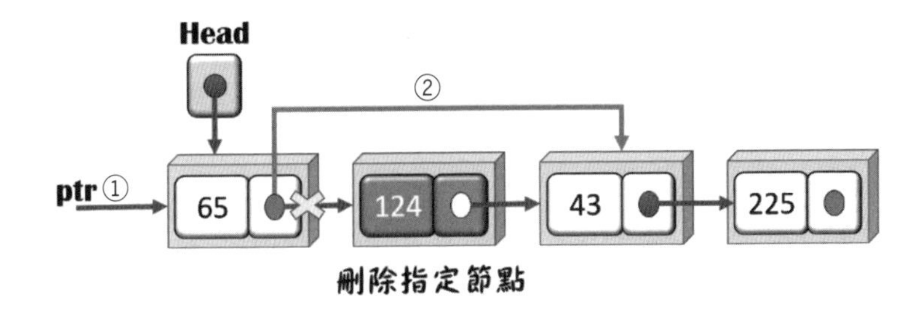

Step 2. 把欲刪除節點「124」的Next參考設為Null。

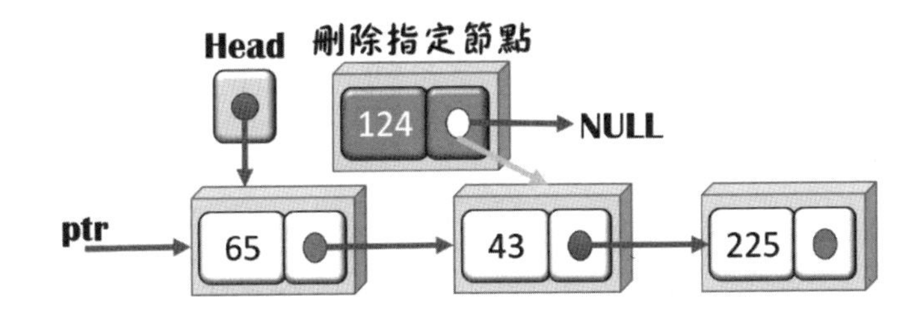

6-2-5 反轉鏈結串列

如何把單向鏈結反轉？由下圖來看，由於它具有方向性，走訪時只能向下一個節點移動。但它允許將新節點加到首節點。利用此特性（最先加入的節點會放到最後），把節點做逐一交換，最後取得的尾節點就把它改變成首節點，完成反轉過程。

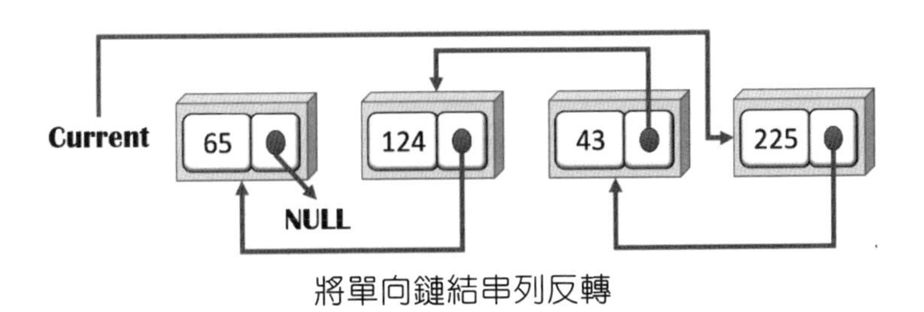

將單向鏈結串列反轉

Step 1. 原有的鏈結串列，while迴圈配合current參考從第一個節點開始走訪。

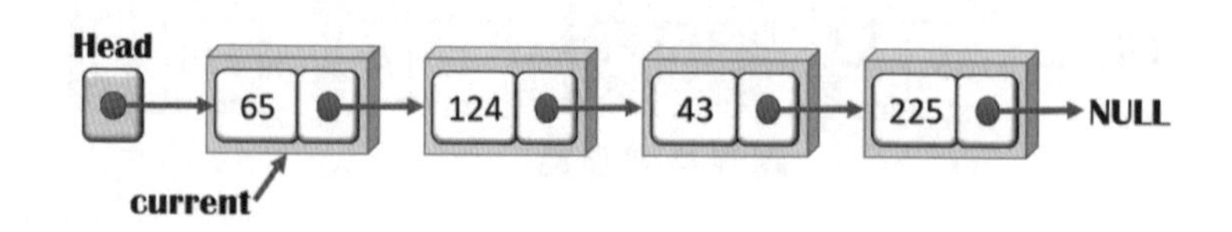

Step 2. ①將目前節點參考current移向下一個節點，②把current參考指向的節點變更爲前一個節點，③將目前節點的Next鏈結指向前一個節點。

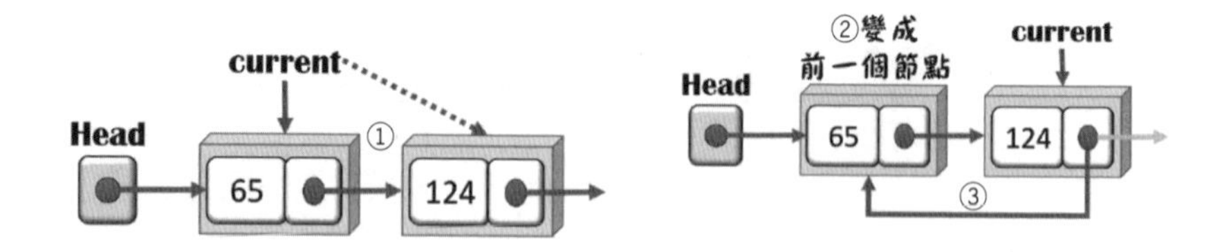

Step 3. 完成鏈結串列的反轉，原來的最後節點變成第一個節點。

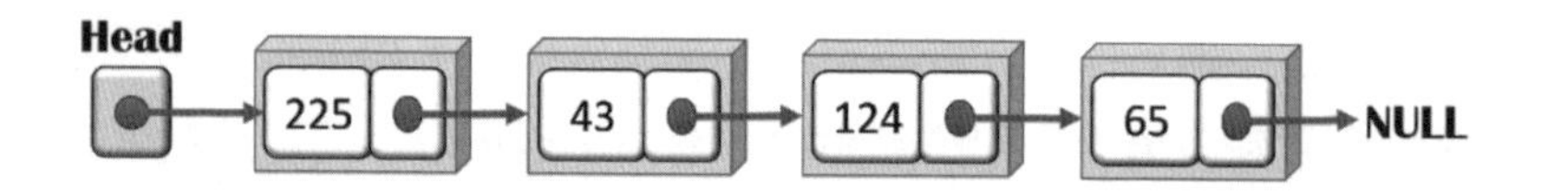

〔隨堂練習〕

1. List是一個陣列，裡面的元素是element，它的定義如下。List中的每一個element利用next這個整數變數來記錄下一個element在陣列中的位置，如果沒有下一個element，next就會記錄-1。所有的element串成了一個串列（linked list）。例如在list中有三筆資料：

1	2	3
data = 'a' next = 2	data = 'b' next = -1	data = 'c' next = 1

它所代表的串列如下圖：

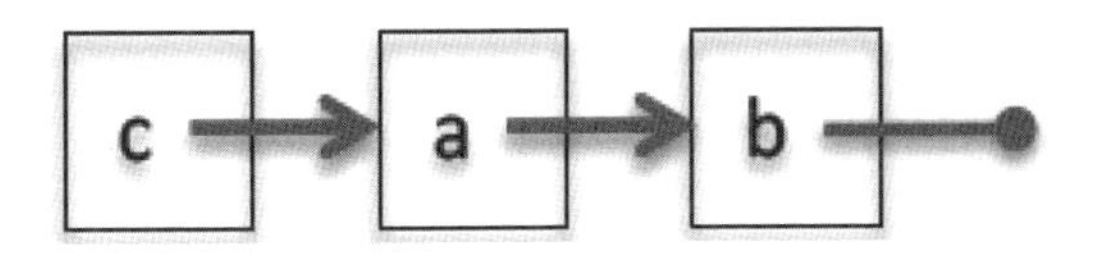

RemoveNextElement是一個程序，用來移除串列中current所指向的下一個元素，但是必須保持原始串列的順序。例如，若current爲3（對應到list[3]），呼叫完RemoveNextElement後，串列應爲

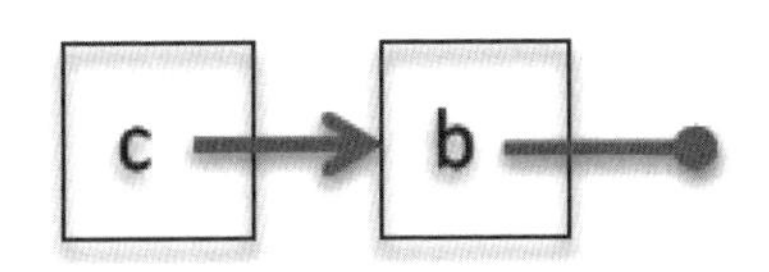


```
struct element {
      char data;
      int next;
}
void RemoveNextElement (element list[], int current) {
      if (list[current].next != -1) {
      /*移除current的下一個element*/
      [                                        ]
   }
}
```

2. 請問在空格中應該填入的程式碼爲何？

(A) list[current].next = current ;

(B) list[current].next = list[list[current].next].next ;

(C) current = list[list[current].next].next ;

(D) list[list[current].next].next = list[current].next ;（105年3月觀念題）

解答：(B) list[current].next = list[list[current].next].next ;

6-3 環狀串列

從單向鏈結串列結構討論中，我們可以衍生出許多更爲有趣的串列結構，本節所要討論的是環狀串列（Circular List）結構，環狀串列的特點是在串列的任何一個節點，都可以達到此串列內的各節點，通常可做爲記憶體工作區與輸出入緩衝區的處理及應用。

6-3-1 定義環狀鏈結串列

單向環狀鏈結串列（Circular Linked List）會把串列的最後一個節點指標指向串列首，整個串列就成爲單向的環狀結構。如此一來便不用擔心串列首遺失的問題了，因爲每一個節點都可以是串列首，也可以從任一個節點來追蹤其他節點。以下圖而言，建立的過程與單向鏈結串列相似，唯一的不同點是必須要將最後一個節點指向第一個節點。

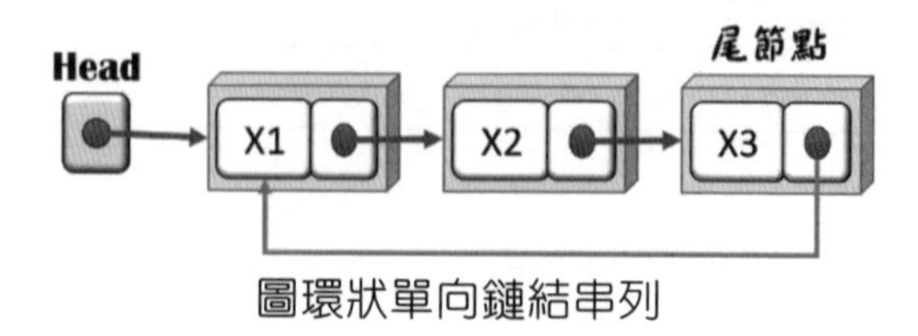

圖環狀單向鏈結串列

環狀串列可以從串列中任一節點來追蹤所有串列的其他節點，也無所謂哪一個節點是首節點，同時，在環狀串列中的任一節點，都可以輕易找到其前一個節點。關於環狀串列的特點，我們大致做出以下的優、缺點。

優點	缺點
● 回收整個串列所需時間是固定的，無關長度 ● 從任何一個節點追蹤所有節點	● 多一個鏈結空間 ● 插入一個節點需要改變兩個鏈結 ● 讀取資料比較慢，因爲必須多讀取一個鏈結指標

6-3-2 節點的新增

單向環狀鏈結串列中並無任何一個節點的鏈結會指向NULL，因此，若有指標爲NULL時，說明它是一個空的串列。如何在環狀串列的插入節點？和單向串列的節點插入稍有不同，可以區分兩種情況：①新增項目於第一個節點之前；②新增項目到最後節點之後。

(1) 新增項目於第一個節點之前

作法很簡單，就是把新增的節點變成第一個節點；把最後節點的鏈結，把它指向新節點即可。

Step 1. 新節點D要插到第一個節點之前；while迴圈配合目前節點參考Current走訪至串列的最後節點「C」。

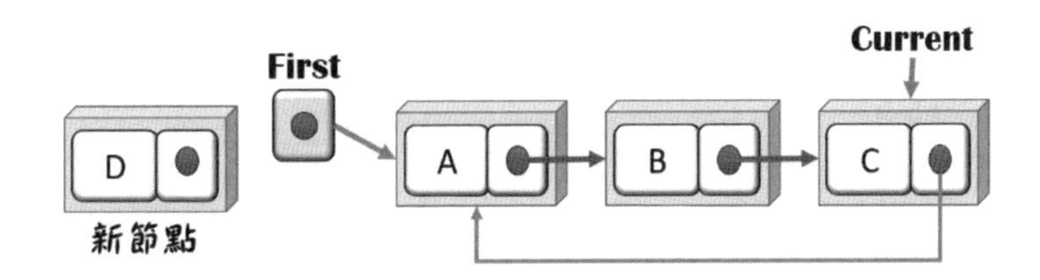

Step 2. ①將目前節點C（參考Current所指）Next參考指向新節點；②First參考指向新節點。

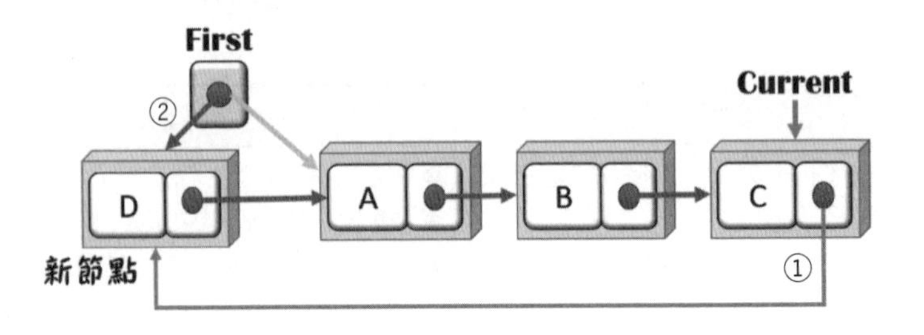

(2) 新增項目到最後節點之後

作法與「新增項目於第一個節點」的操作不同；除了把新增的節點變成最後節點之外；還要把新節點的鏈結，把它指向第一個節點。

Step 1. 新節點D要插到最後節點之後；while迴圈配合目前節點參考Current從第一個節點開始走訪到最後一個節點。

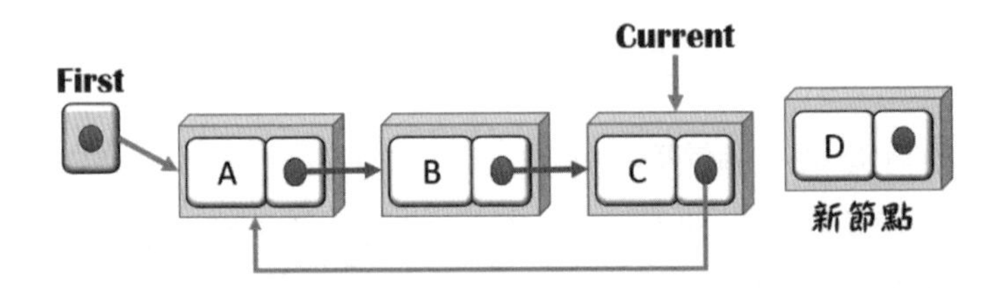

Step 2. ①將目前節點C（參考Current所指參考Next指向新節點「D」，②將新節點「D」的Next指向第一個節點。

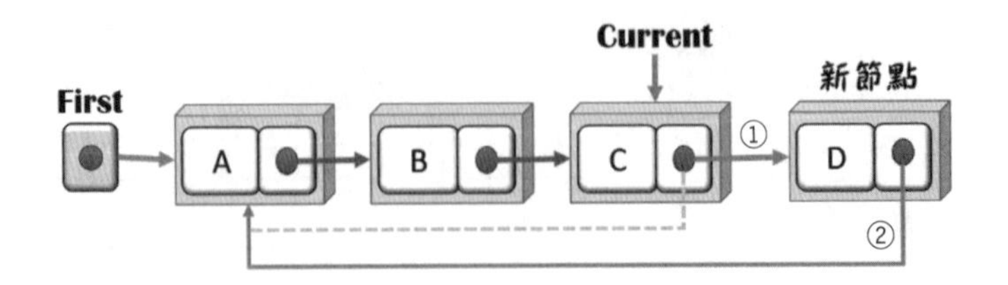

6-3-3 節點的刪除

單向環狀串列的節點要如何刪除？依據前面所討論的單向鏈結串列刪除節點的作法，可以區分三種情況：①直接刪除第一個節點；②將最後一個節點刪除。

(1) 直接刪除第一個節點

直接把鏈結串列的第一個節點刪除，意味著把第二個節點變更為第一個節點。

Step 1. 刪除第一個節點「D」；目前節點參考Current不是指向第一個節點的情形下，while迴圈開始走訪串列到最後節點

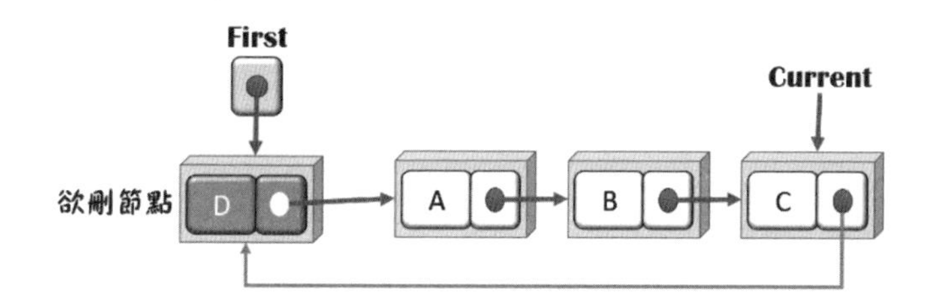

Step 2. ①將目前節點「C」的Next參考指向第二個節點；②變更第二個節點「A」為第一個節點。

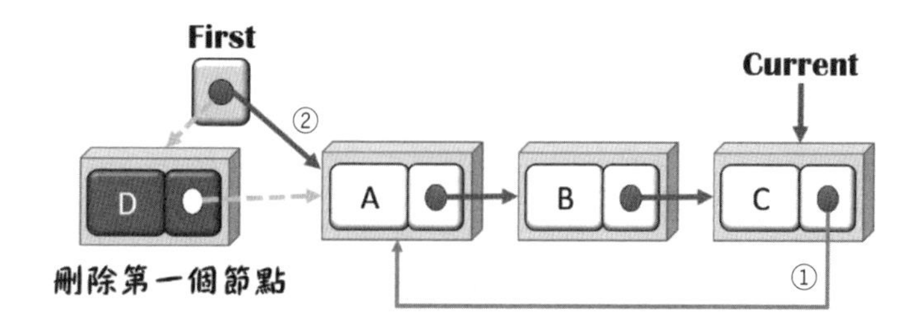

(2) 直接刪除最後節點

要把鏈結串列的最後一個節點刪除，意味著把串列裡倒數的第二個節點變更爲最後一個節點。

Step 1. 設定兩個參考Current、Previous，目前節點參考Current不是指向第一個節點的情形下，while迴圈開始走訪串列到指定節點。

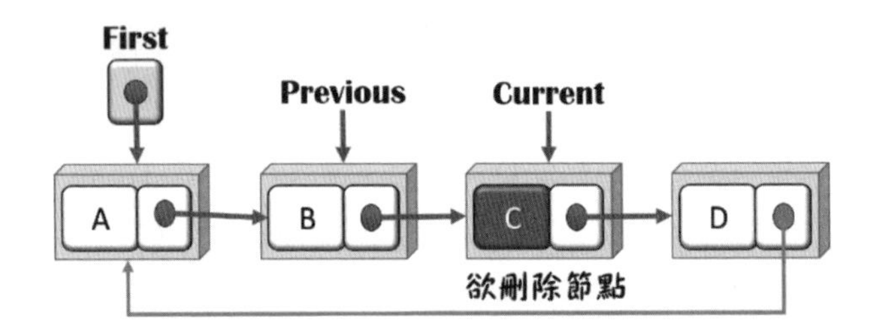

Step 2. 前一個節點「B」的Next鏈結指向節點「D」。

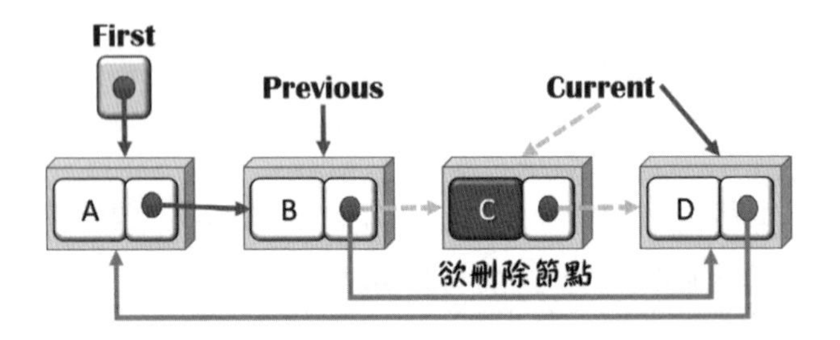

6-4 全真綜合實作測驗

定時K彈

問題描述：105年10月實作題

「定時K彈」是一個團康遊戲，N個人圍成一個圈，由1號依序到N號，從1號開始依序傳遞一枚玩具炸彈，炸彈每次到第M個人就會爆炸，此人即淘汰，被淘汰的人要離開圓圈，然後炸彈再從該淘汰者的下一個開始傳遞。遊戲之所以稱K彈是因爲這枚炸彈只會爆炸K次，在第K次爆炸後，遊戲即停止，而此時在第K個淘汰者的下一位遊戲者被稱爲幸運者，通常就會被要求表演節目。例如N=5，M=2，如果K=2，炸彈會爆炸兩次，被爆炸淘汰的順序依序是2與4（參見下圖），這時5號就是幸運者。如果K=3，剛才的遊戲會繼續，第三個淘汰的是1號，所以幸運者是3號。如果K=4，下一輪淘汰5號，所以3號是幸運者。給定N、M與K，請寫程式計算出誰是幸運者。

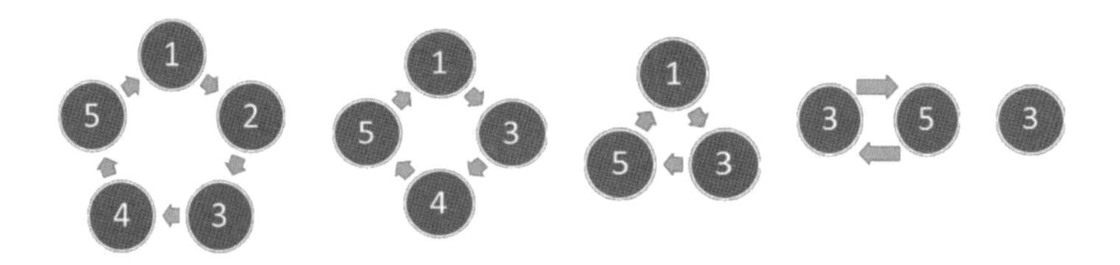

輸入格式

輸入只有一行包含三個正整數，依序爲N、M與K，兩數中間有一個空格分開。其中1 ≤ K<N。

輸出格式

請輸出幸運者的號碼，結尾有換行符號。

範例一：輸入

```
5 2 4
```

範例一：正確輸出

```
3
```

（說明）

被淘汰的順序是2、4、1、5，此時5的下一位是3，也是最後剩下的，所以幸運者是3。

範例二：輸入

```
8 3 6
```

範例二：正確輸出

```
4
```

（說明）

被淘汰的順序是3、6、1、5、2、8，此時8的下一位是4，所以幸運者是4。

評分說明

輸入包含若干筆測試資料，每一筆測試資料的執行時間限制（time limit）均為1秒，依正確通過測資筆數給分。其中：

第1子題組20分，$1 \le N \le 100$，且$1 \le M \le 10$，$K = N\text{-}1$。

第2子題組30分，$1 \le N \le 10{,}000$，且$1 \le M \le 1{,}000{,}000$，$K = N\text{-}1$。

第3子題組20分，$1 \le N \le 200{,}000$，且$1 \le M \le 1{,}000{,}000$，$K = N\text{-}1$。

第4子題組30分，$1 \le N \le 200{,}000$，且$1 \le M \le 1{,}000{,}000$，$1 \le K < N$。

解題重點分析

本題會先宣告本程式會使用到的3個變數，分別是：

```
int N; //N個人
int M; //傳到第M個人就會爆炸
int K; //爆炸次數的上限值
```

接著由鍵盤輸入讀取這3個變值的值，其片段程式碼如下：

```
BufferedReader keyin=new BufferedReader(new InputStreamReader
(System.in));
String Line=keyin.readLine();
String[] tokens=Line.split(" ");
N=Integer.parseInt(tokens[0]);
M=Integer.parseInt(tokens[1]);
K=Integer.parseInt(tokens[2]);
```


參考解答程式碼：ex08.java

```
01  import java.io.*;
02
03  public class ex08{
04
05      public static void main(String[ ] args) throws IOException
06      {
07          //主要執行區塊
08
09          int N; //N個人
10          int M; //傳到第M個人就會爆炸
11          int K; //爆炸次數的上限值
12
13          BufferedReader keyin=new BufferedReader(new
    InputStreamReader(System.in));
14          String Line=keyin.readLine();
15          String[] tokens=Line.split(" ");
16          N=Integer.parseInt(tokens[0]);
17          M=Integer.parseInt(tokens[1]);
18          K=Integer.parseInt(tokens[2]);
19
```

```
20              int lucky_person=0;
21              for (int i=N-K+1; i<=N; i++){
22                  lucky_person = (lucky_person + M) % i;
23              }
24              System.out.println(lucky_person + 1);
25          }
26  }
```

範例一執行結果：

```
5 2 4
3
```

範例二執行結果：

```
8 3 6
4
```

程式碼說明：

- 第9～11列：本程式會使用到的變數宣告。
- 第13～18列：由鍵盤輸入讀取這3個變值的值。第14列：輸入只有一行包含三個正整數，依序為N、M與K，兩數中間有一個空格分開。其中1≤K<N。
- 第20～24列：本程式主要的處理程式碼區塊。

第七章 

函數與遞迴相關演算法

軟體開發是相當耗時且複雜的工作，當需求及功能越來越多，程式碼就會越來越龐大。這時多人分工合作來完成軟體開發是勢在必行的。那麼應該如何解決上述問題呢？我們通常會將程式中要重複執行特定功能的程式碼獨立出來成一個程序（Procedures）或函數（Function），簡單來說，程序（或函數）就是一段程式碼的集合，並且給予一個名稱來代表。

當程式需要運用該功能時，就可以直接呼叫程序（或函數），通常程序是指有特定功能的獨立程式單元，如果該程序有回傳値，則稱爲函數。透過程序（或函數）的撰寫，就可以精簡主程式的重複流程，減輕程式人員撰寫程式碼的負擔，更能大幅降低日後的程式維護成本。

7-1 認識程序與函數

Java中的函數是一種類別的成員，稱爲方法（Method），方法又可以分爲兩種：一種是屬於類別的「類別方法」（Class Methods），它是一種可以由類別直接執行的靜態方法（Static Method），另一種則是物件的「實例方法」（Instance Method），這種方法必須由類別產生物件實體後，由物件執行的方法。本章將介紹的類別方法，就如同其它程式語言經常談到的程序或函數，首先就來如何建立Java類別方法。至於「實例方法」則涉及到更進階的物件導向程式設計中的類別與物件的實作，則不在本章的討論範圍。

方法的取得來源可區分爲Java本身提供及使用者自行設計兩種。Java會將程式中所有相關的類別加以匯整並形成一種「函式庫」（Library）。就如同在C/C++程式中提供使用者可以利用「#include」指令，來直接匯入「*.h」的函式庫檔案，以便加以實作。Java的工具套件也同樣可以匯入的方式來宣告，使用者只要利用關鍵字「import」，並配合套件名稱就可以使用已事先定義的方法。自訂方法是使用者依照自己的需求來設計的方法，這也是本章將說明的重點，包括方法宣告、引數的使用、方法主體與傳回值等重點。

Java類別方法是由方法名稱和程式碼區塊所組成，其語法基本格式如下：

```
存取修飾子 static 傳回值資料型態 方法名稱(參數列) {

    程式碼區塊
}
```

其中的存取修飾子可以是public或private，如果宣告爲public表示這個方法是公用的，在程式碼的任何地方都可以呼叫，即使在其它不同的類別。但如果宣告爲private表示這個方法只能在同一類別進行呼叫。這裡要強調的是，Java類別方法一定是一個靜態方法，所以必須使用static修飾子（Modifiers）宣告這個方法。如果這個方法沒有回傳值，就必須傳回值資料型態設定爲void。底下類別方法的宣告例子，就是一個最簡單的類別方法宣告的樣式，它沒有回傳值也沒有參數列，主要功能請電腦輸出一個字串，程式碼如下：

```
private static void sayhello() {
    System.out.println("Hello World") ;
}
```

上述方法的回傳値爲void，方法名稱爲sayhello，由於此方法沒有任何參數，所以在左右括號內沒有任何傳入的參數，在「{」及「}」這組大括號間則是這個方法的程式碼區塊，以本例而言，就是輸出字串「Hello World」並進行換行。

建立了類別方法後，如何才能呼叫所訂的類別方法，其語法格式如下：

```
方法名稱(參數列);
```

或是

```
類別名稱.方法名稱(參數列);
```

以上例來示範說明，由於sayhello()方法沒有回傳値及參數列，所以其呼叫方式只要用方法名稱加上空的小括號即可，如下所示：

```
sayhello();
```

上面這種呼叫方法的方式是在同一類別內，如果要呼叫其它類別所宣告的public方法，則必須在呼叫該方法前加上類別名稱及「.」運算子，其呼叫方式如下所示：

```
CH04_01. sayhello();
```

其中「.」運算子之前的CH04_01是類別名稱。

7-1-1 含參數列的類別方法

透過參數列的傳遞，我們可以將不同的參數傳送給方法，藉以產生不同的執行結果。我們可以這種形容，參數列有點像這個方法的操作介面，傳入不同的參數，就會有不同的方法輸出結果。例如這個方法可以傳入數值及符號字元，使用者就可以透過這個方法的參數列傳入不同的數值及要輸出的字元符號，來得到不同的符號輸出外觀及輸出個數，藉助多次不同參數列的呼叫，可以讓程式輸出漂亮的圖案外觀。

Java的參數傳遞，是將主程式中呼叫方法的引數值，傳遞給方法部分的參數，我們實際呼叫函數時所提供的參數，通常簡稱爲「引數」或實際參數（Actual Parameter），而在函數主體或原型中所宣告的參數，常簡稱爲「正式參數」（Formal Parameter）或「假的參數」（Dummy Parameter）。接下來的例子將建立一個類別方法，並示範傳入不同的字元與數值，會有不同的輸出外觀。例如：

```
/* 示範傳入不同的字元與數值，會有不同的輸出外觀 */
public class CH04_02 {
    // 類別方法: 包含2個參數,可以指定要輸出的字元符號及個數
    static void myprint(char ch, int num) {
        int i;
        for (i=1; i<=num; i++) {
            System.out.print(ch);
```

```
        }
        System.out.println();
    }
    // 主程式
    public static void main(String[] args) {
        myprint('*',10);
        myprint('$',20);
        myprint('%',30);
    }
}
```


7-1-2 含回傳值的類別方法

前面示範的兩個類別方法都沒有回傳值，所以在static關鍵字之後都是將方法宣告成void，但如果該方法有回傳值，則必須在static關鍵字之後加上回傳值的資料型態，例如：double或int。另外在自訂方法內的程式區塊必須有return關鍵字來回傳值，例如底下的方法可以將傳入的數值加100後回傳，如下所示：

```
static int add100(int num) {
    return num+100;
}
```

7-2 參數傳遞方式

Java方法參數傳遞的方式，可以分爲「傳值呼叫」（call by value）與「傳址呼叫」（call by reference）兩種。

傳值呼叫是表示在呼叫函數時，會將引數的值一一地複製給函數的參數，因此在函數中對參數的值作任何的更動，都不會影響到原來的引數。

傳址呼叫表示在呼叫函數時所傳遞給函數的參數值是變數的記憶體位址，如此函數的引數將與所傳遞的參數共享同一塊記憶體位址，因此對引數值的變動連帶著也會影響到參數值。

Java方法依傳入參數的資料型態的不同而有不同預設的參數傳遞方式，int、char、double等基本資料型態都是使用傳值呼叫的方式進行參數傳遞。但Array陣列其預設的參數傳遞方式則是傳址呼叫。

另外，Java提供了兩種處理字串的類別，分別爲String與StringBuffer類別。由於String類別所產生的物件內容是唯讀，所以預設的參數傳遞方式是使用傳值呼叫。StringBuffer類別可以設定字串暫存區容量，當字串內容因「增加」或「修改」未超出暫存區（Buffer）最大容量時，物件不會重新配置暫存區容量，比起String類別而言，顯得更有效率。

StringBuffer類別所建立的字串物件，是不限定的長度和內容，使用者設定初值、新增字元或修改字串時，都是在同一個記憶體區塊上，也不會產生另一個新的物件，其參數傳遞方式是使用傳址呼叫，這就是和字串（String）類別的主要差異。

〔隨堂練習〕

1. 給定下列程式，其中s有被宣告爲全域變數，請問程式執行後輸出爲何？

(A) 1,6,7,7,8,8,9

(B) 1,6,7,7,8,1,9

(C) 1,6,7,8,9,9,9

(D) 1,6,7,7,8,9,9（106年3月觀念題）

```
int s = 1; // 全域變數
void add (int a) {
  int s = 6;
  for( ; a>=0; a=a-1) {
     printf("%d,", s);
     s++;
     printf("%d,", s);
  }
}
int main () {
  printf("%d,", s);
  add(s);
  printf("%d,", s);
  s = 9;
  printf("%d", s);
  return 0;
}
```

解答：(B) 1,6,7,7,8,1,9，此題主要測驗全域變數與區域變數的觀念，請各位直接觀察主程式各行印出s值的變化。

2. 小藍寫了一段複雜的程式碼想考考你是否了解函式的執行流程。請回答程式最後輸出的數值爲何？

(A) 70

(B) 80

(C) 100

(D) 190（106年3月觀念題）

```
int g1 = 30, g2 = 20;
int f1(int v) {
  int g1 = 10;
  return g1+v;
}
int f2(int v) {
  int c = g2;
  v = v+c+g1;
  g1 = 10;
  c = 40;
  return v;
}
int main() {
  g2 = 0;
  g2 = f1(g2);
  printf("%d", f2(f2(g2)));
  return 0;
}
```

解答：(A) 70，本題也在測驗全域變數及區域變數的理解程度。在主程式中main()中，g2爲全域變數，在f1()函式中g1爲區域變數，在f2()函式中g1爲全域變數，但是g2爲區域變數。

3. 給定一陣列a[10]={ 1, 3, 9, 2, 5,8, 4, 9, 6, 7 }，i.e., a[0]=1, a[1]=3, …, a[8]=6, a[9]=7，以f（a, 10）呼叫執行以下函式後，回傳值爲何？

(A) 1

(B) 2

(C) 7

(D) 9（105年3月觀念題）

```
int f (int a[], int n) {
      int index = 0;
      for (int i=1; i<=n-1; i=i+1) {
           if (a[i] >= a[index]) {
                 index = i;
           }
      }
      return index;
}
```

解答：(C) 7

4. 下列程式執行後輸出為何？

(A) 0

(B) 10

(C) 25

(D) 50（105年10月觀念題）

```
int G (int B) {
   B = B * B;
   return B;
}
int main () {
   int A=0, m=5;
   A = G(m);
   if (m < 10)
       A = G(m) + A;
   else
       A = G(m);
   printf ("%d \n", A);
   return 0;
}
```

解答：(D) 50，直接從主程式下手，A=0,=5

A = G (5) = 5 * 5 = 2 5 ， 因 為 m = 5 符 合 i f (m < 1 0) 條 件 式 ， 故

A=G(5)+A=G(5)+25=5*5+25=50

5. 給定函式A1()、 A2()與F()如下，以下敘述何者有誤？

```
void A1 (int n) {
  F(n/5);
  F(4*n/5);
}
```

```
void A2 (int n) {
  F(2*n/5);
  F(3*n/5);
}
```

```
void F (int x) {
  int i;
  for (i=0; i<x; i=i+1)
     printf("*");
     if (x>1) {
        F(x/2);
        F(x/2);
  }
}
```

(A) A1(5)印的'*'個數比A2(5)多

(B) A1(13)印的'*'個數比A2(13)多

(C) A2(14)印的'*'個數比A1(14)多

(D) A2(15)印的'*'個數比A1(15)多（106年3月觀念題）

解答：(D) A2(15)印的'*'個數比A1(15)多

6. 若函式rand()的回傳值為一介於0和10000之間的亂數，下列哪個運算式可產生介於100和1000之間的任意數（包含100和1000）？

(A) rand() % 900 + 100

(B) rand() % 1000 + 1

(C) rand() % 899 + 101

(D) rand() % 901 + 100（106年3月觀念題）

解答：(D) rand() % 901 + 100

7-3 分治演算法與遞迴演算法

分治法（Divide and conquer）是一種很重要的演算法，我們可以應用分治法來逐一拆解複雜的問題，核心精神是將一個難以直接解決的大問題依照不同的概念，分割成兩個或更多的子問題，以便各個擊破，分而治之。分治法和遞迴法很像一對孿生兄弟，都是將一個複雜的演算法問題，讓規模越來越小，最終使子問題容易求解，原理就是分治法的精神。遞迴是種很特殊的函數，簡單來說，遞迴不單純只是能夠被其它函數呼叫（或引用）的程式單元，在某些語言還提供了自身引用的功能，這種功用就是所謂的「遞迴」。遞迴的考題在APCS的歷年考題中占的比重更是高得驚人。

Tips

貪心法（Greed Method）又稱爲貪婪演算法，方法是從某一起點開始，就是在每一個解決問題步驟使用貪心原則，都採取在當前狀態下最有利或最優化的選擇，不斷的改進該解答，持續在每一步驟中選擇最佳的方法，並且逐步逼近給定的目標，當達到某一步驟不能再繼續前進時，演算法停止，以盡可能快地求得更好的解。貪心法的精神雖然是把求解的問題分成若干個子問題，不過不能保證求得的最後解是最佳的。貪心法容易過早做決定，只能求滿足某些約束條件的可行解的範圍，不過在有些問題卻可以得到最佳解。經常用在求圖形的最小生成樹（MST）、最短路徑與霍哈夫曼編碼等。

7-3-1 遞迴的定義

談到遞迴的定義，我們可以正式這樣形容，假如一個函數或副程式，是由自身所定義或呼叫的，就稱為遞迴（Recursion），它至少要定義2種條件，包括一個可以反覆執行的遞迴過程，與一個跳出執行過程的出口。遞迴因為呼叫對象的不同，可以區分為以下兩種：

■ 直接遞迴（Direct Recursion）：指遞迴函數中，允許直接呼叫該函數本身，稱為直接遞迴（Direct Recursion）。如下例：

```
int Fun(...)
{
  …
    if(...)
       Fun(...)
  …
}
```

■ 間接遞迴指遞迴函數中，如果呼叫其他遞迴函數，再從其他遞迴函數呼叫回原來的遞迴函數，我們就稱做間接遞迴（Indirect Recursion）。

```
int Fun1(...)              int Fun2(...)
{                          {
    .                          .
    .                          .
    if(...)                    if(...)
        Fun2(...)                  Fun1(...)
    …                          …
}                          }
```

許多人經常困惑的問題是：「何時才是使用遞迴的最好時機？」，是不是遞迴只能解決少數問題？事實上，任何可以用if-else和while指令編寫的函數，都可以用遞迴來表示和編寫。

Tips

「尾歸遞迴」（Tail Recursion）就是程式的最後一個指令爲遞迴呼叫，因爲每次呼叫後，再回到前一次呼叫的第一行指令就是return，所以不需要再進行任何計算工作。

例如我們知道階乘函數是數學上很有名的函數，對遞迴式而言，也可以看成是很典型的範例，我們一般以符號「！」來代表階乘。如4階乘可寫爲4!，n!可以寫成：

```
n!=n×(n-1)*(n-2)……*1
```

各位可以一步分解它的運算過程，觀察出一定的規律性：

```
5! = (5 * 4!)
   = 5 * (4 * 3!)
   = 5 * 4 * (3 * 2!)
   = 5 * 4 * 3 * (2 * 1)
   = 5 * 4 * (3 * 2)
   = 5 * (4 * 6)
   = (5 * 24)
   = 120
```

以下Java程式碼就是以遞迴演算法來計算所1～n!的函數值，請注意其間所應用的遞迴基本條件：一個反覆的過程，以及一個跳出執行的缺口。

```
static int factorial(int n)
{
    if(n== 1 || n==0) //遞迴終止的條件
        return 1;
    else
        return n* factorial(n-1);
}
```

相信各位應該不會再對遞迴有陌生的感覺了吧！我們再來看一個很有名氣的費伯那序列（Fibonacci），首先看看費伯那序列的基本定義：

$$F_n = \begin{cases} 0 & n=0 \\ 1 & n=1 \\ F_{n-1}+F_{n-2} & n=2,3,4,5,6\cdots\cdots \text{（n為正整數）} \end{cases}$$

如果用口語化來說，就是一序列的第零項是0、第一項是1，其它每一個序列中項目的值是由其本身前面兩項的值相加所得。從費伯那序列的定義，也可以嘗試把它轉成遞迴的形式：（以下為Java程式碼）

```
static int fib (int n)
{
    if (n==0)
```

```
        return 0;
    if (n==1)
        return 1;
    else
        return fib (n-1)+fib (n-2); //遞迴引用本身2次
}
```

7-3-2 動態規劃演算法

前面費伯那數列是用類似分治法的遞迴法，我們也可以改用動態規劃法，也就是已計算過資料而不必計算，也不會在往下遞迴，會達到增進效能的目的，所謂動態規劃法，動態規劃法（Dynamic Programming Algorithm, DPA）類似分治法，由20世紀50年代初美國數學家R. E. Bellman所發明，用來研究多階段決策過程的優化過程與求得一個問題的最佳解。

動態規劃法算是分治法的延伸，當遞迴分割出來的問題，一而再、再而三出現，就運用記憶法儲存這些問題的，與分治法（Divide and Conquer）不同的地方在於，動態規劃多使用了記憶（memorization）的機制，將處理過的子問題答案記錄下來，避免重複計算。

例如我們想求取第4個費伯那數Fib(4)，它的遞迴過程可以利用以下圖形表示：

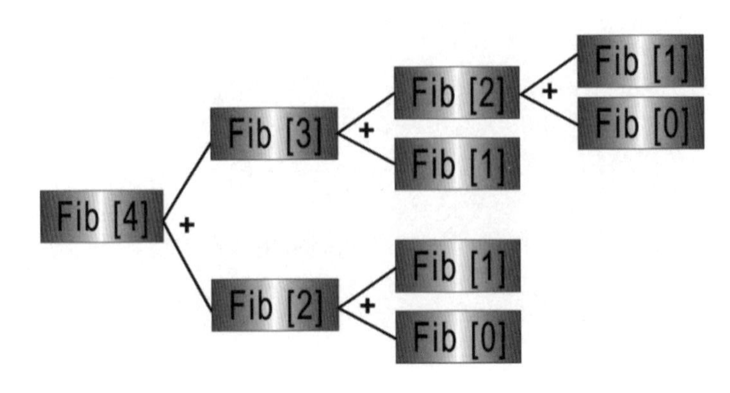

費伯那序列的遞迴執行路徑圖

從路徑圖中可以得知遞迴呼叫9次，而執行加法運算4次，Fib(1)執行了3次，浪費了執行效能，我們依據動態規劃法的精神，依照這演算法可以繪製出如下的示意圖：

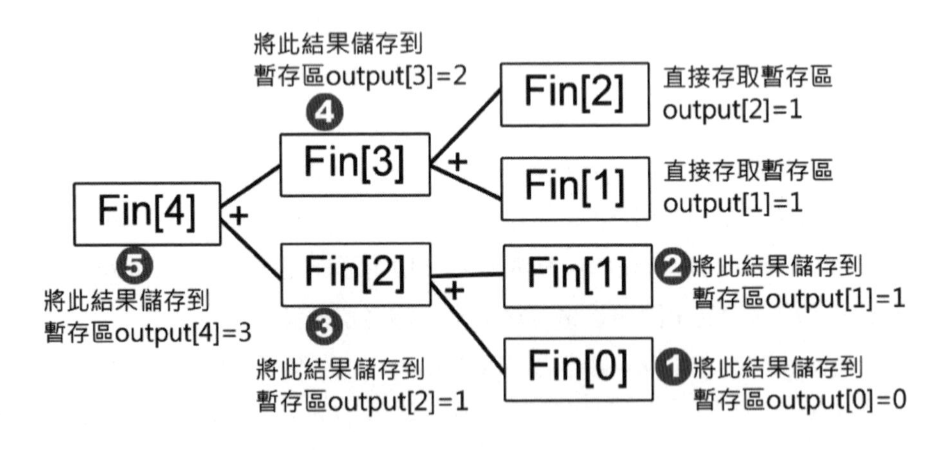

前面提過動態規劃寫法的精神，已計算過資料而不必重複計算，為了達到這個目的，我們可以先設置一個用來紀錄該費伯那數是否已計算過的陣列output，該陣列中每一個元素是用來紀錄已被計算過的費伯那數。

〔隨堂練習〕

1. 函數f定義如下，如果呼叫f(1000)，指令sum=sum+i被執行的次數最接近下列何者？

```
int f (int n) {
    int sum=0;
    if (n<2) {
        return 0;
    }
    for (int i=1; i<=n; i=i+1) {
        sum = sum + i;
    }
    sum = sum + f(2*n/3);
    return sum;
}
```

(A) 1000　　(B) 3000

(C) 5000　　(D) 10000（105年3月觀念題）

解答：(B) 3000，這道題目是一種遞迴的問題，這個題目在問如果如果呼叫f(1000)，指令sum=sum+i被執行的次數。

2. 請問以a(13,15)呼叫右側a()函式，函式執行完後其回傳值為何？

```
int a(int n, int m) {
    if (n < 10) {
        if (m < 10) {
            return n + m ;
        }
        else {
            return a(n, m-2) + m ;
        }
    }
    else {
```

```
            return a(n-1, m) + n ;
        }
}
```

(A) 90　　(B) 103

(C) 93　　(D) 60（105年3月觀念）

解答：(B) 103，此題也是遞迴的問題。

3. 一個費式數列定義第一個數爲0第二個數爲1之後的每個數都等於前兩個數相加，如下所示：

 0、1、1、2、3、5、8、13、21、34、55、89…。

 下列的程式用以計算第N個（N≥2）費式數列的數值，請問(a)與(b)兩個空格的敘述（statement）應該爲何？

 (A) (a) f[i]=f[i-1]+f[i-2]　　(b) f[N]

 (B) (a) a = a + b　　(b) a

 (C) (a) b = a + b　　(b) b

 (D) (a) f[i]=f[i-1]+f[i-2]　　(b) f[i]（105年3月觀念題）

```
int a=0;
int b=1;
int i, temp, N;
…
for (i=2; i<=N; i=i+1) {
      temp = b;
          (a) ;
      a = temp;
          printf ("%d\n", (b) );
}
```

解答：請參考本節內容，(C) (a) b = a + b (b) b

4. 給定右側g()函式，g(13)回傳值為何？

```
int g(int a) {
  if (a > 1) {
    return g(a - 2) + 3;
  }
  return a;
}
```

(A) 16

(B) 18

(C) 19

(D) 22（105年3月觀念題）

解答：(C) 19

直接帶入遞迴寫出過程：g(13)=g(11)+3=g(9)+3+3=g(7)+3+6=g(5)+3+9=g(3)+3+12=g(1)+3+15=19

5. 給定下列函式f1()及f2()。f1(1)運算過程中，以下敘述何者為錯？

(A) 印出的數字最大的是4

(B) f1一共被呼叫二次

(C) f2一共被呼叫三次

(D) 數字2被印出兩次（105年3月觀念題）

解答：(C) f2一共被呼叫三次

```
void f1 (int m) {
  if (m > 3) {
    printf ("%d\n", m);
    return;
  }
  else {
    printf ("%d\n", m);
    f2(m+2);
    printf ("%d\n", m);
  }
}
void f2 (int n) {
  if (n > 3) {
    printf ("%d\n", n);
  return;
  }
```

```
  else {
     printf ("%d\n", n);
     f1(n-1);
     printf ("%d\n", n);
  }
}
```

6. 下列程式輸出爲何？

(A) bar: 6

bar: 1

bar: 8

(B) bar: 6

foo: 1

bar: 3

(C) bar: 1

foo: 1

bar: 8

(D) bar: 6

foo: 1

foo: 3（105年3月觀念題）

```
void foo (int i) {
  if (i <= 5) {
  printf ("foo: %d\n", i);
  }
  else {
     bar(i - 10);
  }
}
void bar (int i) {
  if (i <= 10) {
```

```
    printf ("bar: %d\n", i);
  }
  else {
    foo(i - 5);
  }
}
void main() {
  foo(15106);
  bar(3091);
  foo(6693);
}
```

解答：(A) bar: 6

bar: 1

bar: 8，

本題的數字太大，建議先行由小字數開始尋找規律性，這個例子主要考各位兩個函數間的遞迴呼叫。

7. 右側為一個計算n階層的函式，請問該如何修改才會得到正確的結果？

(A) 第2行，改為int fac = n;

(B) 第3行，改為if (n > 0) {

(C) 第4行，改為fac = n * fun (n+1);

(D) 第4行，改為fac = fac * fun (n-1);

（105年3月觀念題）

```
1. int fun (int n) {
2.   int fac = 1;
3.   if (n >= 0) {
4.     fac = n * fun(n - 1);
5.   }
6.   return fac;
7. }
```

解答：(B)第3行，改為if (n > 0) {

8. 右側g(4)函式呼叫執行後，回傳值為何？

(A) 6　　(B) 11

(C) 13　　(D) 14

```
int f (int n) {
  if (n > 3) {
    return 1;
  }
```

```
  else if (n == 2) {
     return (3 + f(n+1));
  }
  else {
     return (1 + f(n+1));
  }
}
int g(int n) {
  int j = 0;
  for (int i=1; i<=n-1; i=i+1) {
     j = j + f(i);
  }
  return j;
}
```

解答：(C) 13

由g()函式內的for迴圈可以看出：

g(4)=f(1)+f(2)+f(3)

=(1+f(2))+(3+f(3))+(1+f(4))

=(1+3+f(3))+(3+1+f(4))+(1+1))

=(1+3+1+f(4))+(3+1+1)+(1+1)

=(1+3+1+1)+(3+1+1)+(1+1)

=6+5+2

=13

9. 右側Mystery()函式else部分運算式應爲何，才能使得Mystery(9)的回傳值爲34。

```
int Mystery (int x) {
  if (x <= 1) {
     return x;
  }
  else {
     return ________ ;
  }
}
```

(A) x + Mystery(x-1)

(B) x * Mystery(x-1)

(C) Mystery(x-2) + Mystery(x+2)

(D) Mystery(x-2) + Mystery(x-1)（105年3月觀念題）

解答：(D) Mystery(x-2) + Mystery(x-1)

此題在考費氏數列的問題，因此，Mystery(9)= Mystery(7)+ Mystery(8)=13+21=34。

10. 給定右側G(), K()兩函式，執行G(3)後所回傳的值爲何？（105年10月觀念題）

(A) 5　　(B) 12

(C) 14　　(D) 15

```
int K(int a[], int n) {
   if (n >= 0)
      return (K(a, n-1) + a[n]);
   else
      return 0;
}
int G(int n){
   int a[] = {5,4,3,2,1};
   return K(a, n);
}
```

解答：(C) 14

11. 右側函式以F(7)呼叫後回傳值爲12，則<condition>應爲何？

```
int F(int a) {
   if ( <condition> )
      return 1;
   else
      return F(a-2) + F(a-3);
}
```

(A) a < 3

(B) a < 2

(C) a < 1

(D) a < 0（105年10月觀念題）

解答：(D) a < 0

以選項(A)爲例，當函數的參數a小於3則回傳數值1。

12. 右側主程式執行完三次G()的呼叫後，p陣列中有幾個元素的值爲0？

(A) 1 (B) 2

(C) 3 (D) 4（105年10月觀念題）

```
int K (int p[], int v) {
  if (p[v]!=v) {
     p[v] = K(p, p[v]);
  }
  return p[v];
}
void G (int p[], int l, int r) {
  int a=K(p, l), b=K(p, r);
  if (a!=b) {
     p[b] = a;
  }
}
int main (void) {
  int p[5]={0, 1, 2, 3, 4};
  G(p, 0, 1);
  G(p, 2, 4);
  G(p, 0, 4);
  return 0;
}
```

解答：(C) 3，陣列p的內容爲{0,0,0,3,2}

13. 右側G()應爲一支遞迴函式，已知當a固定爲2，不同的變數x值會有不同的回傳值如下表所示。請找出G()函式中(A)處的計算式該爲何？

```
int G (int a, int x) {
if (x == 0)
   return 1;
else
   return (a) ;
}
```

a值	x值	G(a, x)回傳值
2	0	1
2	1	6
2	2	36

a值	x值	G(a, x)回傳值
2	3	216
2	4	1296
2	5	7776

(A) ((2*a)+2) * G(a, x - 1)

(B) (a+5) * G(a-1, x - 1)

(C) ((3*a)-1) * G(a, x - 1)

(D) (a+6) * G(a, x - 1)（105年10月觀念題）

解答：(A)((2*a)+2) * G(a, x - 1)，本題建議從表格中的a,x值逐一帶入選項(A)到選項(D)，去驗證所求的G(a,x)的值是否和表格中的值相符，就可以推算出答案。

14. 右側G()為遞迴函式，G(3, 7)執行後回傳值為何？

```
int G (int a, int x) {
  if (x == 0)
    return 1;
  else
    return (a * G(a, x - 1));
}
```

(A) 128

(B) 2187

(C) 6561

(D) 1024（105年10月觀念題）

解答：(B) 2187，直接帶入值求解

15. 右側函式若以search(1, 10, 3)呼叫時，search函式總共會被執行幾次？

```
void search (int x, int y, int z) {
  if (x < y) {
    t = ceiling ((x + y)/2);
    if (z >= t)
      search(t, y, z);
    else
      search(x, t - 1, z);
  }
}
```

註：ceiling()為無條件進位至整數位。例如ceiling(3.1)=4, ceiling(3.9)=4。

(A) 2

(B) 3

(C) 4

(D) 5（105年10月觀念題）

解答：(C) 4，提示當「x>=y」

時，就不會執行遞迴函數的呼叫，因此，當x值大於或等於y值時，就會結束遞迴。

16. 若以B(5,2)呼叫右側B()函式，總共會印出幾次"base case"？

```
int B (int n, int k) {
   if (k == 0 || k == n){
      printf ("base case\n");
   return 1;
   }
   return B(n-1,k-1) + B(n-1,k);
}
```

(A) 1

(B) 5

(C) 10

(D) 19（106年3月觀念題）

解答：(C) 10，也是遞迴式的應用，當第二個參數k為0時或兩個參數n及k相同時，則會印出一次"base case"。

17. 若以G(100)呼叫右側函式後，n的值為何？

```
int n = 0;
void K (int b) {
   n = n + 1;
   if (b % 4)
      K(b+1);
}
void G (int m) {
   for (int i=0; i<m; i=i+1) {
      K(i);
   }
}
```

(A) 25

(B) 75

(C) 150

(D) 250（106年3月觀念題）

解答：(D) 250，K函式為一種遞迴函式，其遞迴出口條件為參數b為的4的倍數。

18. 若以F(15)呼叫右側F()函式，總共會印出幾行數字？

```
void F (int n) {
   printf ("%d\n" , n);
   if ((n%2 == 1) && (n > 1)){
      return F(5*n+1);
   }
   else {
   if (n%2 == 0)
      return F(n/2);
   }
}
```

(A) 16行

(B) 22行

(C) 11行

(D) 15行（106年3月觀念題）

解答：(D) 15行，解題提示必須先行判斷遞迴函式的出口條件，也就是（n%2 == 1）&&（n > 1）這個條件不能成立，而且n%2 == 0這個條件也不能成立。

19. 若以F(5,2)呼叫右側F()函式，執行完畢後回傳值爲何？

```
int F (int x,int y) {
  if (x<1)
    return 1;
  else
    return F(x-y,y)+F(x-2*y,y);
}
```

(A) 1

(B) 3

(C) 5

(D) 8（106年3月觀念題）

解答：(C) 5，本遞迴函式的出口條件爲x<1，當x值小於1時就回傳1。

20. 右側F()函式回傳運算式該如何寫，才會使得F(14)的回傳值爲40?

```
int F (int n) {
  if (n < 4)
    return n;
  else
    return __?__ ;
}
```

(A) n * F(n-1)

(B) n + F(n-3)

(C) n - F(n-2)

(D) F(3n+1)（106年3月觀念題）

解答：(B) n + F(n-3)，當n<4時，爲F()函式的出口條件。

21. 右側函式兩個回傳式分別該如何撰寫，才能正確計算並回傳兩參數a, b之最大公因數（Greatest Common Divisor）？

```
int GCD (int a, int b) {
int r;
  r = a % b;
  if (r == 0)
    return ________;
  return ________;
}
```

(A) a, GCD(b,r)

(B) b, GCD(b,r)

(C) a, GCD(a,r)

(D) b, GCD(a,r)（106年3月觀念題）

解答：(B) b, GCD(b,r)

輾轉相除法，是求最大公約數的一種方法。它的做法是用較小數除較大數，再用出現的餘數（第一餘數）去除除數，再用出現的餘數（第二餘數）去除第一餘數，如此反覆，直到最後餘數是0爲止。

7-4 回溯法——老鼠走迷宮問題

回溯法（Backtracking）也算是枚舉法中的一種，對於某些問題而言，回溯法是一種可以找出所有（或一部分）解的一般性演算法，是隨時避免枚舉不正確的數值，一旦發現不正確的數值，就不遞迴至下一層，而是回溯至上一層，節省時間，這種走不通就退回再走的方式。主要是在搜尋過程中尋找問題的解，當發現已不滿足求解條件時，就回溯返回，嘗試別的路徑，避免無效搜索。

例如老鼠走迷宮就是一種回溯法（Backtracking）的應用。老鼠走迷宮問題的陳述是假設把一隻大老鼠被放在一個沒有蓋子的大迷宮盒的入口處，盒中有許多牆使得大部分的路徑都被擋住而無法前進。老鼠可以依照嘗試錯誤的方法找到出口。不過這老鼠必須具備走錯路時就會重來一次並把走過的路記起來，避免重複走同樣的路，就這樣直到找到出口爲止。簡單說來，老鼠行進時，必須遵守以下三個原則：

①一次只能走一格。
②遇到牆無法往前走時，則退回一步找找看是否有其他的路可以走。
③走過的路不會再走第二次。

在建立走迷宮程式前，我們先來了解如何在電腦中表現一個模擬迷宮的方式。這時可以利用二維陣列MAZE[row][col]，並符合以下規則：

MAZE[i][j]=1　表示[i][j]處有牆，無法通過
　　　　　=0　表示[i][j]處無牆，可通行
MAZE[1][1]是入口，MAZE[m][n]是出口

下圖就是一個使用10×12二維陣列的模擬迷宮地圖表示圖：

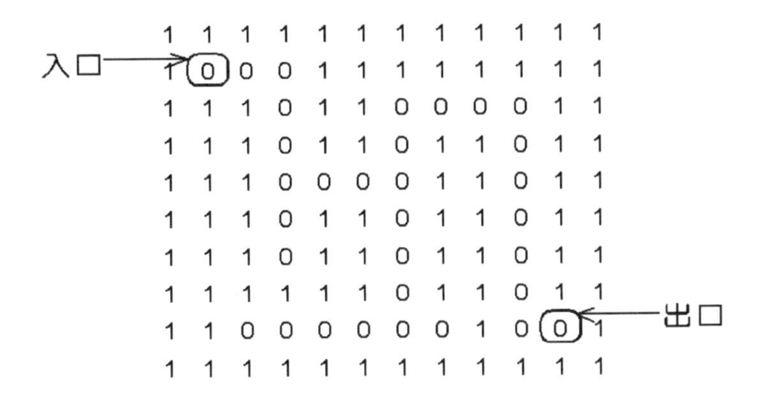

假設老鼠由左上角的MAZE[1][1]進入，由右下角的MAZE[8][10]出來，老鼠目前位置以MAZE[x][y]表示，那麼我們可以將老鼠可能移動的方向表示如下：

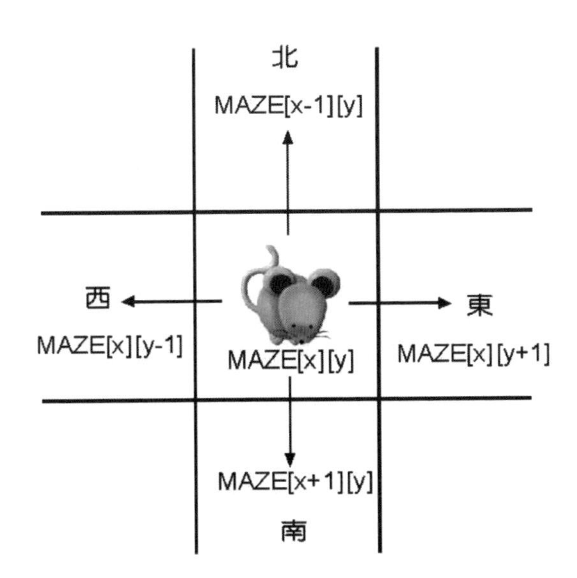

如上圖所示，老鼠可以選擇的方向共有四個，分別爲東、西、南、北。但並非每個位置都有四個方向可以選擇，必須視情況來決定，例如T字型的路口，就只有東、西、南三個方向可以選擇。

我們可以記錄走過的位置，並且將走過的位置的陣列元素內容標示爲2，然後將這個位置放入堆疊再進行下一次的選擇。如果走到死巷子並且還沒有抵達終點，那麼就必退出上一個位置，並退回去直到回到上一個叉路後再選擇其他的路。由於每次新加入的位置必定會在堆疊的最末端，因此堆疊末端指標所指的方格編號便是目前搜尋迷宮出口的老鼠所在的位置。如此一直重覆這些動作直到走到出口爲止。

上面這樣的一個迷宮搜尋的概念，底下利用演算法來加以描述：

```
1 if(上一格可走)
2 {
3         加入方格編號到堆疊;
4         往上走;
5         判斷是否爲出口;
6 }
7 else if(下一格可走)
8 {
9         加入方格編號到堆疊;
10        往下走;
11        判斷是否爲出口;
12    }
13    else if(左一格可走)
14    {
15        加入方格編號到堆疊;
16        往左走;
17        判斷是否爲出口;
18    }
19    else if(右一格可走)
20    {
21        加入方格編號到堆疊;
22        往右走;
```

```
23      判斷是否為出口;
24   }
25   else
26   {
27      從堆疊刪除一方格編號;
28      從堆疊中取出一方格編號;
29      往回走;
30   }
```

上面的演算法是每次進行移動時所執行的內容，其主要是判斷目前所在位置的上、下、左、右是否有可以前進的方格，若找到可移動的方格，便將該方格的編號加入到記錄移動路徑的堆疊中，並往該方格移動，而當四週沒有可走的方格時（第25行），也就是目前所在的方格無法走出迷宮，必須退回前一格重新再來檢查是否有其它可走的路徑，所以在上面演算法中的第27行會將目前所在位置的方格編號從堆疊中刪除，之後第28行再取出的就是前一次所走過的方格編號。

〔**隨堂練習**〕

下列程式片段執行後，count的值為何？

(A) 36　(B) 20　(C) 12　(D) 3（105年10月觀念題）

```
int maze[5][5]= {{1, 1, 1, 1, 1}, {1, 0, 1, 0, 1},{1, 1, 0, 0, 1},{1, 0, 0, 1,
1},{1, 1, 1, 1, 1} };
int count=0;
for (int i=1; i<=3; i=i+1) {
   for (int j=1; j<=3; j=j+1) {
      int dir[4][2] = {{-1,0}, {0,1}, {1,0}, {0,-1}};
      for (int d=0; d<4; d=d+1) {
         if (maze[i+dir[d][0]][j+dir[d][1]]==1) {
            count = count + 1;
         }
      }
   }
}
```

解答：(B) 20

這個題目是一個迷宮矩陣。前兩個迴圈的i值是迷宮二維陣列maze的列，j值是迷宮二維陣列maze的行，dir爲左(-1,0)、上(0,1)、右(1,0)、下(0,-1)四個方向的移動量，這個程式主要計算每一個位置的可能路徑的總數。

7-5 全真綜合實作測驗

線段覆蓋長度

問題描述：105年3月實作題

給定一維座標上一些線段，求這些線段所覆蓋的長度，注意，重疊的部分只能算一次。例如給定三個線段：（5, 6）、（1, 2）、（4, 8）、和（7, 9），如下圖，線段覆蓋長度爲6。

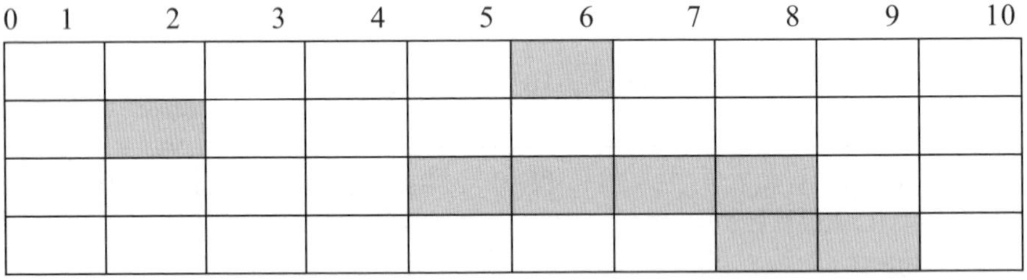

0 1 2 3 4 5 6 7 8 9 10

輸入格式

第一列是一個正整數N，表示此測試案例有N個線段。

接著的N列每一列是一個線段的開始端點座標和結束端點座標整數值，開始端點座標值小於等於結束端點座標值，兩者之間以一個空格區隔。

輸出格式

輸出其總覆蓋的長度。

範例一：輸入

輸入	說明
5	此測試案例有5個線段
160 180	開始端點座標值與結束端點座標
150 200	開始端點座標值與結束端點座標
280 300	開始端點座標值與結束端點座標
300 330	開始端點座標值與結束端點座標
190 210	開始端點座標值與結束端點座標

範例一：輸出

輸出	說明
110	測試案例的結果

範例二：輸入

輸出	說明
1	此測試案例有1個線段
120 120	開始端點座標值與結束端點座標值

範例二：輸出

輸出	說明
0	測試案例的結果

評分說明

輸入包含若干筆測試資料，每一筆測試資料的執行時間限制（time limit）均爲2秒，依正確通過測資筆數給分。每一個端點座標是一個介於0～M之間的整數，每筆測試案例線段個數上限爲N。其中：

第一子題組共30分，M<1000，N<100，線段沒有重疊。

第二子題組共40分，M<1000，N<100，線段可能重疊。

第三子題組共30分，M<10000000，N<10000，線段可能重疊。

解題重點分析

此題可以設計一個函數，該函數功能可以將傳入線段的左邊界及右邊界之間的陣列值標示爲true值。請各位注意，在宣告記錄線段內容值的陣列時，要一併給定初值。如下所示：

```
boolean[] original=new boolean[10000] ;
for (int j=0;j<10000;j++) original[j]=false;
boolean[] next_segment=new boolean[10000] ;
for (int j=0;j<10000;j++) next_segment[j]=false;
```

接著先取第一個線段的資料，然後依序取出第下一個新線段，每取出一個新線段就與原線段進行||（OR）運算，如果兩個線段相同索引所紀錄的內容，只要其中一個的值爲「true」，就將該索引位置的內容值設定爲「true」，最後再以迴圈去找出陣列中紀錄爲「true」值的個數，該值就是所有線段的總覆蓋的長度。

參考解答程式碼：ex09.java

```
01    import java.io.*;
02
```

```
03  public class ex09{
04
05          final static long SIZE=9999;
06
07          static void  line(boolean data[],int left,int right){
08                  int j;
09                  for (j=left;j<right;j++) data[j]=true;
10          }
11          //主要執行區塊
12          public static void main(String[ ] args) throws IOException
13          {
14                  int N;
15                  boolean[] original=new boolean[10000] ;
16                  for (int j=0;j<10000;j++) original[j]=false;
17                  boolean[] next_segment=new boolean[10000] ;
18                  for (int j=0;j<10000;j++) next_segment[j]=false;
19                  int left,right;
20                  int i,j,total;
21                  BufferedReader keyin=new BufferedReader(new
    InputStreamReader(System.in));
22                  N=Integer.parseInt(keyin.readLine()); //總共有幾個線段
23                  String Line=keyin.readLine();
24                  String[] tokens=Line.split(" ");
25                  left=Integer.parseInt(tokens[0]);
26                  right=Integer.parseInt(tokens[0]);  //在陣列中標示第一
                                                        個線段資料
27                  for (i=1;i<=N-1;i++){
28                          Line=keyin.readLine();
29                          tokens=Line.split(" ");
30                          left=Integer.parseInt(tokens[0]);
31                          right=Integer.parseInt(tokens[1]);
32                          line(next_segment,left,right);  //在另一個陣列中標
                                                            示下一個新線段資料
33                          for (j=0;j<SIZE;j++)//兩個線段進行OR運算
34                                  f (original[j]==true || next_segment[j]==true)
35                          original[j]=true;
36                  }
```

CHAPTER 7

```
37              total=0;
38              int index=0; //計數器初値爲 0
39              while (index<SIZE){
40                  if( original[index]==true) total++;
41                  index++;
42              }
43              System.out.println(total);
44          }
45      }
```

範例一執行結果：

```
5
160 180
150 200
280 300
300 330
190 210
110
```

範例二執行結果：

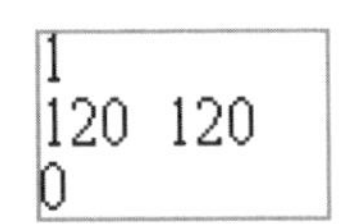

程式碼說明：

● 第7～10列：用來紀錄線段的函數。

● 第15列：宣告記錄線段的陣列。

● 第17列：宣告此陣列可以紀錄新線段的內容值。

● 第22列：總共有幾個線段。

● 第25～26列：在陣列中標示第一個線段資料。

● 第27～32列：依序取出下一個新線段，再將新線段與原線段進行OR運算。

● 第37列：用來紀錄線段的總覆蓋長度，初值設爲0。

● 第40列：累加被填滿的線段。

● 第43列：將總覆蓋的長度的數值印出。

第八章

檔案、排序與搜尋演算法

檔案（File）是電腦資料的集合，也是我們在硬碟機上處理資料的單位，可以是一份報告、一張照片或一個執行程式等，除了本身資料內容外，還包含了檔案的建立、修改與存取日期以及大小、屬性等，我們可以透過檔案物件（File Object）來取得上述的檔案資訊外，還可指定檔案存取路徑、檢查檔案是否存在、開檔、關檔、讀取與寫入等。檔案依照不同的屬性與型態又可區分爲多種類型。例如文字檔、執行檔、HTML檔、文件檔等，而且每一個檔案都會以「檔名.副檔名」格式來表示。其中「檔名」說明了此檔案的用途或功能，而「副檔名」則表示檔案的類型。

Tips

檔案在儲存時可以分爲兩種方式：「文字」檔案（text file）與「二進位」檔案（binary file）。文字檔案會以字元編碼的方式進行儲存，在Windows作業系統中副檔名爲txt的檔案，就是屬於文字檔案，只不過當您使用純文字編輯器開啓時，預設會進行字元比對的動作，並以相對應的編碼顯示文字檔案的內容。所謂二進位檔案，就是將記憶體中的資料原封不動的儲存至檔案之中，適用於非字元爲主的資料。其實除了字元爲主的文字檔案之外，所有的資料都可以說是二進位檔案，例如編譯過後的程式檔案、圖片或影片檔案等。

8-1 檔案功能簡介

資料流（Stream）代表一序列資料由「源頭」流向「終點」，在Java環境下，不管是儲存於何種類型媒介（檔案、暫存區或網路）之中的各種型別（數值、字元、字串、圖形甚至於物件）資料，它們的基本輸出入動作，都必須仰賴內建的資料流（stream）物件來進行處理。在開始對檔案操作前，我們需要先做開啓檔案的動作，因爲電腦並不曉得我們要去對哪一個檔案做處理，當然關檔時也要告訴電腦要去關閉哪一個檔案。

在檔案資料流套件（java.io.File）中，包含了一個主要的衍生類別「File」、一個實作介面「FilenameFilter」，以及「FileReader」、「FileWriter」、「FileInputStream」、「FileOutputStream」等四個檔案IO資料流類別，來提供程式開發人員輕鬆地掌握檔案的管理動作。

8-1-1 緩衝區存取

緩衝區資料的存取動作，主要是由BufferedReader/Writer兩個類別負責。BufferedReader是負責資料的讀取，當程式呼叫BufferedReader時，會先開啓一個讀取緩衝區將原始資料存入緩衝區中，再以資料流方式依序將緩衝區所備份的資料輸出使用。類別建構子如下所示：

【舉例說明】

```
①BufferedReader(Reader in, int sz)
  // in：已宣告的Reader物件。
  // sz：緩衝區的容量值。
②BufferedReader myReader = new BufferedReader(new FileReader("Test.
  txt"))
  //建立用來讀取Test.txt檔案的緩衝區資料流物件。
```

使用者必須注意的是，BufferedReader屬於一種間接的讀取物件。也就是說它並無法直接讀取存於檔案或記憶體中的資料內容，而是提供其他Reader物件以緩衝區的方式暫存資料，來減少原始資料的存取次數。因此提供緩衝區的資料流，通常會比未提供緩衝區的資料流來得更有效率。

而BufferedWriter類別則是負責暫存區output（寫出）的工作，同樣地是屬於一種間接的寫出物件。但是請注意與BufferedReader資料流不同的是，它會先將所有目標資料寫入暫存區後，再執行寫出動作轉提供給其他Writer物件使用。它的類別建構子如下所示：

【舉例說明】

```
①BufferedWriter(Writer out, int sz)
  // out：已宣告的Writer物件。
  // sz：緩衝區的容量值。
②BufferedWriter myWriter = new BufferedWriter(new FileWriter("Test.
  txt"))
  //建立用來輸出Test.txt檔案內容的緩衝區資料流物件。
```

使用BufferedWriter的好處在於，程式不須重複地執行「讀取→寫入」動作，僅需等待BufferedWriter將所有資料寫入暫存區後，再透過flush動作將暫存區中全部資料提供給程式使用。

8-1-2 檔案資料流

在檔案資料流套件（java.io.File）中，包含了一個主要的衍生類別「File」、一個實作介面「FilenameFilter」，以及「FileReader」、「FileWriter」、「FileInputStream」、「FileOutputStream」等四個檔案IO資料流類別，來提供程式開發人員輕鬆地掌握檔案的管理動作。

File類別是Java檔案管理的專屬工具類別。使用者可宣告建立File物件來呼叫相關類別方法，進行檔案的「開啓／新增」、「讀取」、「編輯

/寫入」與「刪除」等管理動作。

設計能夠對外界溝通的程式，檔案的讀取（read）和寫入（write）是最基本的要求。Java提供檔案（File）類別，透過檔案類別可以了解檔案相關的訊息及對檔案的描述，包括下列的功能：

(1) 建立及刪除檔案。

(2) 檢視檔案。

(3) 存取檔案資訊。

【檔案（File）類別語法結構】

```
①file (String 檔案路徑或檔案名稱)；          // 建立一個File物件，此
                                             // 物件與檔案有關
②file (String 檔案路徑, String檔案名稱)；
```

如在路徑名稱字串中，僅輸入檔案名稱而不附加指定路徑，則會以目前系統工作路徑作為預設值建立File物件。

而當檔案路徑或檔案名稱為null值時，系統會自動丟出NullPointerException例外，交由程式中相對的例外處理catch區塊排除。

【例外說明】

```
File(String parent, String child)
// parent：檔案所在的路徑位置字串
// child：檔案名稱字串
```

此宣告方式主要是將檔案的完整路徑名稱分為：parent（路徑名稱）字串與child（檔案名稱）字串。使用者可省略宣告parent字串，如省略宣告檔案的所在路徑，則系統會以根目錄（Root Direction）作為預設值建立File物件。

而在File類別之中，內建了多種成員方法。我們可以將這些成員方

法，依照作用性質的不同，大致分爲檔案管理相關方法與檔案屬性檢查、存取相關方法等兩大類型。分別如下列說明：

1.檔案管理相關方法：

File類別的檔案管理相關方法，不外是用來進行檔案的「新增」、「移除」或「更名」等動作，有關的管理方法如表列所示：

方法名稱及語法格式	說明
createNewFile()	新增檔案
createTempFile (String prefix, String suffix, File directory)	新增暫存檔案，相關參數說明如下 String prefix：主檔名字串 String suffix：副檔名字串 File directory：參照指定File物件的檔案路徑
delete()	刪除指定檔案
deleteOnExit()	程式結束後刪除指定檔案，通常用來刪除所建立的暫存檔案
mkdir()	建立指定路徑，如父路徑不存在則無法新增，並傳回布林值false
mkdirs()	建立指定路徑，如父路徑不存在則會同時建立父路徑
renameTo (File dest)	變更檔案或路徑名稱，參數說明如下 File dest：參照指定File物件的檔案或路徑名稱

2.檔案屬性存取與檢查方法：

方法名稱及語法格式	說明
canRead()	檢查是否具有目標檔案的開啓權限
canWrite()	檢查是否具有目標檔案的寫入權限
exists()	檢查目標檔案是否存在

方法名稱及語法格式	說明
getName()	取得目標物件的檔案名稱，其值不包含路徑字串
getParent()	取得目標物件的父路徑名稱
getPath()或getAbsolutePath()	取得目標物件路徑，Absolute Path爲「絕對路徑」
isFile()	檢查目標是否爲檔案型態
isDirectory()	檢查目標是否爲目錄型態
isHidden()	檢查目標是否隱藏
lastModified()	取得目標的最後修改日期
length()	取得目標的檔案大小，如果目標爲目錄時，該傳回值爲0
list()或listFiles()	取得目錄物件內所有成員資料的字串陣列
setReadOnly()	設定唯讀屬性
setLastModified (long time)	設定最後修改日期，其time參數格式如下所示：(00:00:00 GMT, January 1, 1970)

8-2 排序演算法

排序（Sorting）演算法幾乎可以形容是最常使用到的一種演算法，目的是將一串不規則的數值資料依照遞增或是遞減的方式重新編排。所謂「排序」（Sorting）是將一群資料按照某一個特定規則重新排列，使其具有遞增或遞減的次序關係。針對某一欄位按照特定規則用以排序的依據，稱爲「鍵」（Key），它所含的值就稱爲「鍵值」（Value）。資料在經過排序後，會有下列三點好處：

➢ 資料較容易閱讀。

➢ 資料較利於統計及整理。

➢ 可大幅減少資料搜尋的時間。

8-2-1 氣泡排序法

氣泡排序法（Bubble Sort）（或稱冒泡排序法）可以說它是最簡單的排序法之一，顧名而思之，觀察水中氣泡，它隨著水深壓力而產生改變。氣泡在水底時，水壓最大，氣泡最小；慢慢浮上水面時，氣泡由小漸漸變大。

氣泡排序法的原理是從元素的開始位置起，把陣列中相鄰兩元素之鍵值做比較，若第i個的元素大於第[i+1]的元素，則交換這兩個元素的位置。比較過所有的元素後，最大的元素將會沉到最底部，演算法如下：

```
Algorithm BubbleSort(A[], N)
  Input :陣列A含有N個可比較的元素
  Output:陣列A之元素以遞增完成排序
BEGIN
  var i, j
  for i ← N – 1 down to 1 do
    for j ← 0 to i – 1 do
      if A[j] > A[j + 1] then
        SWAP A[j] and A[j + 1]
      end if
    end for
  end for
END
```

◈ 由第一個元素開始，相鄰之兩個資料項A[j]與A[j + 1]互相比較。

◈ 若次序不對呼叫SWAP()將兩個資料項對調，直到所有資料項不再對調爲止，最大元素會沉到最底部。

◈ 重複以上動作，直到N-1次或互換動作停止。

藉由數列「25、33、11、78、65、57」來演示氣泡排序法遞增排序的過程。

Step 1. 一開始資料都放在同一陣列中，比較相鄰的陣列元素大小，依照「左小右大」原則決定是否要做交換。

Step 2. 開始第一回合，從陣列的第一個元素開始「25」，與第二個元素做第一次比較；由於「25 < 33」所以兩個不互換。

Step 3. 繼續第一回合，將陣列第2、3個元素做第二次比較；「33 > 11」兩個得互換。

Step 4. 繼續第一回合，將陣列第3、4個元素做第三次比較；「33 < 78」兩個不互換。

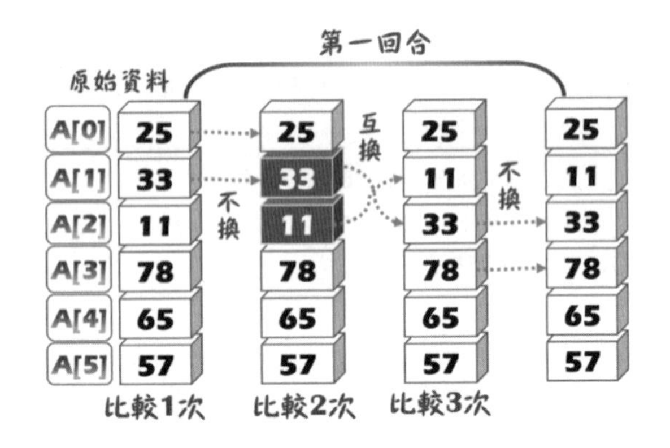

Step 5. 繼續第一回合，將陣列第4、5個元素做第四次比較；「78 > 65」兩個得互換。

Step 6. 繼續第一回合，將陣列第5、6個元素做第五次比較；「78 > 57」兩個互換，至此完成第一回合的排序，共比較5次，最大元素「78」沉到底。

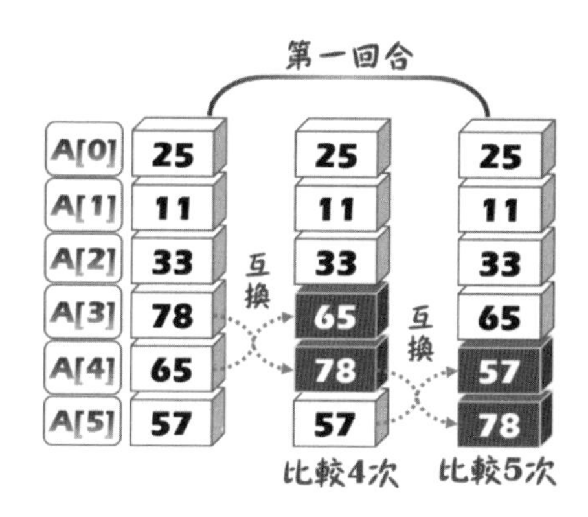

Step 7. 進入第二回合；將陣列第1、2個元素做第一次比較：「25 > 11」兩個得互換。

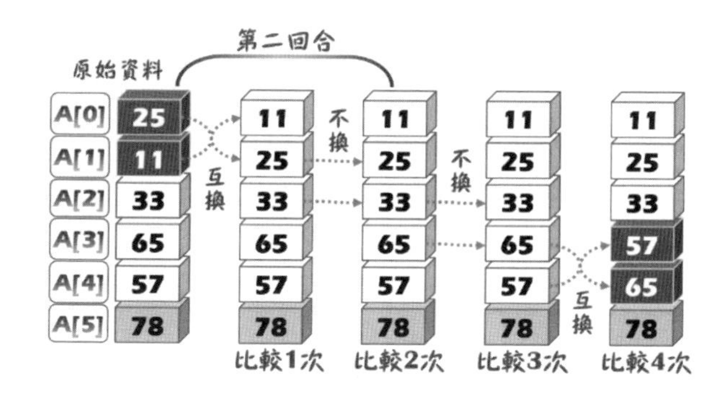

Step 8. 繼續第二回合；將陣列第2、3個元素做第二次比較：「25 < 33」兩個不互換。

Step 9. 繼續第二回合；將陣列第3、4個元素做第三次比較：「33 < 65」兩個不互換。

Step 10. 繼續第二回合；將陣列第4、5個元素做第四次比較：「65 > 57」兩個互換。至此完成第二回合的排序，次大元素「65」也沉底而整個陣列的遞增排序完成。

完成排序

25	11	33	65	57	78
A[0]	A[1]	A[2]	A[3]	A[4]	A[5]

將數列中最大元素推到定位的過程稱爲一個「回合」（pass）。如前述簡例步驟2～6的過程。所以，「第二回合」範圍是從「A[0]～A[N - 2]」，經過每一回合的比較，要比較的元素就會越來越少。因此，每一回合之後，至少會有一個元素可以就定位到正確位置；繼續下一回合的比較。

有N個元素的話會進行「N - 1」回合；第一回合的比較次數「N - 1」，第二回合則是「N - 2」依此類推。所以數列有6個元素會進行「6 – 1 = 5」回合，第一回合會比較「6 – 1 = 5」次，各回答的比較次數如下：

回合	每回合比較後的鍵值						
原始資料	25	33	11	78	65	57	比較次數
1	25	11	33	65	57	78	5
2	11	25	33	57	65	78	4
3	11	25	33	57	65	78	3
4	11	25	33	57	65	78	2
5	11	25	33	57	65	78	1
						總次數	15

氣泡排序法歸納之後可以得到如下的結論：

- 氣泡排序法適用於資料量小或有部分資料已經過排序。
- 取得比較和交換次數，時間複雜度為「$O(n^2)$」。
- 只需一個額外空間來交換資料，所以空間複雜度為O(1)。

8-2-2 快速排序法

快速排序法（Quick Sort）是一種分而治之（Divide and Conquer）的排序法，所以也稱為分割交換排序法（Partition-exchange Sort），最早由C. A. R. Hoare（暱稱東尼．霍爾）提出，是目前公認最佳的排序法。它的運作方式和氣泡排序法類似，利用「交換」達成排序。它的原理是以遞迴方式，將陣列分成兩部分：不過它會先在資料中找到一個虛擬的中間值，把小於中間值的資料放在左邊而大於中間值的資料放在右邊，再以同樣的方式分別處理左右兩邊的資料，直到完成為止。

假設有n筆記錄R_1、R_2、R_3…R_n，鍵值為K_1、K_2、K_3、…、K_n。快速排序法的程序如下：

(1) 設陣列第一個元素為K_p（基準點pivot）「分割」陣列，小於基準點元素放在左邊子陣列，大於基準點的元放在右邊的陣列。

(2) 由左而右掃瞄陣列（F遞增），由第一個元素K_F開始與K_p比對直到「$K_F > K_p$」；從右到左掃瞄陣列（L遞減），從第一個元素K_L開始與K_p比對直到「$K_L < K_p$」。

(3) 「$F > L$」成立時，依程序(2)將K_F與K_L互換，直到「$F < L$」。

(4) 以遞迴分別處理左、右子陣列；當「$F < L$」則將K_p與K_L交換，並以L為基準點再分割為左、右陣列，直至完成排序。

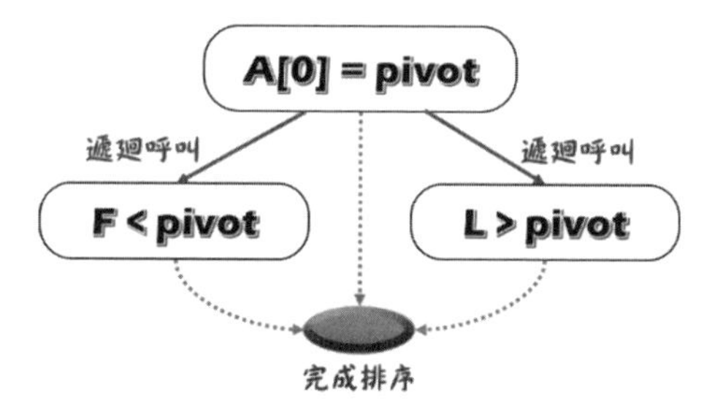

快速排序法「分而治之」

快速排序演算法如下：

```
Algorithm quickSort
  Input :陣列A含有N個可比較的元素
  Output:陣列A之元素以遞增完成排序
Function quickSort(A[], First, Last)
  BEGIN
    var pos
    if(First < Last)
      pos ← Division(A[], First, Last) then
        CALL quickSort(A[], First, pos – 1)
        CALL quickSort(A[], pos + 1, Last)
      end if
  END
End Function
Function Division(A[], First, Last)
  Begin
    var i, j, pivot
    i ← First
    j ← Last
    pivot ← A[First]
    while i < j do
      while(i < j and A[j] ≥ pivot do
        i ← i - 1
      if i < j then
        SWAP A[i] and A[j]
      while i < j and A[j] ≤ pivot do
        j ← j + 1
      if i < j then
        SWAP A[i] and A[j]
    end while
    return i
  END
End Function
```

藉由數列「35、40、86、54、16、63、75、21」演示快速排序法進行遞增排序的過程。

Step 1. 將數列的第一個元素設爲pivot（基準點），first指標指向數列的第二個數值，而last指標指向數列最後一個數值。

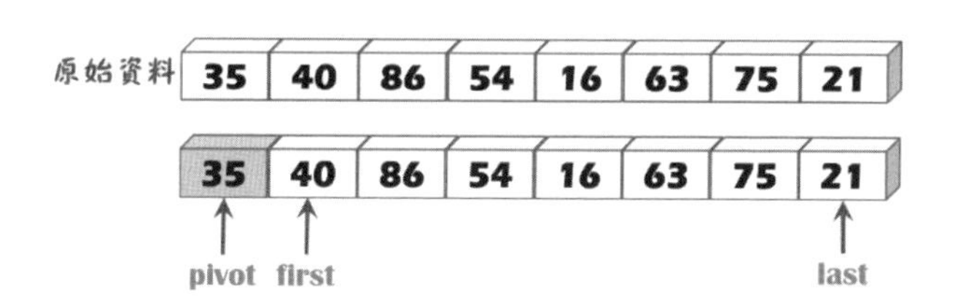

Step 2. first指標向右移動，由於「first > pivot」（40 > 35）而暫停；last指標向左移動且「last < pivot」（21 < 35），所以40、21對調其位置。

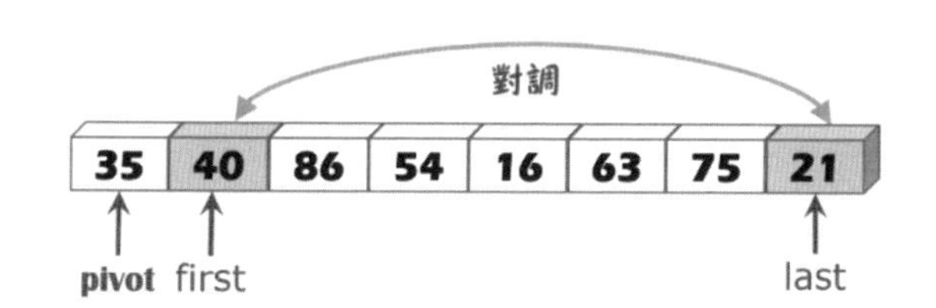

Step 3. first指標向右前進到「86」，「86 > 35」表示first比pivot大得暫停；last指標持續向左移動到「16」，「16 < 35」表示last小於pivot做暫停；把first(86)、last(16)對調。

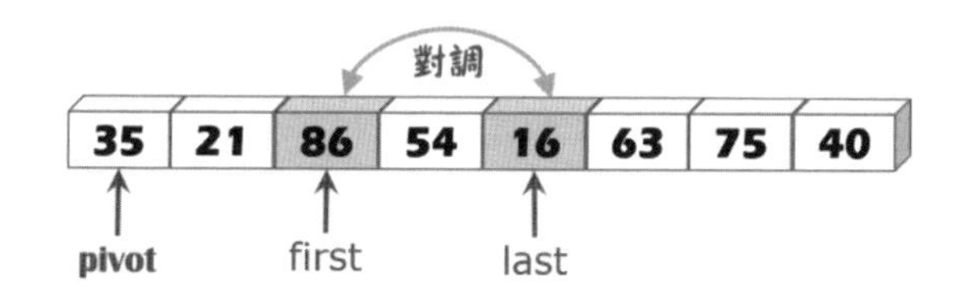

Step 4. first指標繼續向右移到「54」，大於「35」而暫停；last指標

則向左移到「16」；此時「first > last」，將last與pivot對調（16、35互換）。

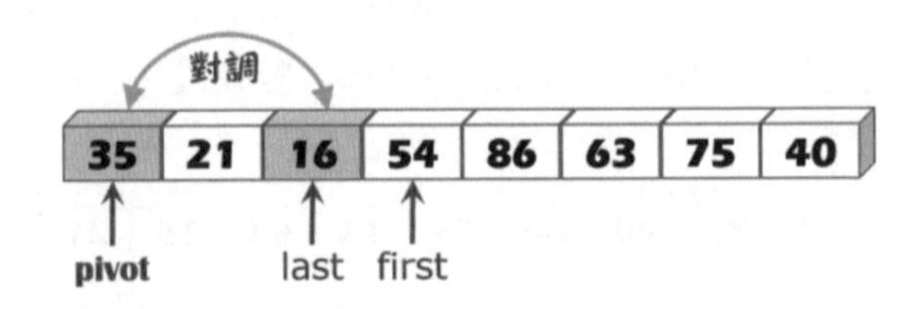

Step 5. 經過步驟1～4已將數列分割成兩組，左側的子集合比基準點「35」小，右側的子集合比pivot「35」大。由於左側子集合已完成排序，所以依照步驟1～4繼續右側子集合的排序動作。

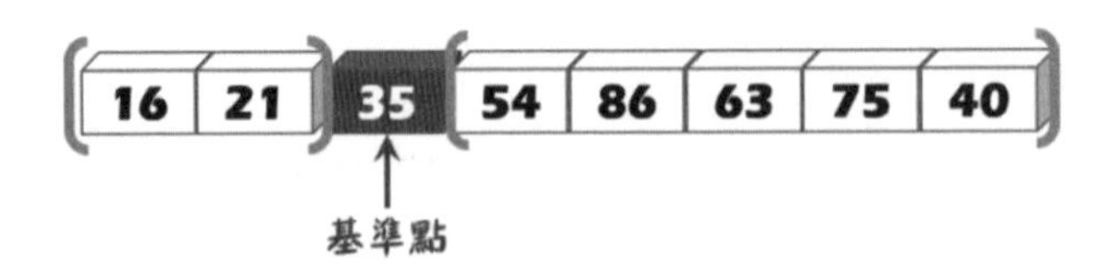

Step 6. 繼續數列中的右側子集合，設「54」為pivot，依據規則，將first的值「86」和last的值「40」對調。

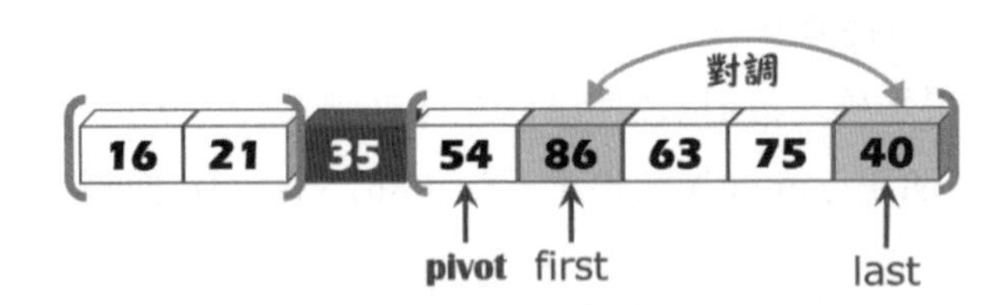

Step 7. 最後，再把54和40互換來完成排序。

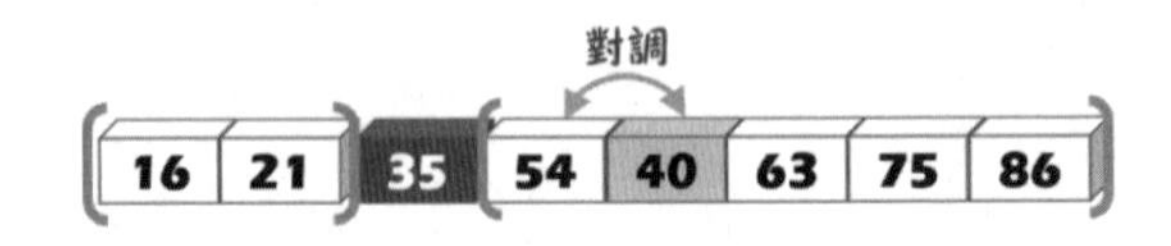

我們以下面的數列說明它們的交換過程。

	A[0]	A[1]	A[2]	A[3]	A[4]	A[5]	A[6]	A[7]	A[8]	A[9]	說明
回合	37	141	86	254	113	67	141'	92	75	21	141、21互換
1	37	21	86	254	113	67	141'	92	75	141	37、21互換
1	21	37	86	254	113	67	141'	92	75	141	
2	21	37	86	254	113	67	141'	92	75	141	
2	21	37	86	75	113	67	141'	92	254	141	254、75互換
2	21	37	86	75	67	113	141'	92	254	141	113、67互換
2	21	37	67	75	86	113	141'	92	254	141	86、67互換
3	21	37	67	75	86	113	92	141'	254	141	141'、92互換
3	21	37	67	75	86	92	113	141'	254	141	113、92互換
4	21	37	67	75	86	92	113	141'	254	141	254、141互換
4	21	37	67	75	86	92	113	141'	141	254	完成排序
「21」灰色網底表示完成排序，「37」黑底白字爲基準點											

可以查看兩個相同的數字「141」（前）和「141'」（後），排序後「141」在「141'」後面，因此快速排序法不是一個穩定的排序法。

數列有N個鍵值的話，其時間爲T（N），快速排序法分割時要N次比較。分割陣列後以遞迴來處理，可能有「N/2」個資料，時間爲T（N/2），其時間複雜度如下：

- 最佳、平均情況：O(n log n)。
- 最壞情況就是每次挑中的中間值不是最大就是最小，其時間複雜度為$O(n^2)$。
- 最差的情況下，空間複雜度為O(n)，而最佳情況為O(n log n)。

8-3 搜尋演算法

搜尋這件事可大可小。例如從自己的手機上找出同學的電話號碼，或者從資料庫裡找出某個指定的資料（可能需要一些技巧）。或者更簡單地說，只要開啓電腦，搜尋就無處不在；以視窗作業系統來說，檔案總管配有搜尋窗格，方便我們搜尋電腦中的檔案。

視窗作業系統的搜尋窗格

使用瀏覽器輸入「關鍵字」（Key）擊點搜尋按鈕後，類似蜘蛛網的搜尋會把網路上「登錄有案」的伺服器，配合網頁技術檢索相關資料再以搜尋熱度進行排序，最後以網頁呈現在我們面前。以下圖來說，輸入「資料結構」關鍵字後，谷歌大神會告訴我們，它只花「0.32」秒就給了我們搜尋結果。

搜尋引擎能快速取得搜尋結果

這樣的過程可稱它為「資料搜尋」；搜尋時要有「關鍵字」（Key）或稱「鍵值」，利用它來識別某個資料項目的值，而搜尋所取得的集合可能儲存以資料表、網頁形式呈現。不過我們要探討的重點是以某個特定資料為對象，一窺搜尋的運作方式。

8-3-1 循序搜尋法

生活中，翻箱倒櫃找一件東西的經驗一定是有的；例如找一本不知放在哪裡的書，可能從書架上一一查找，或者從抽屜逐層翻動。這種簡易的搜尋方式就是「循序搜尋法」（Sequential search），也稱為線性搜尋（Linear Searching）。一般而言，會把欲搜尋的值設成「Key」，欲搜尋的對象是事先未按鍵值排序的數列；所以，欲尋找的Key若是存放在第一個位置（索引為零），第一次就會找到；若Key是存放在數列的最後一個位置，就得依照資料儲存的順序從第一個項目逐一比對到最後一個項目，從頭到尾走訪過一次。

循序搜尋

循序搜尋法的優點是資料在搜尋前不需要作任何的處理與排序，缺點是搜尋速度較慢。假設已存在數列「117、325、54、19、63、749、41、213」，若欲搜尋63需要比較5次；搜尋117僅需比較1次；搜尋749則需搜尋6次。

當資料量很大時，就不適合用循序搜尋法，但可估計每一筆資料所要搜尋的機率，將機率高的放在檔案的前端，以減少搜尋的時間。如果資料沒有重覆，找到資料就可中止搜尋的話，最差狀況是未找到資料，需作n次比較，最好狀況則是一次就找到，只需1次比較。

```
package baseSearch;
public static int sequential(int key, int[] ary){
  for (int pos = 0; pos < ary.length; pos++){
    if (ary[pos] == key) //比對陣列元素是否等於欲搜尋的鍵值
      return pos;       //回傳索引
  }
  return -1;            //沒有找到以0回傳
}
```

◈ 定義靜態方法sequential()從ary陣列中搜尋指定的值；for迴圈讀取陣列，參數Key若與陣列中某個元素相等則回傳此元素的索引（pos）。

8-3-2 二元搜尋法

換個作法，假如這一串資料已完成排序，搜尋時把資料分成一分為二，能否加快搜尋動作？這種從資料的一半展開搜尋的方法叫做「二元搜尋」（Binary search）或稱「折半搜尋」法。二元搜尋法的原理是將欲進行搜尋的Key，與所有資料的中間值做比對，利用二等分法則，將資料分割成兩等份，再比較鍵值、中間值兩者何者為大。如果鍵值小於中間值，要找的鍵值就屬於前半段的資料項，反過來鍵值就在後半部裡。

可別忘了！二元搜尋法所查找對象必須是一個依照鍵值完成排序的資料，搜尋時由中間開始查找，不斷地把資料分割直到找到或確定不存在為止。可以把搜尋範圍的前端設為「low」，末端是「high」，中間項為「mid」（Middle），中間項的計算公式如下：

$$mid = \frac{low + high}{2}$$

既然是利用鍵值「K」與中間項「Km」做比對，會有三種比較結果可得：

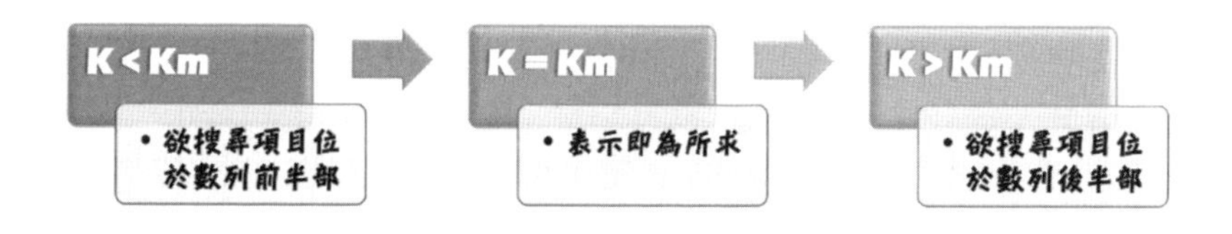

當鍵值「K」不等於中間項「Km」就得把數列再做分割，依比對後情形繼續搜尋。

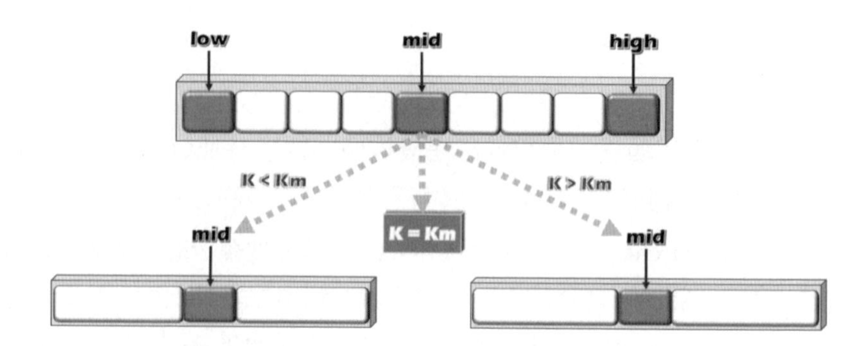

當鍵值「K」大於中間項「Km」，繼續搜尋數列的後半部（向右移動），則前端「low = mid + 1」。當鍵值「K」小於中間項「Km」，繼續搜尋數列的前半部（向左移動），則後端「high = mid - 1」。

例如：從下列已排序數列中搜尋鍵值「101」，要如何做？

```
5、13、18、24、35、56、89、101、118、123、157
```

Step 1. 首先利用公式「mid =(low + high) / 2」求得數列的中間項爲「(0 + 10)% 2 = 5」（取得整數商），也就是串列的第6筆記錄「Ary[5] = 56」；由於搜尋值101大於56，因此向數列的右邊繼續搜尋。

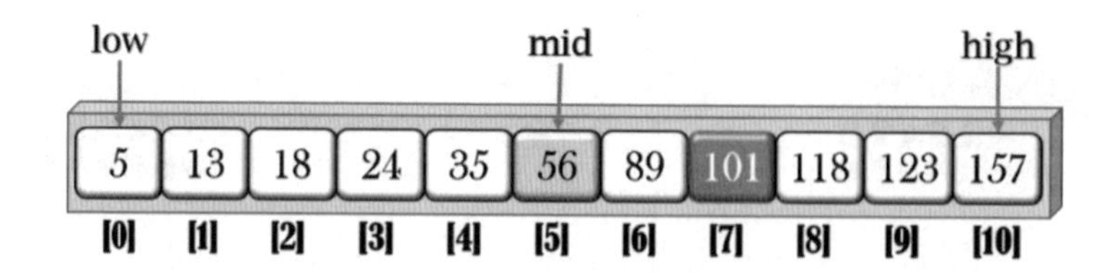

Step 2. 繼續把數列右邊做分割；同樣算出「mid =(6 + 10) % 2 = 8」，爲「Ary[8] = 118」；由於搜尋值101小於118，「high = 8 – 1 = 7」，繼續往數列的左邊查找。

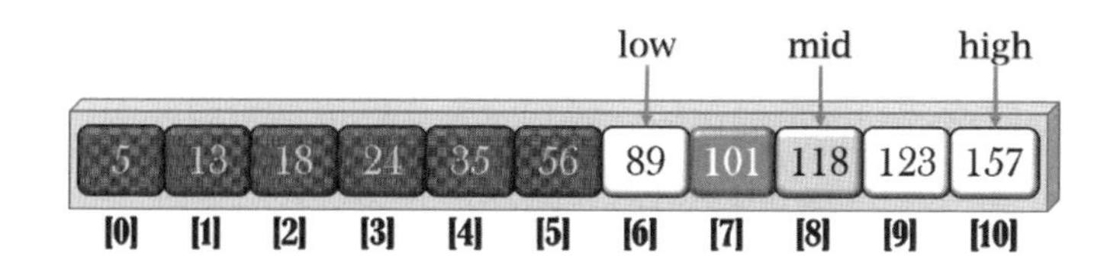

Step 3. 第三次搜尋，算出中間項「(6 + 7) % 2 = 6」，得到「Ary[6] = 89」，中間項等於「low」：搜尋值101大於89，繼續向右查找。

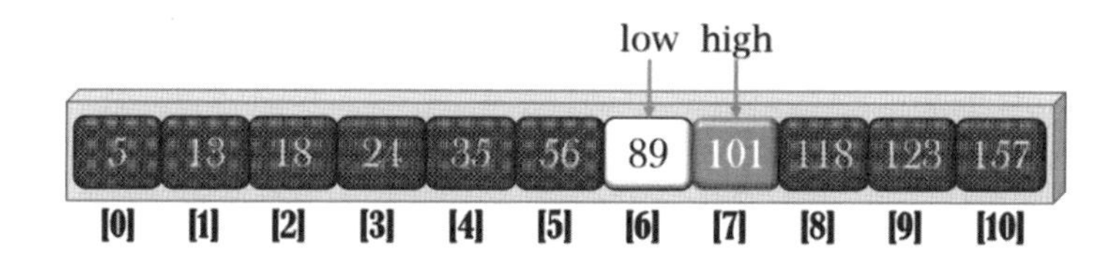

Step 4. 「low = 6 + 1 = 7」，中間項「(7 + 7) % 2 = 7」，中間項等於「low」也等於「high」，表示找到搜尋值101了。

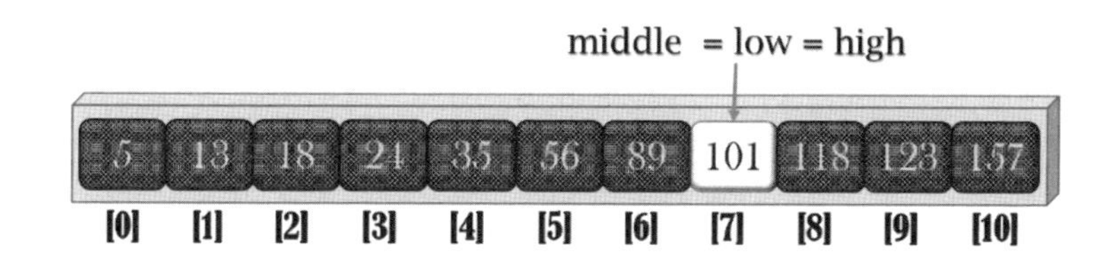

二元搜尋法的搜尋過程把它轉換爲二元搜尋樹會更清楚。

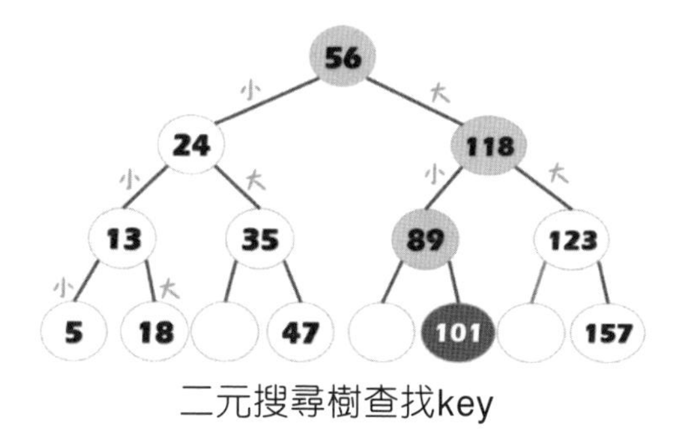

二元搜尋樹查找key

使用二元搜尋法必須事先經過排序，且資料量必須能直接在記憶體中執行，此法較適合不會再進行插入與刪除動作的靜態資料。

若從時間複雜度的解度來看，二分搜尋法每次搜尋時，都會將搜尋區間分為一半，若是有N筆資料，最差情況下，下一次搜尋範圍就可以縮減為前一次搜尋範圍的一半，二分搜尋法總共需要比較「$[\log_2 n] + 1$」或「$[\log_2 (n + 1)]$」次，時間複雜度為「$O(\log_2 n)$」。

〔隨堂測驗〕

1. 哪組資料若依序存入陣列中，將無法直接使用二分搜尋法搜尋資料？

(A) a, e, i, o, u

(B) 3, 1, 4, 5, 9

(C) 10000, 0, -10000

(D) 1, 10, 10, 10, 100（105年10月觀念題）

解答：(B) 3, 1, 4, 5, 9，二分搜尋法的特性必須資料事先排序，不論是由小到大或由大到小，選項(B)資料沒有進行排序所以無法直接使用二分搜尋法搜尋資料。

2. 一個1×8的陣列A，A = {0, 2, 4, 6, 8, 10, 12, 14}。下列函式Search(x)眞正目的是找到A之中大於x的最小值。然而，這個函式有誤。請問下列哪個函式呼叫可測出函式有誤？

(A) Search(-1)

(B) Search(0)

(C) Search(10)

(D) Search(16)（106年3月觀念題）

```
int A[8]={0, 2, 4, 6, 8, 10, 12, 14};
int Search (int x) {
  int high = 7;
  int low = 0;
```

```
    while (high > low) {
        int mid = (high + low)/2;
        if (A[mid] <= x) {
            low = mid + 1;
        }
        else {
            high = mid;
        }
    }
    return A[high];
}
```


解答：(D) Search(16)，這個函式Search(x)的主要功能是找到A之中大於x的最小值。從程式碼中可以看出此函式主要利用二分搜尋法來找尋答案。

8-4 全真綜合實作測驗

8-4-1 最大和

問題描述：105年10月實作題

給定N群數字，每群都恰有M個正整數。若從每群數字中各選擇一個數字（假設第i群所選出數字為ti），將所選出的N個數字加總即可得總和S = t1+t2+…+tN。請寫程式計算S的最大值（最大總和），並判斷各群所選出的數字是否可以整除S。

輸入格式

第一行有二個正整數N和M，1≦ N ≦ 20，1≦ M ≦ 20。

接下來的N行，每一行各有M個正整數xi，代表一群整數，數字與數字間有一個空格，且1≦ i ≦M，以及1≦ xi ≦256。

輸出格式

第一行輸出最大總和S。

第二行按照被選擇數字所屬群的順序，輸出可以整除S的被選擇數字，數字與數字間以一個空格隔開，最後一個數字後無空白；若N個被選擇數字都不能整除S，就輸出-1。

範例一：輸入

```
3 2
1 5
6 4
1 1
```

範例一：正確輸出

```
12
6 1
```

（說明）挑選的數字依序是5, 6, 1，總和S=12。而此三數中可整除S的是6與1，6在第二群，1在第3群所以先輸出6再輸出1。注意，1雖然也出現在第一群，但她不是第一群中挑出的數字，所以順序是先6後1。

範例二：輸入

```
4 3
6 3 2
2 7 9
4 7 1
9 5 3
```

範例二：正確輸出

```
31
-1
```

（說明）挑選的數字依序是6, 9, 7, 9，總和S=31。而此四數中沒有可整除S的，所以第二行輸出-1。

評分說明

輸入包含若干筆測試資料，每一筆測試資料的執行時間限制（time limit）均為1秒，依正確通過測資筆數給分。其中：

第1子題組20分：1≦ N ≦ 20，M = 1。

第2子題組30分：1≦ N ≦ 20，M = 2。

第3子題組50分：1≦ N ≦ 20，1≦ M ≦ 20。

解題重點分析

首先開啓檔案，並從第一行讀取N群數字，每群都恰有M個正整數。接著記錄N群數字中每群數字中的最大數字，然後將各群數字的最大值進行加總，即各群組最大值總和，並將其輸出。接著使用迴圈依序判斷最大值總和能被各群組中的最大數字整除，並將這些可以整除最大值總和的被選擇數字輸出，數字與數字間以一個空格隔開，最後一個數字後無空白。如果若N個被選擇數字都不能整除S，就輸出-1。

參考解答程式碼：ex10.java

```
01  import java.io.*;
02  
03  public class ex10{
04  //主要執行區塊
05      public static void main(String[ ] args) throws IOException
06      {
07          BufferedReader br=new BufferedReader(new
    FileReader("input2.txt"));
08          int N; //N群數字
09          int M; //每群有M個正整數
10          int[][] X=new int[20][20];
11          int[] biggest=new int[20];
12          int i,j;
13          boolean divisible;
14          int total=0; //用來計算各群組最大值總和
15          String Line=br.readLine();
16          String[] tokens=Line.split(" ");
17          N =Integer.parseInt(tokens[0]);
18          M =Integer.parseInt(tokens[1]);
19          for (i=0;i<N;i++)
20          {
```

```
21                  Line=br.readLine();
22                  tokens=Line.split(" ");
23                  for (j=0;j<M;j++)
24                      X[i][j]=Integer.parseInt(tokens[j]);
25              }
26              for (i=0;i<N;i++){
27                  biggest[i]=X[i][0];
28                  for (j=1;j<M;j++){
29                      if (X[i][j]>biggest[i])
30                      biggest[i]=X[i][j];
31                  }
32              }
33              for (i=0;i<N;i++)
34              total=total+biggest[i];
35              System.out.println(total+" ");
36
37              //輸出最大值總和total能被各群組的最大值除盡的數字
38              divisible=false;
39              for (i=0;i<N;i++){
40                  if(total % biggest[i]==0){
41                  divisible=true;
42                      System.out.print(biggest[i]+" ");
43                  }
44              }
45              //如 N 個被選擇數字都不能整除 total，就輸出-1
46              if (divisible==false) System.out.println("-1 ");
47          }
48      }
```

範例一輸入：

```
3 2
1 5
6 4
1 1
```

範例一執行結果：

```
12
6 1
```

範例二輸入：

```
4 3
6 3 2
2 7 9
4 7 1
9 5 3
```

範例二執行結果：

```
31
-1
```

程式碼說明：

- 第7～14列：本程式所有變數的宣告及設定初值。
- 第15～18列：從檔案中讀取變數N及M的值。
- 第19～25列：檔案中讀取N群數字。
- 第26～32列：找出各群組最大數字並存入biggest一維陣列中。
- 第33～34列：將各群數字的最大值進行加總，即所有群組最大值總和。
- 第37～44列：判斷最大總和能被那些群體的最大數字整除。
- 第46列：如果找不到整除者，則輸出-1。

8-4-2 棒球遊戲

問題描述：105年10月實作題

謙謙最近迷上棒球，他想自己寫一個簡化的棒球遊戲計分程式。這個程式會讀入球隊中每位球員的打擊結果，然後計算出球隊的得分。

這是個簡化版的模擬，假設擊球員的打擊結果只有以下情況：

(1) 安打：以1B、2B、3B和HR分別代表一壘打、二壘打、三壘打和全（四）壘打。

(2) 出局：以FO、GO、和SO表示。

這個簡化版的規則如下：

(1) 球場上有四個壘包，稱爲本壘、一壘、二壘和三壘。

(2) 站在本壘握著球棒打球的稱爲「擊球員」，站在另外三個壘包的稱爲「跑壘員」。

(3) 當擊球員的打擊結果爲「安打」時，場上球員（擊球員與跑壘員）可以移動；結果爲「出局」時，跑壘員不動，擊球員離場，換下一位擊球員。

(4) 球隊總共有九位球員，依序排列。比賽開始由第1位開始打擊，當第i位球員打擊完畢後，由第（i+1）位球員擔任擊球員。當第九位球員完畢後，則輪回第一位球員。

(5) 當打出K壘打時，場上球員（擊球員和跑壘員）會前進K個壘包。從本壘前進一個壘包會移動到一壘，接著是二壘、三壘，最後回到本壘。

(6) 每位球員回到本壘時可得1分。

(7) 每達到三個出局數時，一、二和三壘就會清空（跑壘員都得離開），重新開始。

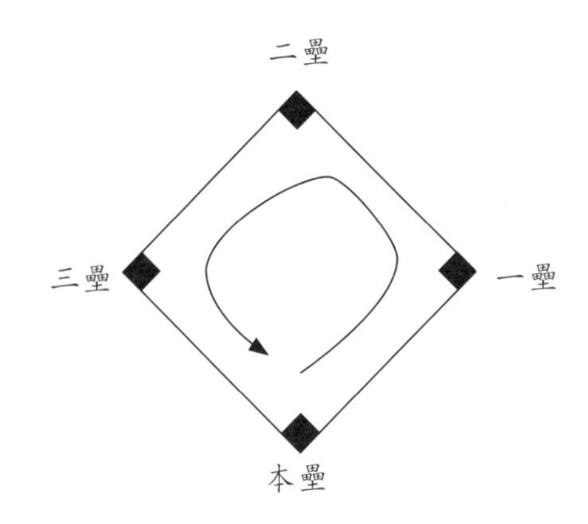

請寫出具備這樣功能的程式，計算球隊的總得分。

輸入格式

1. 每組測試資料固定有十行。
2. 第一到九行，依照球員順序，每一行代表一位球員的打擊資訊。每一行開始有一個正整數a（$1 \le a \le 5$），代表球員總共打了a次。接下來有a個字串（均爲兩個字元），依序代表每次打擊的結果。資料之間均以一個空白字元隔開。球員的打擊資訊不會有錯誤也不會缺漏。
3. 第十行有一個正整數b（$1 \le b \le 27$），表示我們想要計算當總出局數累計到b時，該球隊的得分。輸入的打擊資訊中至少包含b個出局。

輸出格式

計算在總計第b個出局數發生時的總得分，並將此得分輸出於一行。

範例一：輸入	範例二：輸入
5 1B 1B FO GO 1B	5 1B 1B FO GO 1B
5 1B 2B FO FO SO	5 1B 2B FO FO SO

```
4 SO HR SO 1B
4 FO FO FO HR
4 1B 1B 1B 1B
4 GO GO 3B GO
4 1B GO GO SO
4 SO GO 2B 2B
4 3B GO GO FO
3
```

範例一：正確輸出

```
0
```

（說明）

1B：一壘有跑壘員。

1B：一、二壘有跑壘員。

SO：一、二壘有跑壘員，一出局。

FO：一、二壘有跑壘員，兩出局。

1B：一、二、三壘有跑壘員，兩出局。

GO：一、二、三壘有跑壘員，三出局。

```
4 SO HR SO 1B
4 FO FO FO HR
4 1B 1B 1B 1B
4 GO GO 3B GO
4 1B GO GO SO
4 SO GO 2B 2B
4 3B GO GO FO
6
```

範例二：正確輸出

```
5
```

（說明）

接續範例一，達到第三個出局數時未得分，壘上清空。

1B：一壘有跑壘員。

SO：一壘有跑壘員，一出局。

3B：三壘有跑壘員，一出局，得一分。

1B：一壘有跑壘員，一出局，得兩分。

2B：二、三壘有跑壘員，一出局，得兩分。

HR：一出局，得五分。

FO：兩出局，得五分。

1B：一壘有跑壘員，兩出局，得五分。

GO：一壘有跑壘員，三出局，得五分。

範例一：達到第三個出局數時，一、二、三壘均有跑壘員，但無法得分。因爲$b = 3$，代表三個出局就結束比賽，因此得到0分。

範例二：因爲$b = 6$，代表要計算的是累積六個出局時的得分，因此在前3個出局數時得0分，第4～6個出局數得到5分，因此總得分是0+5=5分。

評分說明

輸入包含若干筆測試資料，每一筆測試資料的執行時間限制（time limit）均爲1秒，依正確通過測資筆數給分。其中：

第1子題組20分，打擊表現只有HR和SO兩種。

第2子題組20分，安打表現只有1B，而且b固定爲3。

第3子題組20分，b固定爲3。

第4子題組40分，無特別限制。

解題重點分析

本題目因爲測試資料要輸入的過程較繁雜，所以建議以檔案的方式來讀取。題目提到每組測試資料固定有十行，前面九行中的每一行有一個正整數a，代表球員總共打了a次，接下來有a個字串（均爲兩個字元），依序代表每次打擊的結果。另外以hit的整數陣列來記錄每一次的打擊資訊。相關程式碼如下：

```
for(i=0;i<9;++i) //從檔案中讀入打擊資訊
{
    String Line=br.readLine();
    String[] tokens=Line.split(" ");
    a =Integer.parseInt(tokens[0]);
    for(j=0;j<a;++j)
    {
```

```
        //"FO","GO","SO"都表示出局,則記錄爲0
        if("FO".equals(tokens[j+1]) |"GO".equals(tokens[j+1])| "SO".
        equals(tokens[j+1]))
           hit[j*9+i]=0;
        else if("1B".equals(tokens[j+1]))
           hit[j*9+i]=1;
        else if("2B".equals(tokens[j+1]))
           hit[j*9+i]=2;
        else if("3B".equals(tokens[j+1]))
           hit[j*9+i]=3;
        else //如果爲HR,則記錄爲4
           hit[j*9+i]=4;
    } //內層for
}//外層for
```

參考解答程式碼：**ex11.java**

```
01  import java.io.*;
02
03  public class ex11{
04  //主要執行區塊
05      public static void main(String[ ] args) throws IOException
06      {
07          BufferedReader br=new BufferedReader(new
    FileReader("input2.txt"));
08          int[] hit =new int[100];//記錄打擊結果
09          int[] base =new int[3] ;//記錄壘包狀態
10          int i,j,k;
11          int a; //球員共打了a次
```

```
12            int b=0; //總出局數
13            int out=0; //此局的出局數
14            int score=0; //目前得分
15            int how_many=0; //讀取到第幾筆資料
16            int current=0; //目前已有多少個出局數
17
18            for (i=0;i<3;i++) base[i]=0;
19
20            for(i=0;i<9;++i) //從檔案中讀入打擊資訊
21            {
22                String Line=br.readLine();
23                String[] tokens=Line.split(" ");
24                a =Integer.parseInt(tokens[0]);
25                for(j=0;j<a;++j)
26                {
27                  //"FO","GO","SO"都表示出局,則記錄爲0
28                  if("FO".equals(tokens[j+1]) |"GO".equals(tokens[j+1])|
      "SO".equals(tokens[j+1]))
29                      hit[j*9+i]=0;
30                  else if("1B".equals(tokens[j+1]))
31                      hit[j*9+i]=1;
32                  else if("2B".equals(tokens[j+1]))
33                      hit[j*9+i]=2;
34                  else if("3B".equals(tokens[j+1]))
35                      hit[j*9+i]=3;
36                  else //如果爲HR,則記錄爲4
37                      hit[j*9+i]=4;
38                } //內層for
39            }//外層for
40
41            b =Integer.parseInt(br.readLine());
42            while(current<b) //當目前已出局數小於總出局數時
43            {
44                switch(hit[how_many])
45                {
46                  case 1: //一壘安打
47                      //如果三壘有人加一分，各壘往前推進
```

```
48                        if(base[2]==1) score+=1;
49                        base[2]=base[1]; //二壘推進到三壘
50                        base[1]=base[0]; //一壘推進到二壘
51                        base[0]=1; //打擊者上 1 壘
52                        break;
53                    case 2: //二壘安打
54                        //如果三壘及二壘有人，各加一分
55                        if(base[2]==1) score+=1;
56                        if(base[1]==1) score+=1;
57                        base[2]=base[0]; //一壘推進到三壘
58                        base[0]=0; //一壘清空
59                        base[1]=1; //打擊者上二壘
60                        break;
61                    case 3: //三壘安打
62                        //如果壘上有人各加 1 分
63                        if(base[2]==1) score+=1;
64                        if(base[1]==1) score+=1;
65                        if(base[0]==1) score+=1;
66                        base[1]=0; // 二壘清空
67                        base[0]=0; //一壘清空
68                        base[2]=1; //打擊者上三壘
69                        break;
70                    case 4: //全壘打
71                        //如果壘上有人得分，並清空壘包
72                        if(base[2]==1) score+=1;
73                        if(base[1]==1) score+=1;
74                        if(base[0]==1) score+=1;
75                        score+=1; //打擊者加一分
76                        base[2]=0; //三壘清空
77                        base[1]=0; //二壘清空
78                        base[0]=0; //一壘清空
79                        break;
80                    default:  //如果是出局
81                        out+=1; //將目前此局的出局數累加 1
82                        if(out==3) //如果三出局，清空壘包
83                        {
84                           out=0; //將出局數歸零, 換下一局的打擊
```

```
85                  base[0]=0; //一壘清空
86                  base[1]=0; //二壘清空
87                  base[2]=0; //三壘清空
88                }
89                current+=1;  //整場比賽的總出局數累加 1
90                break;
91          } //end of swtich
92          how_many+=1; //讀取筆數累加 1 ,接著讀取下一筆資料
93          } //end of while
94          System.out.println(score);
95        } //end of main()
96    } //end of class
```


範例一輸入：

```
5 1B 1B FO GO 1B
5 1B 2B FO FO SO
4 SO HR SO 1B
4 FO FO FO HR
4 1B 1B 1B 1B
4 GO GO 3B GO
4 1B GO GO SO
4 SO GO 2B 2B
4 3B GO GO FO
3
```

範例一正確輸出：

達到第三個出局數時，一、二、三壘均有跑壘員，但無法得分。因爲 b = 3，代表三個出局就結束比賽，因此得到0分。

範例二輸入：

```
5 1B 1B FO GO 1B
5 1B 2B FO FO SO
4 SO HR SO 1B
4 FO FO FO HR
4 1B 1B 1B 1B
4 GO GO 3B GO
4 1B GO GO SO
4 SO GO 2B 2B
4 3B GO GO FO
6
```

範例二正確輸出：

```
5
```

接續範例一，達到第三個出局數時未得分，壘上清空。因爲b = 6，代表要計算的是累積六個出局時的得分，因此在前3個出局數時得0分，第4～6個出局數得到5分，因此總得分是0+5=5分。

程式碼說明：

- 第7列：開啓檔案。
- 第8～18列：本程式會使用到的變數宣告及初值設定。
- 第20～39列：從檔案中讀入打擊資訊所代表的字串，並根據所讀入的球員的打擊資訊所提供的字串進行判斷，再轉換成記錄打擊資訊的hit[]所對應打序的陣列值。如果打擊結果的字串「FO」、「GO」、「SO」三者之一，表示爲出局，則在該打次打擊資訊紀錄爲0 ，如果1壘安打則記錄爲1，如果2壘安打則記錄爲2，如果3壘安打則記錄爲3，如果HR則記錄爲4。

- 第41列：讀取檔案的最後一行，有一個正整數，表示當總出局數。
- 第42～93列：讀取各打擊順序的打擊資訊，當目前已出局數小於總出局數時，分別視一壘安打、二壘安打、三壘安打、全壘安有各種不同的處理動作。第92列表示讀取筆數累加1，接著讀取下一筆資料。
- 第94列：輸出到達總出局數時的總得分。

8-4-3 成績指標

問題描述：105年3月實作題

一次考試中，於所有及格學生中獲取最低分數者最爲幸運，反之，於所有不及格同學中，獲取最高分數者，可以說是最爲不幸，而此二種分數，可以視爲成績指標。

請你設計一支程式，讀入全班成績（人數不固定），請對所有分數進行排序，並分別找出不及格中最高分數，以及及格中最低分數。

當找不到最低及格分數，表示對於本次考試而言，這是一個不幸之班級，此時請你印出：「worst case」；反之，當找不到最高不及格分數時，請你印出「best case」。註：假設及格分數爲60，每筆測資皆爲0～100間整數，且筆數未定。

輸入格式

第一行輸入學生人數，第二行爲各學生分數（0～100間），分數與分數之間以一個空白間格。每一筆測資的學生人數爲1～20的整數。

輸出格式

每筆測資輸出三行。

第一行由小而大印出所有成績，兩數字之間以一個空白間格，最後一個數字後無空白；

第二行印出最高不及格分數，如果全數及格時，於此行印出best

case；第三行印出最低及格分數，當全數不及格時，於此行印出worst case。

範例一：輸入

```
1 0
0 11 22 33 55 66 77 99 88 44
```

範例一：正確輸出

```
0 11 22 33 44 55 66 77 88 99
55
66
```

（**說明**）不及格分數最高爲55，及格分數最低爲66。

範例二：輸入

```
1
13
```

範例二：正確輸出

```
13
13
worst case
```

（**說明**）由於找不到最低及格分，因此第三行須印出「worst case」。

範例三：輸入

```
2
73 65
```

範例三：正確輸出

```
65 73
best case
65
```

（**說明**）由於找不到不及格分，因此第二行須印出「best case」。

評分說明

輸入包含若干筆測試資料，每一筆測試資料的執行時間限制（time limit）均爲2秒，依正確通過測資筆數給分。

解題重點分析

本題目的輸出有三列：輸出的第一列成績的由小到大的排列，只要事先將所有成績排序後再輸出即可。

第二列及第三列的輸出則有以下三種狀況：

● 第一種狀況：
如果所有成績都及格，則第二列輸出「best case」，第三列印出最低及格分數，也就是輸出由小到大排序後的陣列的第一個元素即score[0]。

● 第二種狀況：
如果所有成績都不及格，則第二列印出印出最高不及格分數，也就是輸出由小到大排序後的陣列的最後一個元素即score [n-1]，第三列輸出「worst case」。

● 第三種狀況：
如果部分成績及格，但部分成績不及格，這種情況就必須從由小到大排序後的陣列最大的元素由後往前找，直到第一個不及格分數，則在第二列輸出該分數，即印出最高不及格分數。第三列則是由小到大排序後的陣列最小的元素由前往後找，直到第一個及格分數，則在第三列輸出該分數，即印出最低及格分數。

參考解答程式碼：ex12.java

```
01   import java.io.*;
02
03   public class ex12{
04
05   static final int PASS=60;
06   static void arrange(int[] score, int size)
07   {
08        int i, j;
09        int temp;
10        for(i = 0; i < size- 1; i ++)
```

```
11              for(j = i+1; j < size; j ++)
12              {
13                  if(score[i] > score[j])
14                  {
15                      temp = score[i];
16                      score[i] = score[j];
17                      score[j] = temp;
18                  }
19              }
20      }
21      //主要執行區塊
22      public static void main(String[ ] args) throws IOException
23      {
24          int[] score=new int[21];
25          int i;
26          int n;
27          BufferedReader br=new BufferedReader(new
        FileReader("input3.txt"));
28          n=Integer.parseInt(br.readLine());
29          String Line=br.readLine();
30          String[] tokens=Line.split(" ");
31          for (i=0;i<=n-1;i++) score[i]=Integer.parseInt(tokens[i]);
32          arrange(score,n);//將成績排序
33          for (i=0;i<=n-1;i++) System.out.print(score[i]+" ");
34          System.out.println();
35
36          if (score[0]>=PASS) {
37              System.out.println("best case ");//最佳狀況
38              System.out.println(score[0]+" ");//最低及格分數
39          }
40          else if (score[n-1]<PASS){
41          System.out.println(score[n-1]+" ");//最高不及格分數
42          System.out.println("worst case ");//最差狀況
43          }
44          else {
45              for (i=n-1;i>=0;i--)
46                  if (score[i] <PASS){
47                      System.out.println(score[i]+" ");
```

```
48                          break;
49                      i}
50              for (i=0;i<=n-1;i++)
51                  if (score[i] >=PASS){
52                      System.out.println(score[i]+" ");
53                      break;
54                  }
55              }
56          }
57      }
```


範例一執行結果：

```
10
0 11 22 33 55 66 77 99 88 44
```

```
0 11 22 33 44 55 66 77 88 99
55
66
```

範例二執行結果：

```
1
13
```

```
13
13
worst case
```

範例三執行結果：

```
2
73 65
```

```
65 73
best case
65
```

程式碼說明：

- 第6～20列：將陣列內容由小到大排序的自訂函數。
- 第27～31列：由檔案中讀取學生人數及學生成績。
- 第32列：呼叫自訂函數，將成績由小到大排序。
- 第36～39列：所有成績都及格的處理程式碼。
- 第40～43列：所有成績都不及格的處理程式碼。
- 第44～55列：即第三種情況的處理程式碼，如果部分成績及格，但部分成績不及格，這種情況就必須從由小到大排序後的陣列最大的元素由後往前找，直到第一個不及格分數，則在第二列輸出該分數，即印出最高不及格分數。第三列則是由小到大排序後的陣列最小的元素由前往後找，直到第一個及格分數，則在第三列輸出該分數，即印出最低及格分數。

8-4-4 基地台

問題描述：106年3月實作題

為因應資訊化與數位化的發展趨勢，某市長想要在城市的一些服務點上提供無線網路服務，因此他委託電信公司架設無線基地台。某電信公司負責其中N個服務點，這N個服務點位在一條筆直的大道上，它們的位置（座標）係以與該大道一端的距離P[i]來表示，其中i=0～N-1。由於設備訂製與維護的因素，每個基地台的服務範圍必須都一樣，當基地台架設後，與此基地台距離不超過*R*（稱爲基地台的半徑）的服務點都可以使用無線網路服務，也就是說每一個基地台可以服務的範圍是D=2R（稱爲基地台的直徑）。現在電信公司想要計算，如果要架設K個基地台，那麼基地台的最小直徑是多少才能使每個服務點都可以得到服務。

基地台架設的地點不一定要在服務點上，最佳的架設地點也不唯一，但本題只需要求最小直徑即可。以下是一個N=5的例子，五個服務點的座標分別是1、2、5、7、8。

假設K=1，最小的直徑是7，基地台架設在座標4.5的位置，所有點與基地台的距離都在半徑3.5以內。假設K=2，最小的直徑是3，一個基地台服務座標1與2的點，另一個基地台服務另外三點。在K=3時，直徑只要1就足夠了。

輸入格式

輸入有兩行。第一行是兩個正整數N與K，以一個空白間格。第二行N個非負整數P[0]，P[1]，…，P[N-1]表示N個服務點的位置，這些位置彼此之間以一個空白間格。

請注意，這N個位置並不保證相異也未經過排序。本題中，K<N且所有座標是整數，因此，所求最小直徑必然是不小於1的整數。

輸出格式

輸出最小直徑，不要有任何多餘的字或空白並以換行結尾。

範例一：輸入	範例二：輸入
5 2	5 1
5 1 2 8 7	7 5 1 2 8

範例一：正確輸出

3

（說明）如題目中之說明。

範例二：正確輸出

7

（說明）如題目中之說明。

評分說明

輸入包含若干筆測試資料，每一筆測試資料的執行時間限制（time limit）均為2秒，依正確通過測資筆數給分。其中：

第1子題組10分，座標範圍不超過100，$1 \le K \le 2$，$K < N \le 10$。

第2子題組20分，座標範圍不超過1,000，$1 \le K < N \le 100$。

第3子題組20分，座標範圍不超過1,000,000,000，$1 \le K < N \le 500$。

第4子題組50分，座標範圍不超過1,000,000,000，$1 \le K < N \le 50{,}000$。

解題重點分析

本題要求輸出基地台架設的最小直徑，基地台的直徑最小為1，最大為Math.floor((服務站最大座標-服務站最小座標) / 基地台個數) + 1，其中Math.floor內建函數的功能是是取比參數小之的最大整數。

接著，我們必須自訂一個函數，該函數可以傳入一個整數的直徑參數，函數的回傳值是一個布林值資料型態，在題目給定的K個基地台前題下，如果所傳入的直徑參數，可以覆蓋所有給定的N個服務點，則回傳true，表示此直徑符合條件。但如果所傳入的直徑參數，無法覆蓋所有服務點，則回傳false，表示此直徑不符合條件。在進行二分搜尋法之前必須先行將服務點的距離資訊由小到大排序，才能在所有給定的直徑中，找出能覆蓋所有服務點的最小直徑。

底下為該函式的程式碼片段：

```
//測試傳入直徑能否覆蓋所有據服務點
static boolean check(int diameter) {
    int coverage =0; //基地台覆蓋範圍
    int num = 0; //基地台數量的計數器
    int index = 0;//服務點索引編號
    int i;

    for (i=0;i<N;i++) //從最前面服務點開始找起
    {
        coverage = P[index] + diameter;  //基地台的覆蓋範圍
        num++;  //基地台數目的計數器
        //如果基地台數量大於K,表示這個直徑大小
        //所涵蓋的範圍,無法完全覆蓋所有服務點
        if(num>K)  return false;
        //如果涵蓋全部服務點且基地台數量小於K
        if((num<=K) && (P[N-1]<=coverage))  return true;
        do{  //跳到下一個沒有被涵蓋的服務點
            index++;
        }while (P[index]<=coverage);
    }
    return false;
}
```

參考解答程式碼：**ex13.java**

```
01  import java.io.*;
02
03  public class ex13{
04
05      static int N;  //服務點數目
06      static int K;  //基地台數目
07      static int[] P=new int[50000];  //服務點的距離資訊
08
09      //將元素由小到大排序後再回傳
10      static void mysort(int a[], int size) {
11          int i, j;
12          int temp;
13          for(i = 0; i < size - 1; i ++)
14              for(j = i+1; j < size; j ++)
15              {
16                  if(a[i] > a[j])
17                  {
18                      temp = a[i];
19                      a[i] = a[j];
20                      a[j] = temp;;
21                  }
22              }
23      }
24
25      //測試傳入直徑能否覆蓋所有據服務點
26      static boolean check(int diameter) {
27          int coverage =0; //基地台覆蓋範圍
28          int num = 0; //基地台數量的計數器
29          int index = 0;//服務點索引編號
30          int i;
31
32          for (i=0;i<N;i++) //從最前面服務點開始找起
33          {
34              coverage = P[index] + diameter;  //基地台的覆蓋範圍
35              num++;  //基地台數目的計數器
36              //如果基地台數量大於K,表示這個直徑大小
```

```
37                  //所涵蓋的範圍,無法完全覆蓋所有服務點
38                  if(num>K)  return false;
39                  //如果涵蓋全部服務點且基地台數量小於K
40                  if((num<=K) && (P[N-1]<=coverage))  return true;
41                  do{  //跳到下一個沒有被涵蓋的服務點
42                      index++;
43                  }while (P[index]<=coverage);
44          }
45          return false;
46      }
47
48  //主要執行區塊
49      public static void main(String[ ] args) throws IOException
50      {
51          int left,right,med=0,i;
52          BufferedReader br=new BufferedReader(new
    FileReader("input1.txt"));
53          String Line=br.readLine();
54          String[] tokens=Line.split(" ");
55          N =Integer.parseInt(tokens[0]);
56          K =Integer.parseInt(tokens[1]);
57
58          Line=br.readLine();
59          tokens=Line.split(" ");
60          for(i=0; i<N; i++) {
61              P[i]=Integer.parseInt(tokens[i]);
62          }
63
64          mysort(P,N); //由小到大排序
65          left = 1;  //二分搜尋法的下邊界索引值
66          right = (int) Math.floor((P[N-1]-P[0])/K)+ 1; //二分搜尋法
            的上邊界索引值
67          while(left <= right) {
68              med = (int) Math.floor((left + right) / 2); //二分搜尋法
                的中間索引值mid
69              if(check(med)==true) right = med;
70              else left = med + 1;
71              if(left == right) break;
```

```
72              }
73          System.out.println(med);
74      }
75  }
```

範例一執行結果：

```
5 2
5 1 2 8 7
```

```
3
```

範例二執行結果：

```
5 1
7 5 1 2 8
```

```
7
```

程式碼說明：

- 第5～7列：服務點數目、基地台數目、服務點距離資訊的變數宣告。
- 第10～23列：自訂函數，其功能是將元素由小到大排序後再回傳。
- 第25～46列：自訂函式，這個函數功能可以測試所傳入的基地台直徑參數，是否覆蓋所有據服務點，可以則回傳true，不可以則回傳false。
- 第51～61列：讀入服務點及基地台數量，接著再讀取各個服務點位置，並將取得的位置資訊存入一維陣列P。
- 第64列：依據一維陣列P所記錄服務點的距離資訊由小到大排序。
- 第65～72列：使用二分搜尋法找出符合題意的最小直徑。

第九章

必考基礎資料結構與 Java

當我們要求電腦解決問題時，必須以電腦了解的模式來描述問題，資料結構是資料的表示法，包括可加諸於資料的操作。可以把資料結構視爲是最佳化程式設計的方法論，資料結構最主要目的就是將蒐集到的資料有系統、組織地安排，建立資料與資料間的關係，它不僅討論儲存與處理的資料，也考慮到彼此之間的關係與演算法。一個程式能否快速而有效率的完成預定的任務，取決於是否選對了資料結構，而程式是否能清楚而正確的把問題解決，則取決於演算法。所以各位可以直接這麼認爲：「資料結構加上演算法等於有效率的可執行的程式。」下表是常見的資料結構：

資料結構	說明
陣列	最常用到的資料結構，給予名稱之後能存放較多量資料
鏈結串列	比陣列更有彈性，使用時不必事先設定其大小
堆疊	具有先進後出的特性，如同疊盤子般，資料的取出和放入要在同一邊
佇列	具有先進先出的特性，就像排隊一樣，讓出入口可設在不同邊
遞迴	了解程式撰寫中常用的遞迴函式，並介紹遞迴可解決的問題
樹狀結構	具有階層關係，類似於族譜的資料型別，屬於非線性集合
圖形結構	跟地圖很相像的資料型別，含有目標地與路徑，爲非線性組合

這些資料結構乍看之下好像很抽象，但是在日常生活中，卻是隨處可見。像學校的教室座位屬於「二維陣列」；火車把車廂串連成一列來載運乘客的方式可視為「串列」（List）；從底部向上疊起的碗盤則是「堆疊」（Stack）；排隊買票，先到先買的作法就是「佇列」（Queen）；正準備如火如塗展開的世足賽，其淘汰制就是「樹狀」結構。不同種類的資料結構適合於不同種類的應用，選擇適當的資料結構是讓程式發揮最大效能的主要考慮因素，接下來我們要介紹APCS必考的重要資料結構。

9-1 堆疊

堆疊（Stack）是一種資料結構，它也是有序串列的一種。那麼堆疊是什麼？可以把它想像成一堆盤子或者一個單向開口的紙箱，只能從頂部放進物品，拿出物品；堆放於最頂端的物品，可以最先被取出，具有「後進先出」（Last In，First Out, LIFO）的特性。日常生活中也隨處可以看到，例如大樓電梯、貨架上的貨品等，都是類似堆疊的資料結構原理。

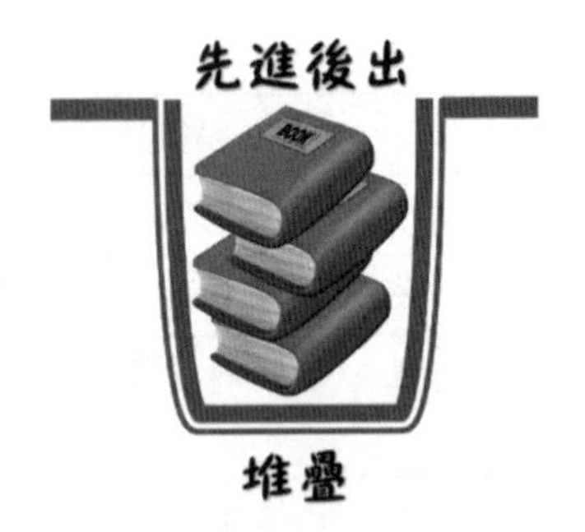

對於堆疊有了初步認識之後，順道了解與它有關的名詞。堆疊允許新增和移除的一端稱為堆疊「頂端」（Top），而閉合的一端就是堆疊「底端」（Bottom）。「空堆疊」裡通常不會有任何資料元素。從堆疊頂端加入元素稱為「推入」（push）；反之，從堆疊頂端移除元素稱為「彈出」（pop）。

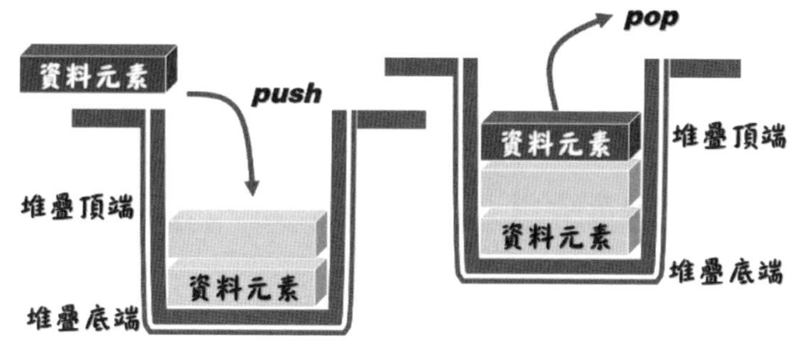

堆疊的push和pop

堆疊結構的相關操作，包括新增一個堆疊、將資料加入堆疊的頂、刪除資料、傳回堆疊頂端的資料及判斷堆疊是否是空堆疊；其抽象型資料結構（Abstract Data Type, ADT）如下：

只能從堆疊的頂端存取資料 資料的存取符合「後進先出」（Last In First Out, LIFO）的原則 CREATE：建立一個空堆疊 PUSH()：從頂端推入資料，並傳回新堆疊 POP()：刪除頂端資料，並傳回新堆疊 PEEK()：查看堆疊項目，回傳其值 IsEmpty()：判斷堆疊是否爲空堆疊，是則傳回true，不是則傳回false

9-1-1 陣列實作堆疊

如何以陣列結構來實做堆疊？首先以陣列來存放元素時得配合堆疊結

構來確認堆疊的頂、底端。雖然陣列物件具有存放順序，以push()方法加入元素，而pop()方法則能移除堆疊的元素。

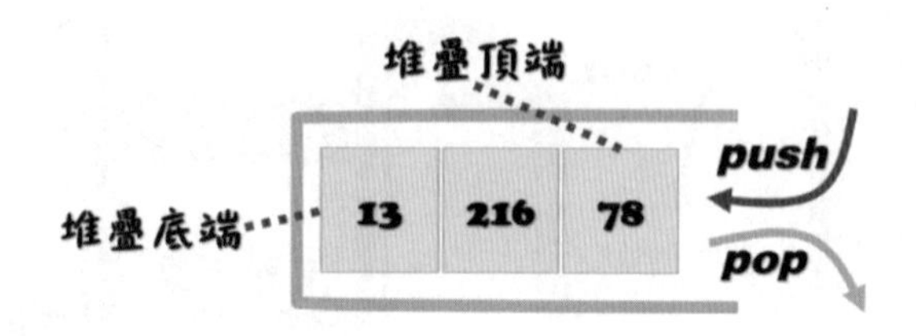


```
01package stack;
02class stackforArray {
03  public String[] name = new string[5];//屬性name儲存名稱
04  public int index;  //index取得陣列位置
05  stackforArray() {index = 0;}  //建構式
06  public void pushItem(String data){ //將元素從堆疊頂端壓入
07    if (index <= name.length){
08      name[index] = data; //將元素存入堆疊內
09      index++;            //向頂端移動
10    }
11    else
12      out.println("堆疊已滿");
13  }
14  public void popItem(){  //將元素從堆疊頂端彈出
15    if (index > 0){
16      index--; //向底部移動
17      out.printf("移除項目 --> [%s]", name[index]");
18    }
19    else
20      out.println("堆疊已空");
21    out.println();
22  }
23  public void Display(){  //輸出堆疊項目
24    if (index <= 0)
25      out.println("堆疊是空的");
```

```
26    else {
27      out.print("堆疊項目→ ");
28      for(int j = 0; j < index; j++)
29        out.printf("%7s", name[j]);
30    }
31    out.println();
32  }
33 }
```


9-1-2 串列實作堆疊

實做堆疊的第二個方式就是採用單向鏈結串列（Singly Linked List）。其節點的實作如下：

```
package stack;
class Node {
  int item;  //資料欄
  Node next; //指向下一個節點
  Node(int data){  //定義建構函式 - 傳入數值
    this.item = data;
    this.next = null;
  }
}
```

如何把堆疊資料壓入堆疊？

Step 1. 從空的堆疊開始，並設參考「Top」來指向堆疊頂端節點；若是空的堆疊，壓入的第一個元素就成為第一個節點。

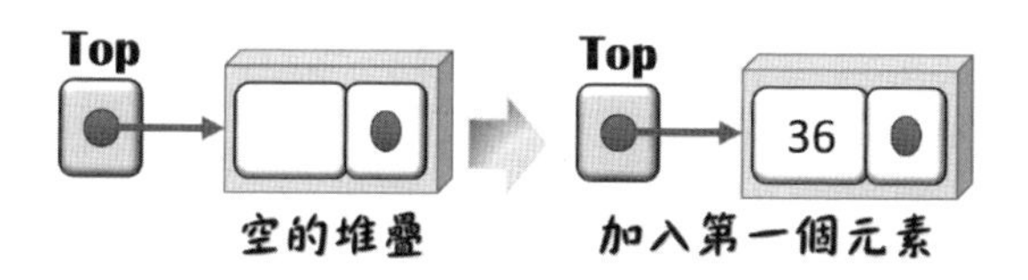

Step 2. 加入的第二、第三個元素，第三個元素會推向堆疊頂端。

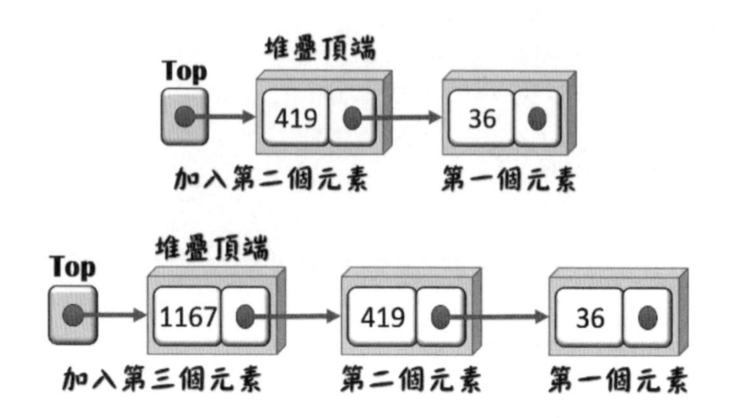

如何把堆疊內的元素彈出？實際上是彈出堆疊頂端的元素。

Step 1. 移除頂端元素「1167」，將指標「Top」指向下一個節點。

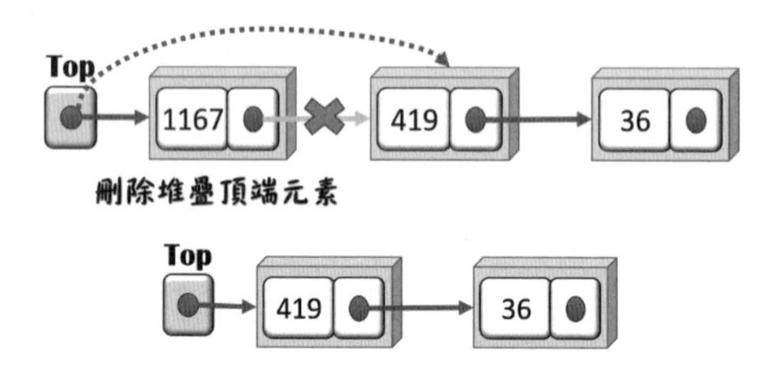

9-2 佇列

佇列（Queue）和堆疊一樣，都屬於有序串列，也提供抽象型資料型態（ADT），它的所有加入、刪除動作發生在不同的兩端，並且符合「First In, First Out」（先進先出）的特性。佇列的觀念就好比去好市多大賣場排隊結帳，先到的人當然優先結帳，付完錢後就從前端離去，而隊伍的後端又陸續有新的顧客加入排隊。佇列在電腦領域的應用也相當廣泛，例如計算機的模擬（simulation）、CPU的工作排程（Job Scheduling）、線上同時周邊作業系統的應用與圖形走訪的先廣後深搜尋法（BFS）。堆疊只需一個top指標指向堆疊頂，而佇列則必須使用front和rear兩個指標分別指向前端和尾端。佇列結構的相關操作，透過抽象型資料結構（Abstract Data Type, ADT）表示如下：

資料的存取符合「先進先出」（First In First Out, FIFO）的原則
佇列的前端（Front）移除資料
佇列的後端（Rear）加入資料
CREATE：建立一個空堆疊
ENQUEUE()：將資料從佇列的後端加入，並傳回所加入資料
DEQUEUE()：把資料從佇列前端刪除
FRONT()：查看佇列前端項目，回傳其值
REAR()：查看佇列後端項目，回傳其值

9-2-1 以陣列實作佇列

與堆疊的實作一樣，各位也同樣可以使用陣列或串列來建立一個佇列。不過堆疊只需一個Top參考指向堆疊頂，而佇列則必須使用Front和Rear兩個參考分別指向前端和尾端，如圖所示。

佇列中的項目如何以陣列結構進行元素的新增、刪除？宣告陣列後，會從佇列後端新增元素，其運作可參考下圖來了解。

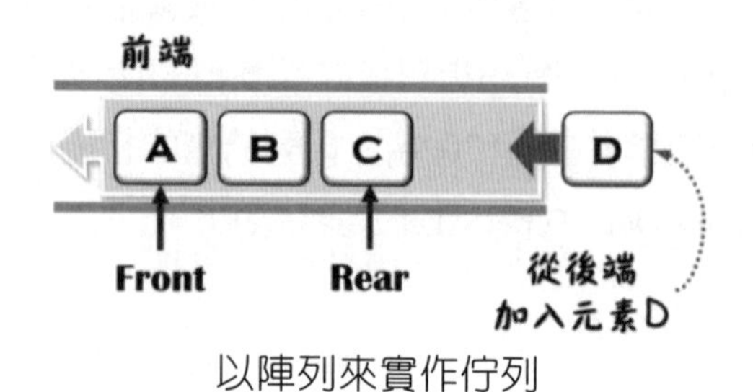

以陣列來實作佇列

以陣列定義結構，程式碼撰寫如下：

```
package queue;
class AryforQueue{
  int[] list;                          //儲存佇列項目
  private int rear, front, size;       //指向佇列前端、後端的參考
  private static final int Capacity = 10; //佇列預設的容量
  AryforQueue(){                       //建構式
    list = new int[Capacity];
    this.size = 0;
    this.rear = 0;
    this.front = 0;
  }
}
```

◈ 定義AryforQueue類別來進行佇列的相關操作。
◈ 產生儲存佇列項目的陣列list，並設常數Capacity為存放容量。
◈ 變數front、rear分別為指向佇列的頭和尾之參考，設初值分別為「0」，並以size來表示佇列大小。

佇列的Front參考會指向佇列前端的第一個元素，而Rear參考則指向佇列末端最後一個元素。新增元素時Rear參考會隨著新增元素來變更位置，以下圖來說，Rear參考原本指向元素C（最後一個元素）；加入元素D之後，它會改變位置，重新指向元素D。所以Rear參考是隨元素的新增由左向右移動。

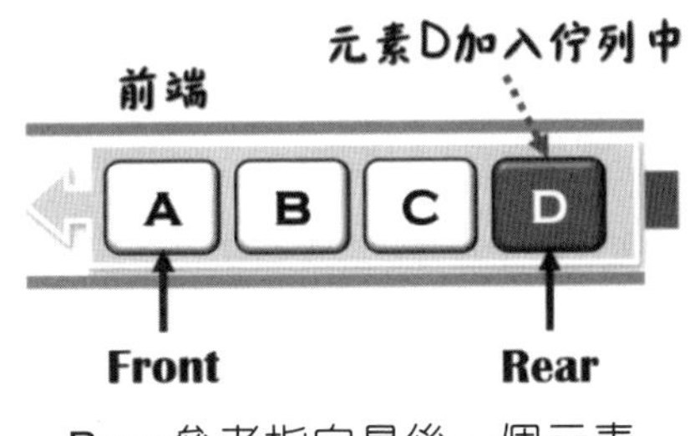

Rear參考指向最後一個元素

定義成員方法Enqueue()。佇列新增元素時，是把Rear參考向佇列尾端移動，新增的值則以陣列list儲存。程式碼如下：

```
package queue;
public void Enqueue(int data){
  if (rear == Capacity) //判斷是否大於佇列大小
    out.println("佇列已滿,無法再加入");
  else {
    list[rear] = data; //將資料存入佇列
    rear++;
    size++;
}
```

◈ 參考read會隨項目新增而移動，確認佇列未滿「rear == Capacity」的情形下，才把新增項目加到佇列裡。

參考Front通常指向第一個元素。從佇列前端刪除第一個元素A時，但隨著元素的刪除而調整指向，參考front原本指向A而改變位置指向B。所以，參考front恰好與rear參考相反，它會隨著前端元素的移除向後方移動。因此，當元素被刪除時，只是把front參考移動並非元素改變位置。

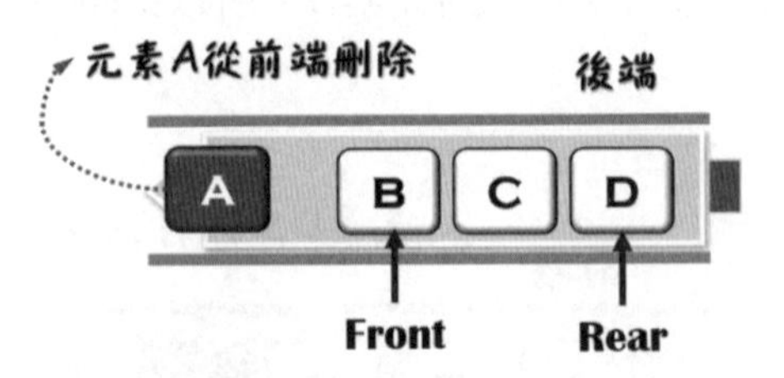

Front參考指向佇列的第一個元素

定義成員方法Dequeue()來刪除佇列的元素，參考Front是隨元素的刪除而移動。範例如下：

```
package queue;
public int Dequeue(){
  if(isEmpty()) //判斷佇列是否爲空的,如果是則傳回-1值
    return -1;
  else {
    size--;
    front++;
    return list[front];
  }
}
```

◈ 要移除陣列的第一個元素，先移動參考front並改變佇列大小size，並以return敘述所移除的佇列項目。

9-2-2 使用串列實作佇列

實作佇列的第二種方式就是透過鏈結串列，先從單向鏈結串列來進行。當佇列由後端新增節點，可以把它想像成單向鏈結串列。

Step 1. ①將原來最後一個節點的Next參考指向新節點；②利用尾端參考Rear，直接把新加入的項目變成最後一個節點，再更新Rear參考。

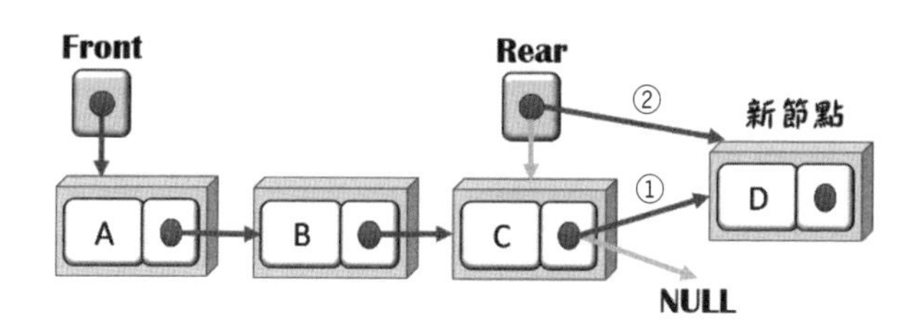

Step 2. 新節點加到佇列後端，Rear參考指向它。

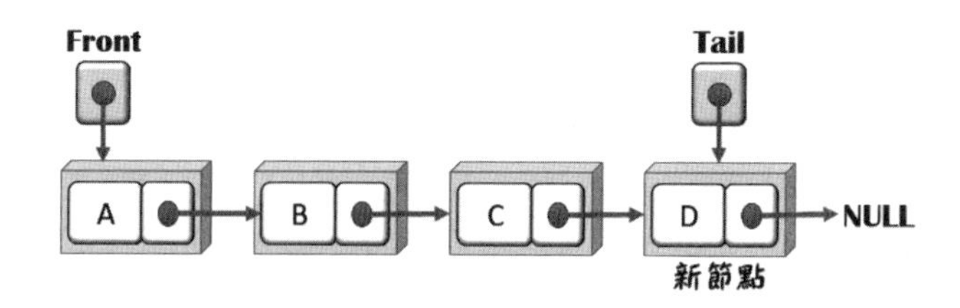

9-2-3 環狀佇列

無論是以陣列或鏈結串列佇列，由於佇列爲線性結構，具有後進前出的特色，當前端移出元素之後，參考Front和Rear都是往同一個方向遞增。如果Rear參考到達一維陣列的邊界MAX（佇列最大空間），就算佇列尚有一些空間，也需要位移佇列元素，才有空間存入其它佇列元素。

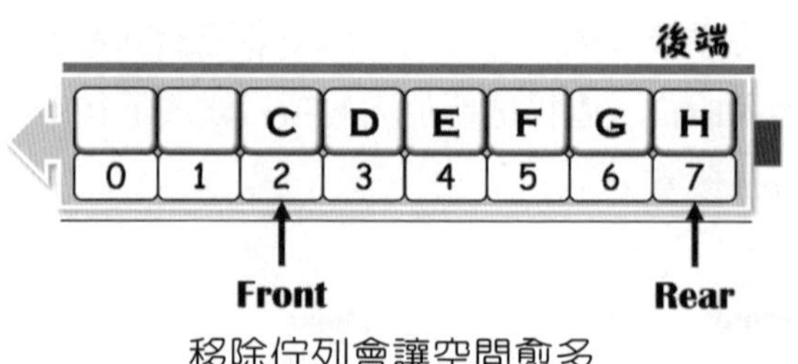

移除佇列會讓空間愈多

為了改善上圖的問題，就有了「環狀佇列」（Circular Queue）的作法。事實上，環狀佇列同樣使用了一維陣列來實作的有限元素數佇列，可以將陣列視為一個環狀結構，讓它的後端和前端接在一起；佇列的索引參考周而復始的在陣列中環狀的移動，解決佇列空間無法再使用的問題。

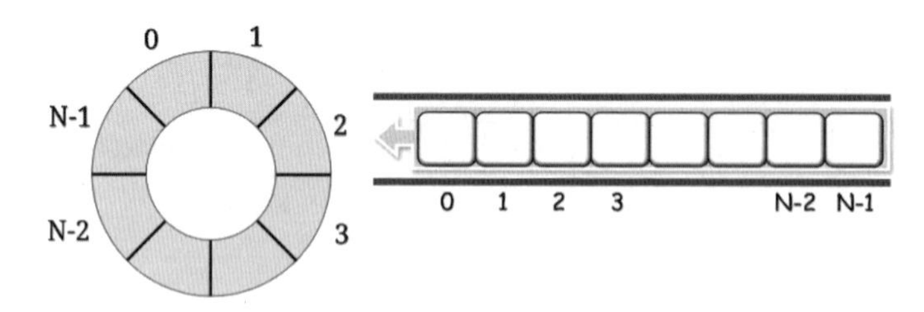

環狀佇列

環狀佇列有幾個主要特徵：

- 環狀佇列使用「陣列」來實作，能存放N個元素，對記憶體做更有效之應用。
- 環狀佇列不須搬移資料，它有「Q[0 : N-1]」的位置可以利用。
- 環狀佇列資料被刪除後，所留下的位置可以再利用，而「Q[N-1]」的下一個元素是「零」。

使用環狀佇列得進一步知道參考Front、Rear目前指向的位置，利用建構式把它們初始化：

```
package circularQ;
public class AryCircular {
  private static final int maxSize = 6; //佇列最大空間
  int rear, front, count;
  AryCircular(){  //建構式
    list = new int[maxSize];
    this.rear = 0;   //指向佇列後端參考
    this.front = 0;  //指向佇列前端參考
    this.count = 0;  //計算佇列項目數
  }
}
```

在新增、刪除項目的變化要利用運算子「%」所取得之餘數來找出它們要插入資料的位置：

```
rear = (rear + 1) % maxSize;  //新增項目移動rear參考
front = (front + 1) % maxSize;//移除項目移動front參考
```

◈ 依據front、rear的值找出它們在環狀佇列的位置。

Step 1. 空的佇列新增4個元素，依據公式計算，參考Rear向指向下一個欲插入項目的位置「4」。

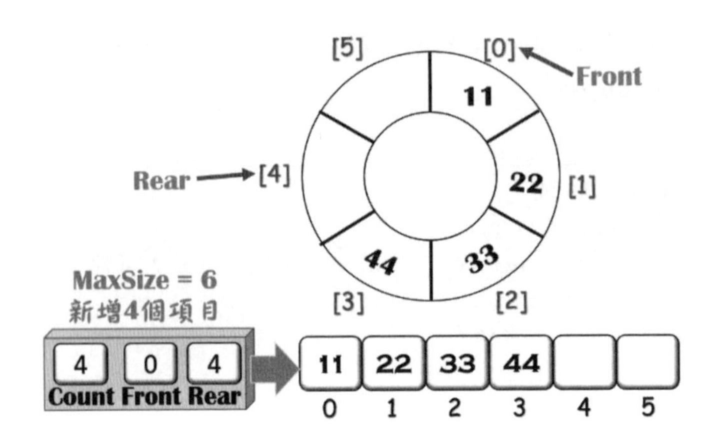

Step 2. 再新增兩個項目，則Front和Rear會指向同一個位置，表示佇列已滿。

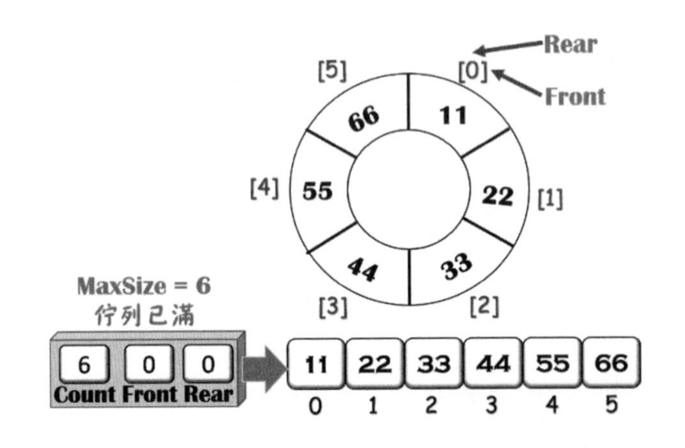

Step 3. 持續移除兩個元素，參考Rear維持「4」的位置，而Front參考會隨移除的項目指向位置「2」。

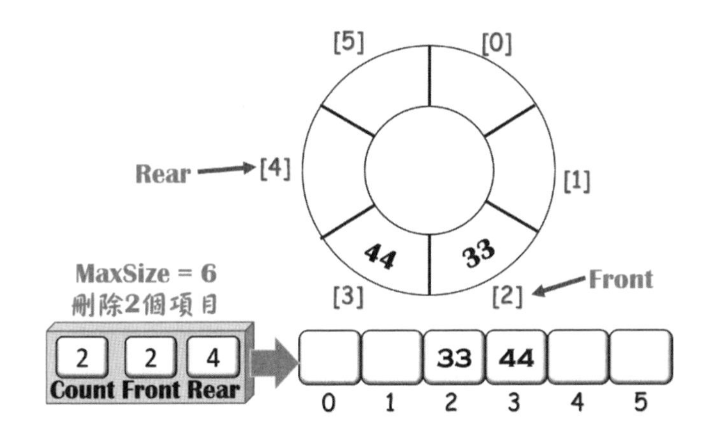

Step 4. 連續刪除2個元素之後，佇列已空，會看到參考Front、Rear會指向同一個位置「4」。

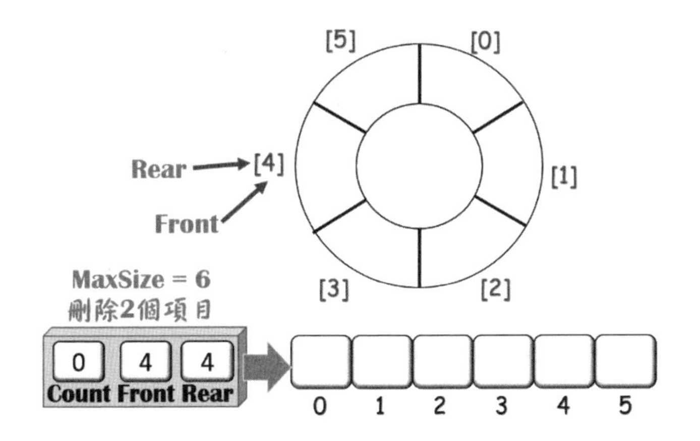

9-2-4 雙佇列

「雙佇列」（Deques）是「Double-ends Queues」的縮寫，通俗的說法是佇列有兩個開口，我們可以指定佇列一端來進行資料的刪除和加入。由於佇列有前端（Front）及後端（Rear），皆都允許存入或取出，如下圖所示。

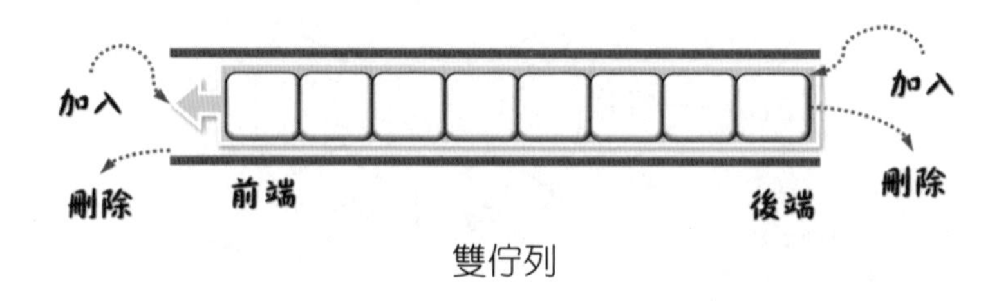

雙佇列

雙佇列依其應用分為多種存取方式。常見的雙佇列概分兩種：輸入限制性雙佇列（Input Restricted Deque）和輸出限制性雙佇列（Output Restricted Deque）。

電腦CPU的排程就是採用雙佇列。由於多項程序但都是使用同一個CPU，但CPU只能在每一段時間內執行一項工作。所以，而這些工作會集中擺在一個等待佇列，等待CPU執行完一個工作後，再從佇列取出下一個工作來執行，排定工作誰先誰後的處理稱為「工作排程」。

那麼雙佇列如何新增資料？一般會有兩對參考：其中的F1用來指向左邊佇列的頭，R1用來指向左邊佇列的尾；另一邊則以F2指向右邊佇列的頭，R2用來指向右邊佇列的尾。其中的R1、R2會隨資料的新增來移動。

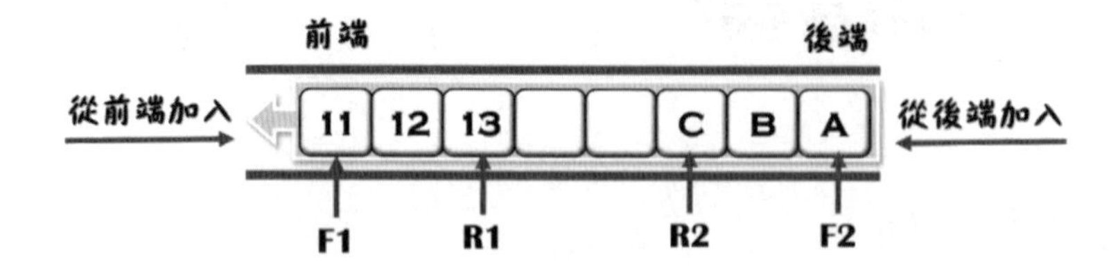

當雙佇列的資料被刪除時，則F1、F2的參考會移動位置。

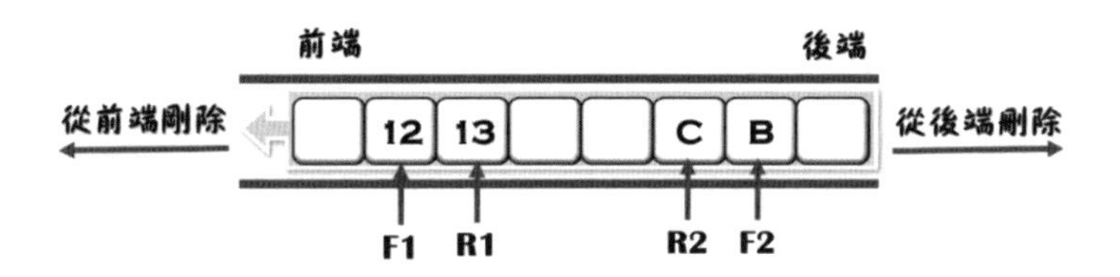

9-3 樹狀結構

日常生活中樹狀結構是一種應用相當廣泛的非線性結構。舉凡從企業內的組織架構、家族內的族譜係，再到電腦領域中的作業系統與資料庫管理系統都是樹狀結構的衍生運用。

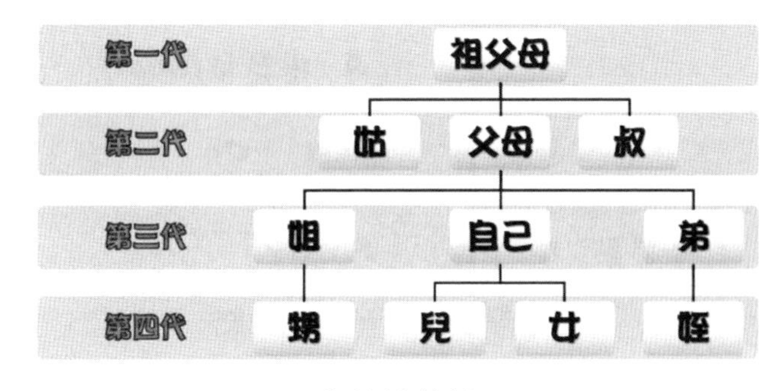

非線性結構

以上圖而言，是一個簡易的家族族譜，從祖父母的第一代開始看起，父母是第二代，自己爲第三代；我們可以發現它雖然是一個具有階層架構，但是無法像線性結構般有前後的對應關係，所以要處理這樣的資料，樹狀結構就能派上場啦！

9-3-1 樹的定義

一棵樹會有樹根、樹枝和樹葉；可以把樹狀結構（Tree Structure）想像成一棵倒形的樹（Tree）。此外，它還可分成不同種類，像二元樹（Binary tree）、B-Tree等，在很多領域中都被廣泛的應用。基本上，「樹」（Tree）由一個或一個以上的節點（Node）配合「關係線」（Edge）組成，如下圖所示。節點由A到H，用來儲存資料。其中的節點A是樹根，稱爲「根節點」（Root），在根節點之下是B和C兩個父節點（Parent），它們各自擁有0到n個「子節點」（Children），或稱爲樹的「分支」（Branch）。

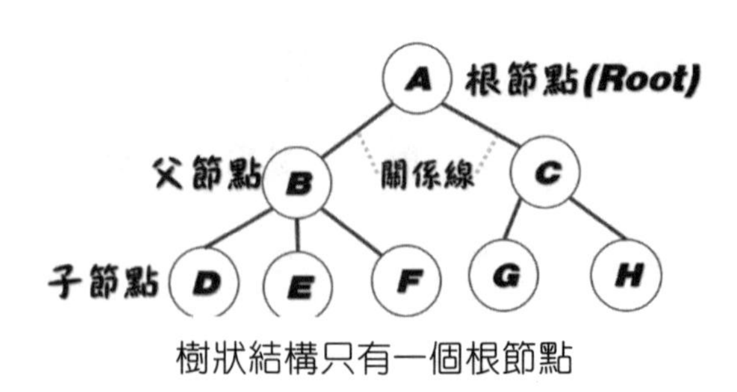

樹狀結構只有一個根節點

樹狀結構是由一個或多個節點組合而成的有限集合，它必須要滿足以下兩點：

- 樹不可以為空，至少有一個特殊的節點稱「樹根」或稱「根節點」（Root）。
- 根節點之下的節點為n≧0個互斥的子集合…，每一個子集合本身也是一棵樹。

樹狀結構中，除了父、子節點之外，尚有「兄弟」（Siblings）節點，觀察下圖做更多的認識。

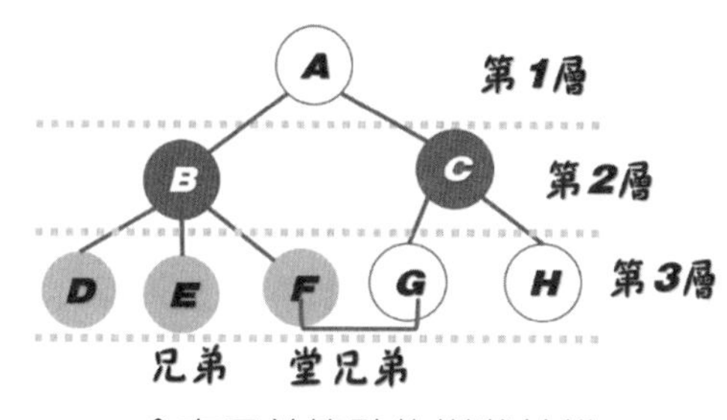

含有兄弟節點的樹狀結構

除了根節點A之外，沿著關係線來到第二層樹枝，其中的D、E和F是節點B的「子節點」，G、H是節點C的子節點。所以節點B是D、E、F的「父節點」，節點C是G和H的父節點；節點D、E、F擁有同一個父節，它們彼此之間互稱爲「兄弟節點」；同樣地，節點G和H，節點B跟C也是兄弟節點。此外，節點F和G則是「堂兄弟」。所以樹狀結構具有「階層」（Level），根節點是第一層，父節點是第二層，子節點位在第三層。

探討樹狀結構更多屬性之前，配合上圖的說明，我們先認識它的一些術語：

- 節點（Node）：用來存放資料，節點A～H皆是。
- 根節點（Root）：位於最上面的節點A，一般來說，一棵樹只會有一個根節點。
- 父節點（Parent）：某節點含有子節點，節點B和C分別有子節點D、E、F和G、H，所以是它們各自的父節點。
- 子節點（Children）：某節點連接到父節點。例如：父節點B的子節點有D、E、F。
- 兄弟節點（Siblings）：同一個父節點的所有子節點互稱兄弟。例如：B、C為兄弟，D、E、F也為兄弟。

- 分支度（Degree）：每一個節點擁有的子節點數，節點B的分支度為3，而節點C的分支度為2。
- 階層（level）：樹中節點的層級數量，一代為一個階層。樹根A的階層是「1」，而子節點就是階層「3」。
- 樹高（Height）：也稱樹深（depth）：指樹的最大階層數，參考上圖的樹高為「3」。

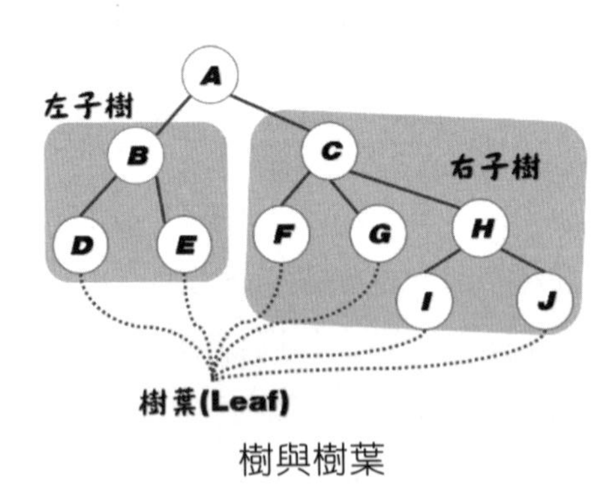

樹與樹葉

樹狀結構中，會將節點分為兩大類，有子樹的節點和沒有子樹的節點。有子樹的節點稱為「內部節點」（Internal node），沒有子樹的節點稱為「外部節點」（External node），或者由下列的名詞做通盤認識：

- 樹葉（Leaf）節點：沒有子樹的節點，或稱做「終端節點」（Terminal Nodes），它的分支度為零，如上圖中節點D、E、F、G、I、J。
- 非終端節點（Nonterminal Nodes）：有子樹的節點，如A、B、C、H等。
- 祖先（Ancestor）：所謂祖先是指從樹根到該節點路徑上所有包含的節點。例如： J節點的祖先為A、C、H節點，E節點的祖先為

A、B節點。

- 子孫（Descendant）：為該節點的子樹中所包含任一節點。例如：節點C的子孫為F、G、H、I、J等。
- 子樹（Sub-tree）：本身是樹，其節點能形成後代，以上圖來說，節點A以下有兩棵子樹，左子樹以節點B開始，右子樹由節點C開始。
- 樹林：是由n個互斥樹所組合成的，移去樹根即為樹林，例如上圖移除了節點A，則包含兩棵樹，即樹根為B、C的樹林。

9-3-2 二元樹

樹依據分支度的不同可以有多種形式，而資料結構中使用最廣泛的樹狀結構就是「二元樹」（Binary Tree）。所謂的二元樹是指樹中的每個「節點」（Nodes）最多只能擁有2個子節點，即分支度小於或等於2。二元樹的定義如下：

二元樹的節點個數是一個有限集合，或是沒有節點的空集合
二元樹的節點可以分成兩個沒有交集的子樹，稱爲「左子樹」（Left Subtree）和「右子樹」（Right Subtree）
每個節點左子樹的讀序優於右子樹的順序

元樹（又稱Knuth樹），它由一個樹根及左右兩個子樹所組成，因爲左、右有次序之分，也稱爲「有序樹」（Ordered Tree）。簡單的說，二元樹最多只能有左、右兩個子節點，就是分支度小於或等於2，其資料結構可參考下圖：

左鏈結欄	資料欄	右鏈結欄

二元樹的資料結構

我們繼續觀察上圖，「左鏈結欄」及「右鏈結欄」會分別指向左邊子樹和右邊子樹的指標，而「資料欄」這個欄位乃是存放該節點（Node）的基本資料。以上述宣告而言，此節點所存放的資料型態爲整數。至於二元樹和一般樹有何不同？歸納如下：

- 樹不可為空集合，但是二元樹可以。
- 樹的分支度為d≧0，但二元樹的節點分友度為「0 ≦ d ≦2」。
- 樹的子樹間沒有次序關係，二元樹則有。

藉由下圖來實地了解一棵實際的二元樹。由根節點A開始，它包含了以B、C爲父節點的兩棵互斥的左子樹與右子樹。其中的左子樹和右子樹都有順序，不能任意顚倒。

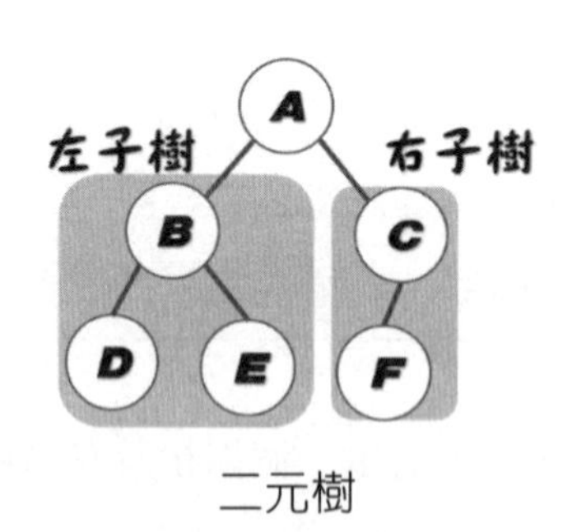

二元樹

9-3-3 特殊二元樹

通常二元樹與階層、分支度和節點數皆習習相關；假設二元樹的第K階層中，最大節點數為「2^{k-1}，k >= 1」；利用數學歸納法證明，步驟如下：

- 當階層「i = 1」時，「$2^{1-1} = 2^0 = 1$」，只有樹根一個節點。
- 假設階層為i，「i = j」，且「$0 \leq j < k$」時，節點數最多為2^{j-1}。
- 因此得到「i = k - 1」，節點數為「2^{k-2}」。
- 由於二元樹中每一節點的分支度d為「$0 \leq d \leq 2$」；所以，階度k的節點數為$2 \times 2^{k-2} = 2^{k-1}$個。

以一個簡例來解析階層和節點數的關係：當「k = 1」表示第1層只有一個節點A；而「k = 2」則第2層有兩個節點B和C，依此類推。

二元樹	第k階層	2^{k-1}
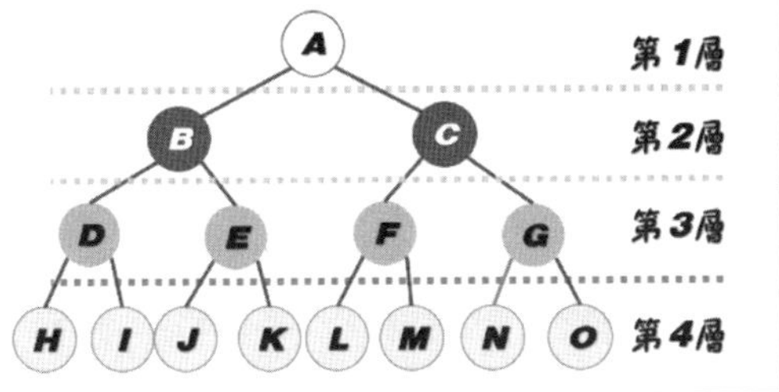 A 第1層	k = 1	$2^{1-1} = 2^0 = 1$
B C 第2層	k = 2	$2^{2-1} = 2^1 = 2$
D E F G 第3層	k = 3	$2^{3-1} = 2^2 = 4$
H I J K L M N O 第4層	k = 4	$2^{4-1} = 2^3 = 8$

假設二元樹的高度為h，最大節點數為「2^{h-1}，h >= 1」，解析步驟如下：

- 當樹高h為1時，只有一個節點A。
- 當樹高為「2」則最大節數則是A、B和C共3個，依此類推。

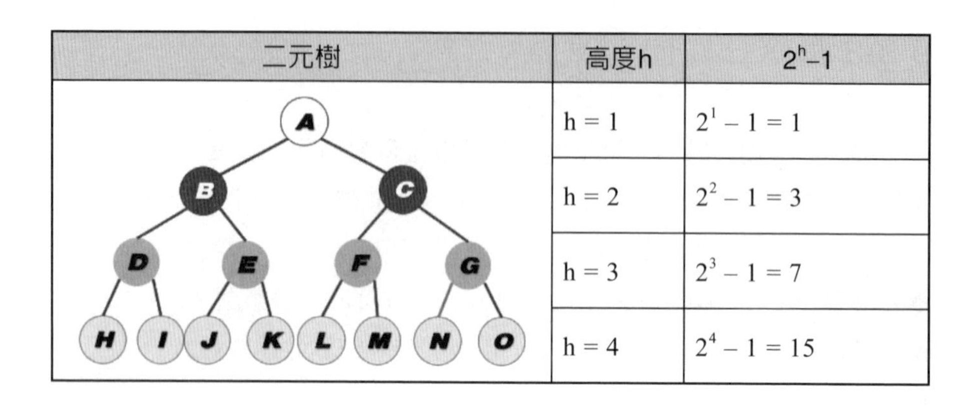

二元樹	高度h	2^h-1
	h = 1	$2^1 - 1 = 1$
	h = 2	$2^2 - 1 = 3$
	h = 3	$2^3 - 1 = 7$
	h = 4	$2^4 - 1 = 15$

完滿二元樹（Full Binary Tree）是指分支節點都含有左、右子樹，而其樹葉節點都在位於相同階層中；其定義如下：

有一棵階層為k的二元樹，$k \geq 0$的情形下，有$2^k - 1$個節點

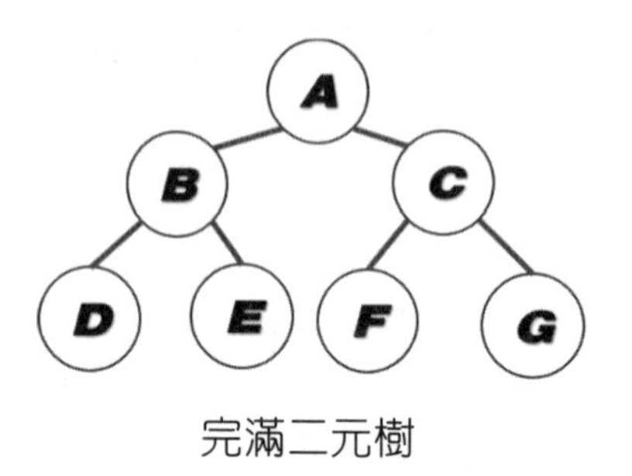

完滿二元樹

由上圖得知，其樹高為「3」，此棵樹會有「$2^h - 1$」，節點數為「$2^3 - 1 = 7$」。

完全二元樹（Complete Binary Tree）是指除了最後一個階層外，其他各階層節點完全被填滿，且最後一層節點全部靠左，其定義如下：

一棵二元樹的高度為h，節點數為n 所含節點數介於「$2^{h-1} - 1 < n < 2^{h-1}$」個

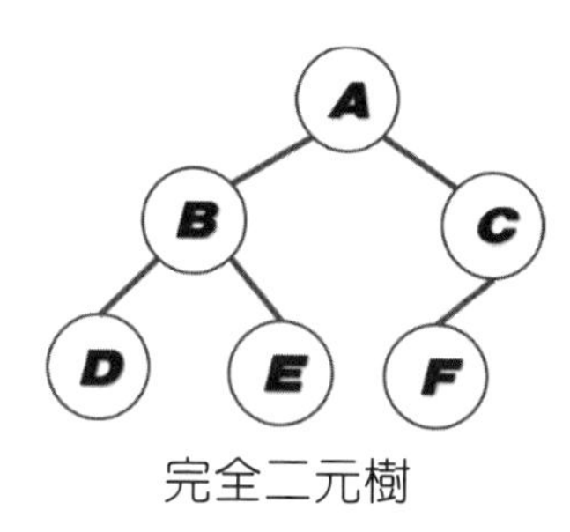

完全二元樹

嚴格二元樹（Strictly Binary Tree）是指二元樹中的每一個非終端節點均有非空的左右子樹，如下圖所示：

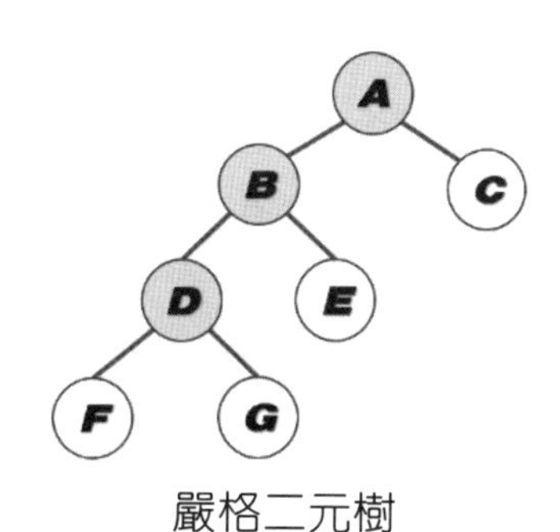

嚴格二元樹

由上述不同型式的二元樹得知：

完整二元樹並不一定是完滿二元樹； 但是，完滿二元樹則必定是完整二元樹

經由「嚴格二元樹」、「完滿二元樹」及「完全二元樹」的三種定義，可以歸納它們的關係如下：

「完滿二元樹」≧「完全二元樹」≧「嚴格二元樹」

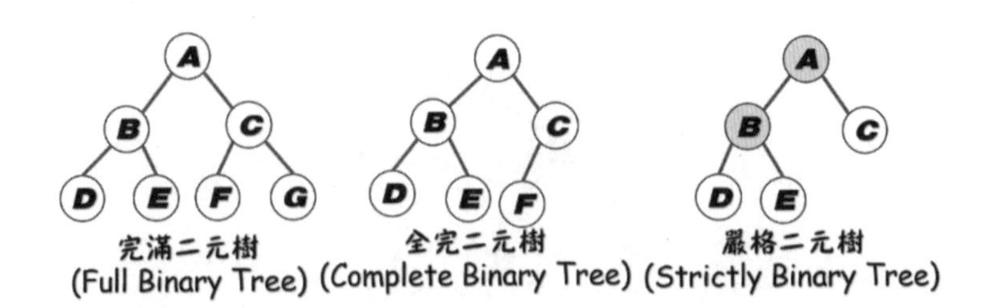

當一棵二元樹沒有右節點或左節點時，稱爲歪斜樹（Skewed Tree），可分成兩種：

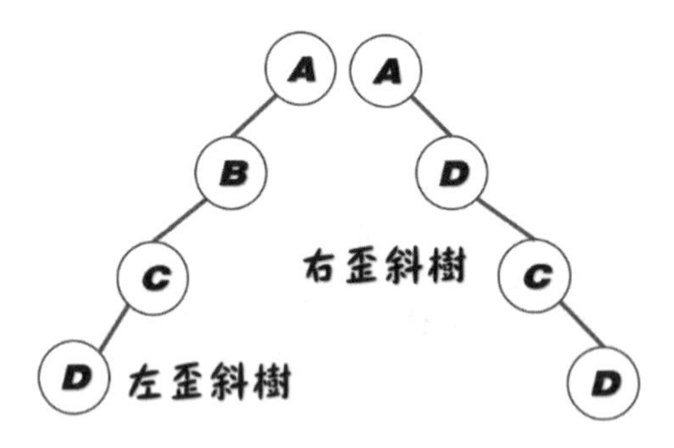

左歪斜和右歪斜樹

- 左歪斜（Left-skewed）二元樹：表示二元樹沒有右子樹，參考上圖左側。
- 右歪斜（Right-skewed）二元樹：表示此二元樹沒有左子樹，參考上圖右側。

9-3-4 以陣列表示二元樹

前文提及要處理樹狀結構，大多使用鏈結串列來處理，變更鏈結串列的指標即可。此外，陣列也能使用連續的記憶體空間來表達二元樹。那麼它們各有哪些利弊，一起來探討之。

如果要使用一維陣列來儲存二元樹，首先將二元樹想像成一個完滿二元樹，而且第k個階層具有2^{k-1}個節點，並且依序存放在一維陣列中。首先來看看使用一維陣列建立二元樹的表示方法及索引值的配置。

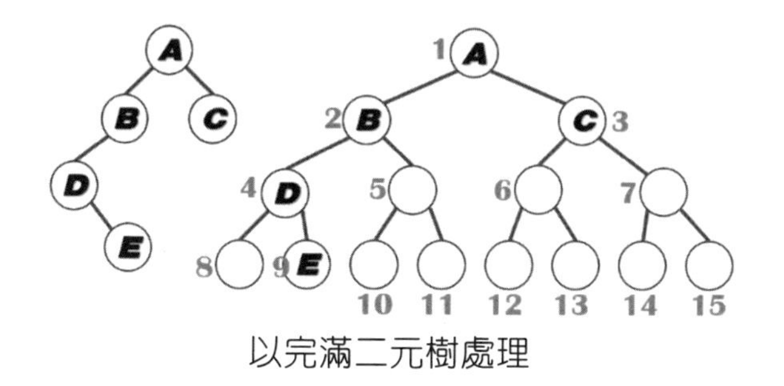

以完滿二元樹處理

上圖共有四個階層，依據其節點編號，把它們以一維陣列表示，如下圖所示。

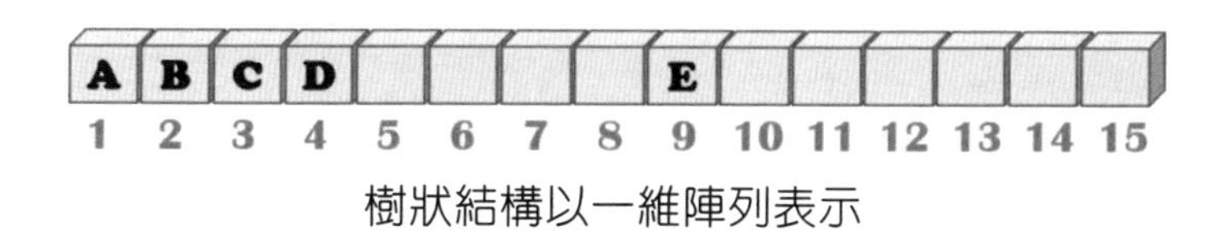

樹狀結構以一維陣列表示

通常以陣列表示法來儲存二元樹，如果此二元樹越接近完滿二元樹，越節省空間，如果是歪斜樹（Skewed Binary Tree）則最浪費空間。另外，樹的中間節點做插入與刪除時，可能要大量移動來反應節點的變動。

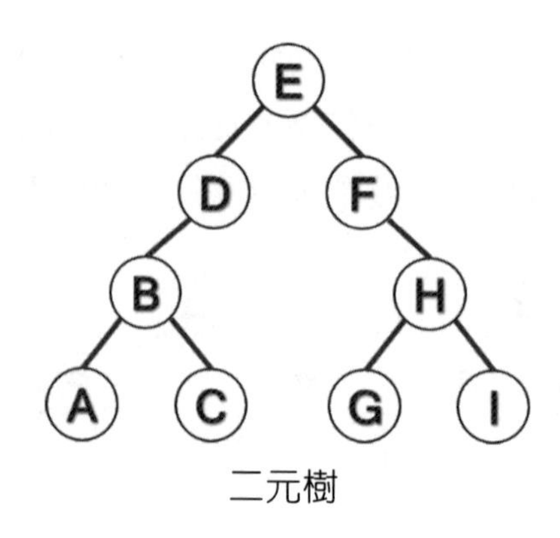

二元樹

上圖的二元樹，其輸入順序：

```
E、D、F、B、H、A、C、G、I
```

依完滿二元樹轉為陣列，依其節點編號，並採取①左子樹等於「父節點* 2」，②右子樹等於「父節點* 2 + 1」，二元樹儲存如下：

9-3-5 以串列表示二元樹

所謂二元樹的串列表示法，就是利用雙向鏈結串列來儲存二元樹，使用鏈結串列來表示二元樹的好處是對於節點的增加與刪除相當容易，缺點是很難找到父節點，除非在每一節點多增加一個父欄位。

```
package binaryTree;
public class Node {
char item;                    //資料欄
  Node Lnext, Rlink;          //指向前一個、下一個節點鏈結
  public Node(char data){  //定義建構式 - 傳入數值
    this.item = data;
    this.Lnext = null;
    this.Rlink = null;
  }
}
```

以雙向鏈結結構來定義其Node類別，除了資料欄，鏈結Lnext指向前一個節點，鏈結Rlink指向下一個節點的。

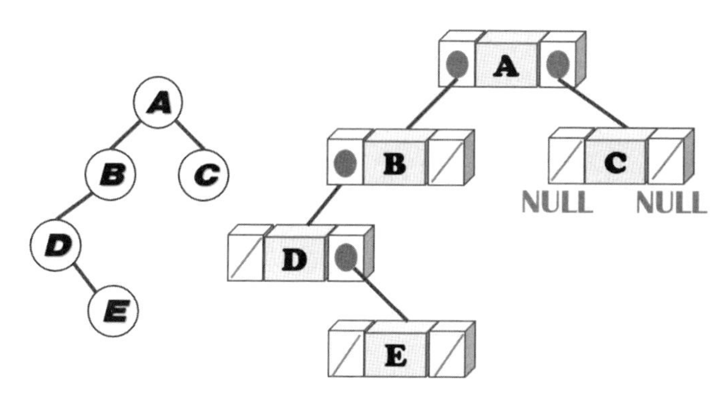

樹狀結構以鏈結串列表示

9-3-6 二元搜尋樹

「二元搜尋樹」（Binary Search Tree, BST）本身就是二元樹，每一節點都會儲存一個值，或者稱爲「鍵值」。既然稱爲二元搜尋樹，表示它支援搜尋；如何定義二元搜尋樹：

二元搜尋樹T是一棵二元樹；可能是空集合或者一個節點包含一個值，稱爲鍵值，且滿足以下條件：

整棵二元樹中的每一個節點都擁有不同值 T的每一個節點的鍵值大於左子節點的鍵值 T的每一個節點的鍵值小於右子節點的鍵值 T的左、右子樹也是一個二元搜尋樹

以下圖來說，T1是一棵二元搜尋樹，而T2的節點「34」違反規則，其鍵值比節點「15」大，所以它不是BST。

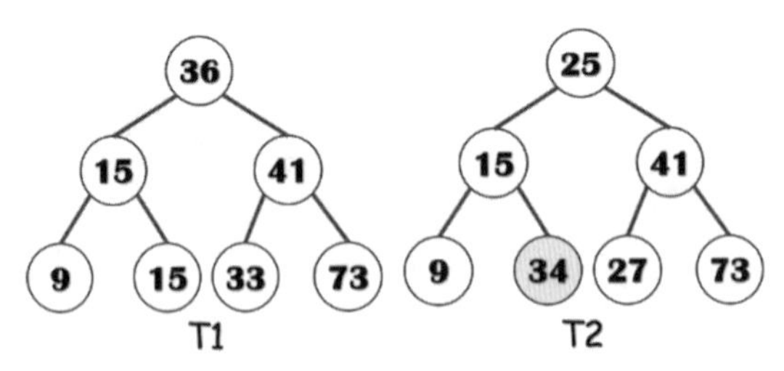

BST與非BST

如果我們打算將一組將資料31、28、16、40、55、66、14、38依照字母順序建立一棵二元搜尋樹。輸入字母的資料相同，但是順序不同就會出現不同的搜尋樹。請看底下的詳細建立規則：

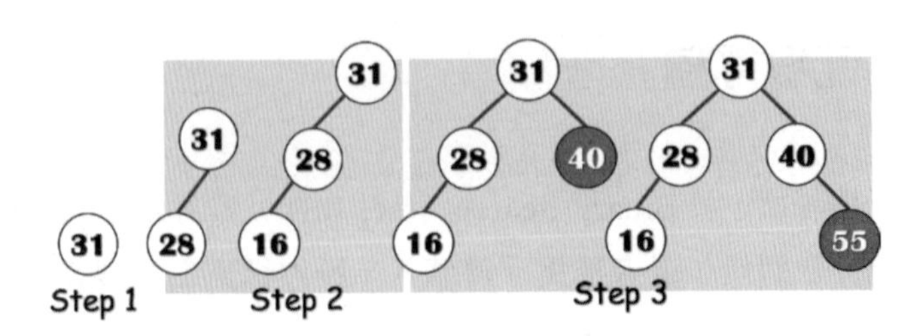

Step 1. 先設根節點31爲其鍵值。

Step 2. 數值28比根節點小，所以設爲左子節點，數值16比28小，設爲左子樹28的左子節點。

Step 3. 數值40比根節點大，就設爲右子節點；數值55比右子樹的40大，設成右子樹的右節點。

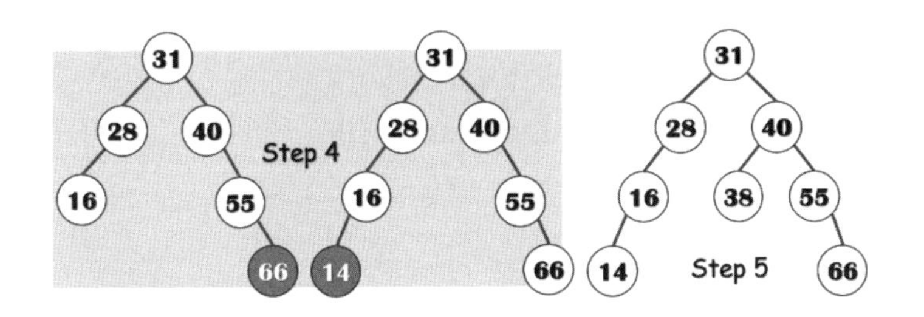

Step 4. 數值66設爲節點55的右子節點，數值14設爲節點16的左子節點。

Step 5. 最後，數值35設爲節點40的左子節點。

例一：請依照「7, 4, 1, 5, 13, 8, 11, 12, 15, 9, 2」順序，建立的二元搜尋樹。

《Ans》

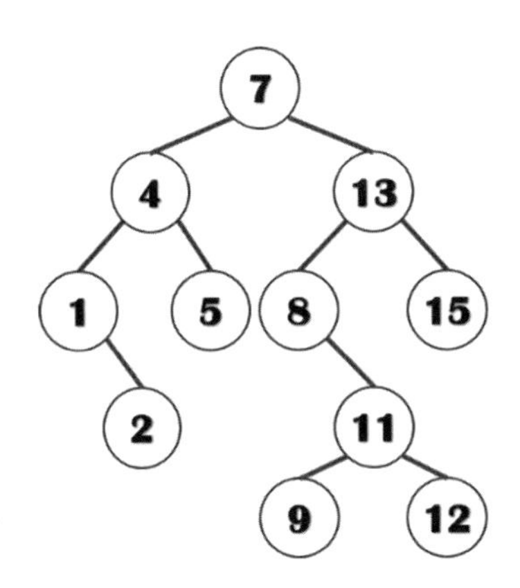

二元搜尋樹的Java演算法：

```
package bst;
static void Main(string[] args){
    Node first = null;
    BinarySearchTree = new BinarySearchTree();
    int[] data = { 60, 25, 93, 34, 18, 79 };
    first = bstree.createBTree(data, data.length);
    out.println("--------中序走訪二元樹--------");
    bstree.Inorder(first);
}
```

Tips

堆積樹（Heap tree）是一種特殊的二元樹，可分為最大堆積樹及最小堆積樹兩種。例如最大堆積樹滿足以下3個條件：

1. 它是一個完整二元樹。
2. 所有節點的值都大於或等於它左右子節點的值。
3. 樹根是堆積樹中最大的。

9-4 圖形結構

何謂圖形？假如從高雄出發要去參觀台南的奇美博物館，開車的話有哪些道路可供選擇？拜網路發達所賜，很多人可能去看了看谷歌大神的地圖，或者使用手機上提供的導航軟體；這些都來自圖形的應用。手上有了地圖指南之後，可能還有些想法！走那條道路可以快速抵達（最短路徑問題）？或者想加入美食熱點，如何走才能不錯過它們（路徑的搜尋問題）。樹狀結構主要是描述節點與節點之間「層次」的關係，但是圖形（graph）結構卻是討論兩個頂點之間「相連與否」的關係。

9-4-1 圖形的基本定義

圖形結構是一種探討兩個頂點間是否相連的一種關係圖，與樹狀結構的最大不同是樹狀結構用來描述節點與節點間的層次關係。如何表示圖形？前面章節中會以節點（Node）來儲存資料，來到了圖形世界，依然會以圓圈代表頂點（Vertices，或稱點、節點），它是儲存資料或元素的所在。頂點之間的連線是邊線（Edges，或稱邊）。圖形由有限的點和邊線集合所組成，圖形G是由V和E兩個集合組成其定義，表示如下：

G = (V, E)

◈ V：頂點（Vertices）組成的有限非空集合。

◈ E：邊線（Edges）組成的有限集合，這是成對的點集合。

依據邊線是否具有方向性，圖形結構概分無向圖形與有向圖形兩種；先來認識它們的不同之處。

邊線表達資料間的關係，右圖是一張「無向圖形」（Undirected Graph），頂點A與頂點B能去能回，意味著它的邊線無方向性，頂點A到頂點B以邊線(A, B)或邊線(B, A)是相同的。

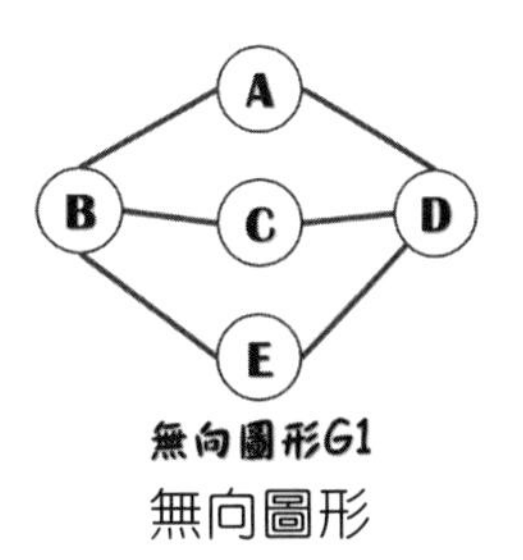

無向圖形

進一步來看，G1圖形擁有A、B、C、D、E五個頂點，若V(G1)是圖形G1的點集合，表示如下：

```
V(G1) = {A, B, C, D, E}
E(G1) = {(A, B),(A, E),(B, C),(B, D),(C, D),(C, E),(D, E)}
|V| = 5, |E| = 6
```

◈ 無方向性的邊線以括號()表示。

「有向圖形」（Directed Graph）是表示它的每邊都是有方向性，以右圖來說，邊線<A, B>中，A爲頭（Head），B爲尾（Tail），方向爲「A→B」。

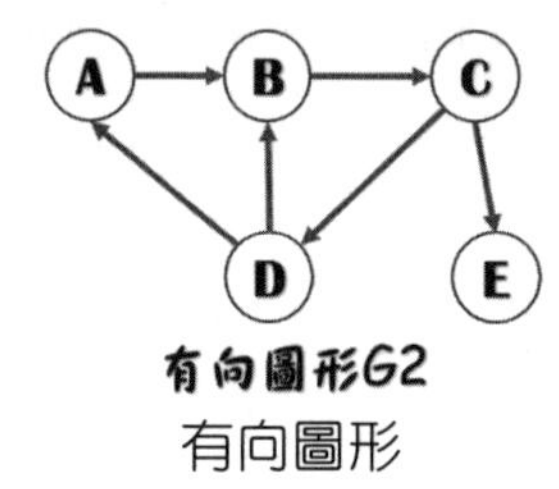

有向圖形

G2圖形有A、B、C、D、E五個頂點，V(G2)是圖形G2，如下所示：

```
V(G2) = {A, B, C, D, E}
E(G2) = {<A, B>, <B, C>, <C, D>, <C, E>, <E, D>, <D, B>}
|V| = 5, |E| = 6
```

◈ 有方向性的邊線以<>表示。

9-4-2 圖形相關名詞

有人說「條條道路通羅馬」；通向羅馬之前，先來認識跟圖形有關的專有名詞。

➢ 完整圖形：含有N個頂點的無向圖形中，正好有「N(N-1)/2」邊線，稱為「完整圖形」。所以，「N=5, E=5(5-1)/2」得邊線為

「10」，可以進一步查看下圖完整無向圖G1是否有10條邊。完整有向圖形必須有N(N-1)個邊線，當「N=4, E=4(4-1)」得邊線「12」。因此，細審一下圖右邊的G2有向圖，是否有12條邊？

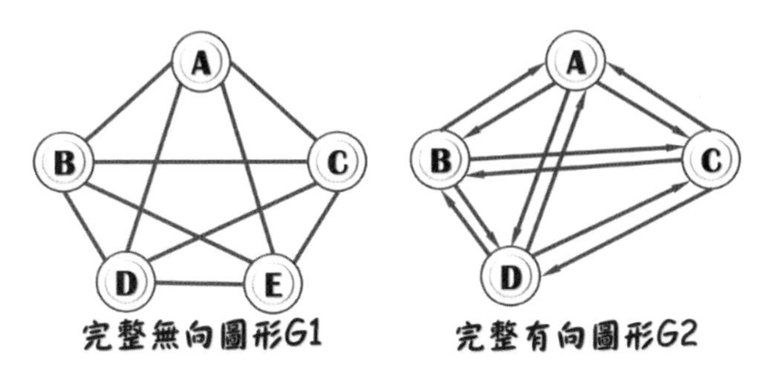

完整的無向和有向圖形

- 相鄰（Adjacent）：上圖中，無論是無向圖或有向圖，A、B是相異的兩個頂點，它們具有邊線來連接，因此稱頂點A與B相鄰。
- 子圖（Sub-graph）：當G'和G"兩個集合能滿足「V(G' ⊆ V(G)且E(G') ⊆ E(G))」，「V(G" ⊆ V(G)且E(G") ⊆ E(G))」，稱G'和G"為G的子圖，如下圖所示。

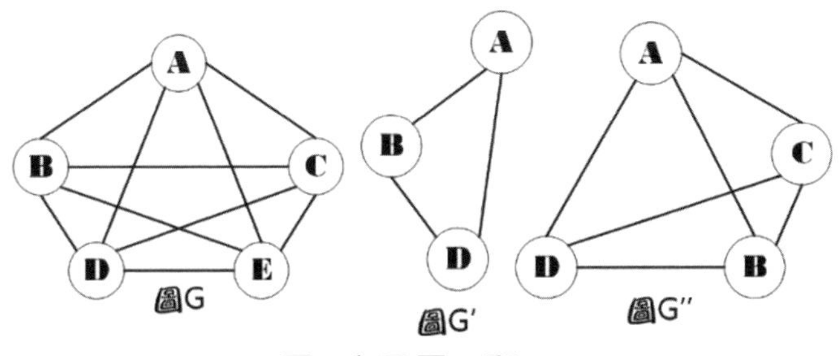

圖G有子圖G'和G"

- 路徑（Path）：兩個不同頂點間所經過的邊線稱為路徑，如上圖中的圖G，頂點A到E的路徑有「{(A, B)、(B, E)}及{(A, B)、(B, C)、(C, D)、(D, E)}」等。

- 路徑長度（Length）：路徑上所包含邊的總數為路徑長度。
- 循環（Cycle）：起始點及終止點為同一個點的簡單路徑稱為循環。如圖G，{(A, B),(B, D),(D, E),(E, C),(C, A)}起點及終點都是A，所以是一個循環路徑。
- 相連（Connected）：在無向圖形中，若頂點Vi到頂點Vj間存在路徑，則Vi和Vj是相連的；例如下圖中，圖G1中頂點A至頂點B間有存在路徑，則頂點A和B相連。
- 相連圖形（Connected Graph）：檢視下圖，圖G3的任兩個點均相連，所以是相連圖形。

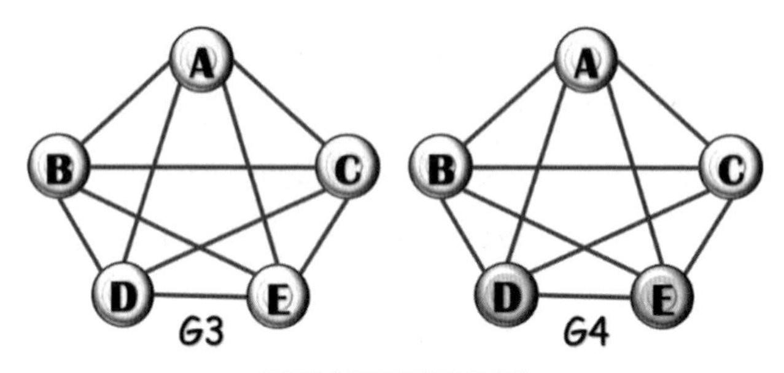

相連與不相連圖形

- 不相連圖形（Disconnected Graph）：圖形內至少有兩個點間是沒有路徑相連的；上圖的G4，它有D、E兩個點不相連所以是非相連圖形。
- 緊密相連（Strongly Connected）：參考下圖的有向圖形G5，若兩頂點間有兩條方向相反的邊稱為緊密相連。

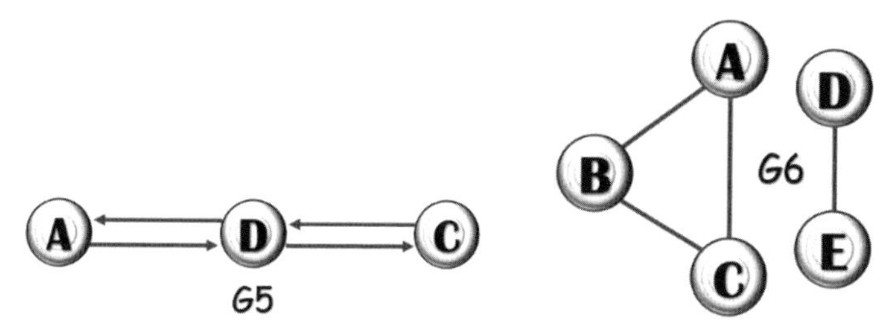

緊密的圖和相連單元

➢ 相連單元：圖形中相連在一起的最大子圖總數，以上圖G6而言，可以看做是2個相連單元。

➢ 分支度（Degree）：無向圖形中，不考慮其方向性，一個頂點所擁有邊數總和而稱之；如上圖中，圖G3的頂點A，其分支度為4。

➢ 出／入分支度：有向圖形中，考量方向性的情形下，以頂點V為箭頭終點的邊之個數為入分支度，反之由V出發的箭頭總數為出分支度。如下圖，頂點A的入分支度為1，出分支度為3。

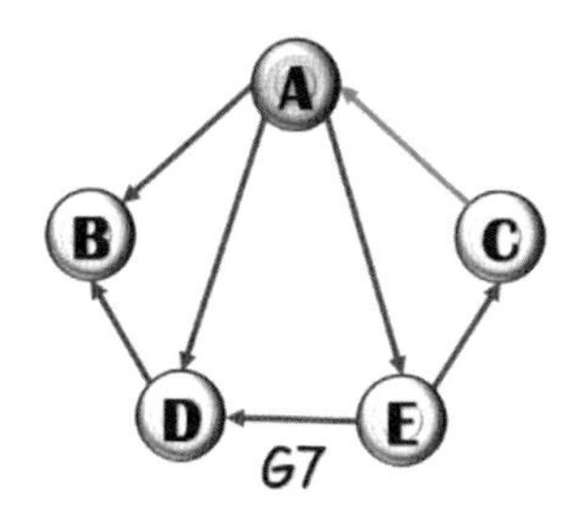

圖形的入／出分支度

9-5 全真綜合實作測驗

9-5-1 血緣關係：105年3月實作題

小宇有一個大家族。有一天，他發現記錄整個家族成員和成員間血緣關係的家族族譜。小宇對於最遠的血緣關係（我們稱之為「血緣距離」）有多遠感到很好奇。

右圖為家族的關係圖。0是7的孩子，1、2和3是0的孩子，4和5是1的孩子，6是3的孩子。我們可以輕易的發現最遠的親戚關係為4（或5）和6，他們的「血緣距離」是4（4～1，1～0，0～3，3～6）。

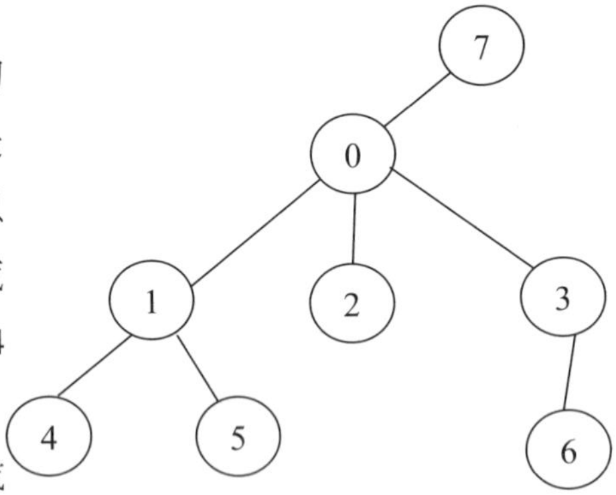

給予任一家族的關係圖，請找出最遠的「血緣距離」。你可以假設只有一個人是整個家族成員的祖先，而且沒有兩個成員有同樣的小孩。

輸入格式

第一行為一個正整數n代表成員的個數，每人以0～n-1之間唯一的編號代表。接著的n-1行，每行有兩個以一個空白隔開的整數a與b（$0 \le a,b \le n-1$），代表b是a的孩子。

輸出格式

每筆測資輸出一行最遠「血緣距離」的答案。

範例一：輸入

```
8
0 1
0 2
0 3
7 0
1 4
1 5
3 6
```

範例一：正確輸出

```
4
```

（說明）

如題目所附之圖，最遠路徑爲4→1→0→3→6或5→1→0→3→6，距離爲4。

範例二：輸入

```
4
0 1
0 2
2 3
```

範例二：正確輸出

```
3
```

（說明）

最遠路徑爲1→0→2→3，距離爲3。

評分說明

輸入包含若干筆測試資料，每一筆測試資料的執行時間限制（time limit）均爲3秒，依正確通過測資筆數給分。

第1子題組共10分，整個家族的祖先最多2個小孩，其他成員最多一個小孩，$2 \leq n \leq 100$ 。

第2子題組共30分，$2 \leq n \leq 100$。

第3子題組共30分，$101 \leq n \leq 2,000$。

第4子題組共30分，$1,001 \leq n \leq 100,000$。

解題重點分析

本程式會使用到的變數，功能說明如下：

- data二維陣列就用來記錄每位成員的小孩情況。
- member一維陣列是用來記錄每位成員有多少小孩。
- 變數Is_a_child陣列是用來紀錄該索引的家族成員是否爲其他成員的小孩，如果是就設定爲true。如果設定爲數值false，就表示該成員不是其他成員的小孩。這個陣列的初值設定爲數值false。
- blood_distance全域變數，即血緣距離。
- 整數n爲家庭成員人數。

至於函式distance計算從指定節點出發的最大深度，它是一個遞迴函式，其出口條件是沒有小孩。當只有一個小孩時，此時最大深度必須加1。程式讀取完資料後，必須先找到root根節點。找到根節點後，可以利用distance函數找到由此根節點出發的最大深度，有了這個最大深度後就可以與目前全域變數所紀錄的血緣距離互相比較大小，較大的值就是本題目所要求的血緣距離。

參考解答程式碼：ex14.java

```
01  import java.io.*;
02  public class ex14 {
03      static int[][] data=new int[10000][2]; //記錄每位成員的小孩情況
04      static int[] member=new int[10000]; //記錄每位成員有多少小孩
05       static boolean[] Is_a_child=new boolean[10000]; //判斷是否爲其
    他人的小孩
06      static int n;  //家庭成員人數
07      static int blood_distance=0; //全域變數,即血緣距離
08
09      public  int x;
10      public  int y;
11
12      //指定節點的最大深度
```

```
13      public static int distance(int node)
14      {
15          int depth,j;
16          int temp;
17
18          //遞迴的出口條件
19          if(member[node]==0) return 0;
20          //只有一個小孩時其最大深度爲其小孩最大深度再加 1
21          else if(member[node]==1)
22          for(j=0;j<n-1;j++)
23          {
24              if(data[j][0]==node)
25                  return distance(data[j][1])+1;
26          }
27          else
28          {
29              int deep1=0,deep2=0;//最大前兩個的深度
30              for(j=0;j<n-1;j++)
31              {
32                  if(data[j][0]==node)
33                  {
34                      depth=distance(data[j][1])+1;
35                      if(depth>deep1) {
36                          temp=depth;
37                          depth=deep1;
38                          deep1=temp;
39                      }
40                      if(depth>deep2)
41                          deep2=depth;
42                  }
43              }
44              //血緣距離
45              blood_distance = Math.max(blood_distance, deep1 + deep2);
46              return deep1; //回傳最大深度
47          }
48          return 0;
49      }
```

```
50
51     //主要執行區塊
52     public static void main(String[ ] args) throws IOException
53     {
54         int i;
55         int root=0; //根節點
56         int deepest; //從根節點出發的最大深度
57
58         for(i=0;i<10000;i++) Is_a_child[i]=false;
59             BufferedReader br=new BufferedReader(new
   FileReader("input1.txt"));
60         n=Integer.parseInt(br.readLine());; //讀取成員總數
61         //讀取各成員的小孩資訊
62         for(i=0;i<n-1;i++) {
63             String Line=br.readLine();
64             String[] tokens=Line.split(" ");
65             data[i][0]=Integer.parseInt(tokens[0]);
66             data[i][1]=Integer.parseInt(tokens[1]);
67          member[data[i][0]]+=1;
68          Is_a_child[data[i][1]]=true; //爲他人小孩
69         }
70         for (i=0;i<n;i++) {
71             if (Is_a_child[i]==false) {
72                 root =i ; //根節點
73                 break;
74             }
75         }
76         deepest=distance(root);
77         blood_distance=Math.max(deepest,blood_distance);
78         System.out.println(blood_distance);
79     } //end of main
80 } //end of class
```

範例一：輸入

```
8
0 1
0 2
0 3
7 0
1 4
1 5
3 6
```

範例一：正確輸出

```
4
```

範例二：輸入

```
4
0 1
0 2
2 3
```

範例二：正確輸出

```
3
```

程式碼說明：

- 第3～10列：型態定義及變數宣告。
- 第5列：宣告記錄指定索引值的家庭成員是否為其他人的小孩的陣列。
- 第7列：全域變數記錄最長血緣距。
- 第12～49列：傳回指定節點的最大深度的函數定義。
- 第59列：開啓測試資料檔。
- 第60列：讀取家庭成員的總數。
- 第61～69列：讀取各成員的小孩資訊。
- 第70～75列：找出根節點root。
- 第76列：求從根節點出發的取大深度。
- 第77列：血緣距離為目前所紀錄的血緣距離與從root出發最大深度兩者間取最大值。
- 第78列：以獨立一行輸出血緣距離。

9-5-2 樹狀圖分析（Tree Analyses）

問題描述：106年10月實作題

本題是關於有根樹（rooted tree）。在一棵n個節點的有根樹中，每個節點都是以1～n的不同數字來編號，描述一棵有根樹必須定義節點與節點之間的親子關係。一棵有根樹恰有一個節點沒有父節點（parent），此節點被稱為根節點（root），除了根節點以外的每一個節點都恰有一個父節點，而每個節點被稱為是它父節點的子節點（child），有些節點沒有子節點，這些節點稱為葉節點（leaf）。在當有根樹只有一個節點時，這個節點既是根節點同時也是葉節點。

在圖形表示上，我們將父節點畫在子節點之上，中間畫一條邊（edge）連結。例如，下圖中表示的是一棵9個節點的有根樹，其中，節點1為節點6的父節點，而節點6為節點1的子節點；又5、3與8都是2的子節點。節點4沒有父節點，所以節點4是根節點；而6、9、3與8都是葉節點。

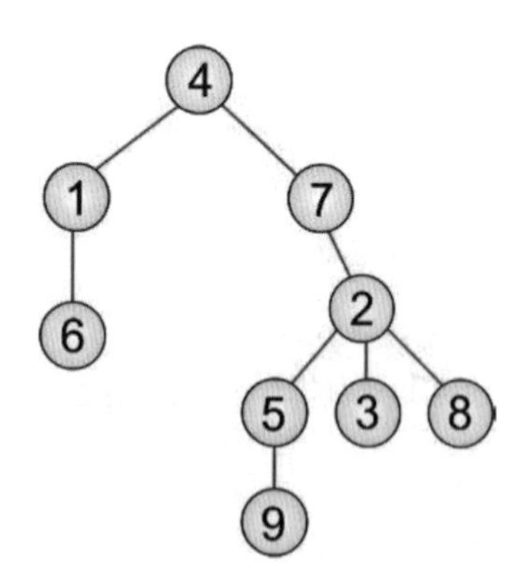

樹狀圖中的兩個節點u和v之間的距離d(u,v)定義為兩節點之間邊的數量。如上圖中，d(7,5) = 2，而d(1,2) = 3。對於樹狀圖中的節點v，我們以

h(v)代表節點v的高度，其定義是節點v和節點v下面最遠的葉節點之間的距離，而葉節點的高度定義爲0。如圖中，節點6的高度爲0，節點2的高度爲2，而節點4的高度爲4。此外，我們定義H(T)爲T中所有節點的高度總和，也就是說H(T) = ∑v∈T h(v)。給定一個樹狀圖T，請找出T的根節點以及高度總和H(T)。

輸入格式

第一行有一個正整數n代表樹狀圖的節點個數，節點的編號爲1到n。接下來有n行，第i行的第一個數字k代表節點i有k個子節點，第i行接下來的k個數字就是這些子節點的編號。每一行的相鄰數字間以空白隔開。

輸出格式

輸出兩行各含一個整數，第一行是根節點的編號，第二行是H(T)。

範例一：輸入

```
7
0
2 6 7
2 1 4
0
2 3 2
0
0
```

範例一：正確輸出

```
5
4
```

範例二：輸入

```
9
1 6
3 5 3 8
0
2 1 7
1 9
0
1 2
0
0
```

範例二：正確輸出

```
4
11
```

評分說明

輸入包含若干筆測試資料，每一筆測試資料的執行時間限制（time limit）均爲1秒，依正確通過測資筆數給分。測資範圍如下，其中k是每個節點的子節點數量上限：

第1子題組10分，$1 \le n \le 4$, $k \le 3$,除了根節點之外都是葉節點。

第2子題組30分，$1 \le n \le 1,000$, $k \le 3$。

第3子題組30分，$1 \le n \le 100,000$, $k \le 3$。

第4子題組30分，$1 \le n \le 100,000$, k無限制。

提示：輸入的資料是給每個節點的子節點有哪些或沒有子節點，因此，可以根據定義找出根節點。關於節點高度的計算，我們根據定義可以找出以下遞迴關係式：(1)葉節點的高度爲0；(2)如果v不是葉節點，則v的高度是它所有子節點的最大高度加一。也就是說，假設v的子節點有a, b與c，則h(v)=max{ h(a), h(b), h(c) }+1。以遞迴方式可以計算出所有節點的高度。

解題重點分析

有關程式中會用到的重要變數，功能說明如下：

```
int n; //節點的個數
int temp,i,j;
long answer;//各節點的高度總和
int[] Parents_node=new int[100000]; //每個節點的父節點編號
int[] num_of_subnode=new int[100000]; //每個節點的子節點數量
```

根據題意h(v)代表節點v的高度，其定義是節點v和節點v下面最遠的葉節點之間的距離，而葉節點的高度定義爲0。至於如何計算各節點高度，其演算法的程式碼片段如下：

```
for(i=1; i<=n;i++){
    if(num_of_subnode[i]==0){
        int level=0;
        int tempnode =Parents_node[i]; //移動到 i 的父節點
        while (tempnode!=0){
            level++;
            if(level>height[tempnode]){
                height[tempnode]=level;
            }
            tempnode=Parents_node[tempnode];
        }
    }
}
```

本程式的作法會從外部檔案來讀入測試資料，首先讀取一個正整數n，用以代表樹狀圖的節點個數，節點的編號爲1到n。接下來有n行，則記錄編號爲1到n有分別有多少個子節點。接下來的任務就是依序計算每一節點的最大高度，並在尋找各節點最大高度的同時，一併與目前最大高度去比較大小，藉以找到本樹狀圖的最大高度及根節點的編號。接下來必須將所有節點的最大高度相加並儲存到指定變數，接著就可以輸出兩行：第一行是根節點的編號，第二行是所有節點的高度總和。

參考解答程式碼：ex15.java

```
01  import java.io.*;
02
03  public class ex15{
04      static int[] height=new int [100000] ; //節點的高度
```

```
05    //回傳所有節點最大高度的總和
06    static long H(int n){
07       long total=0;
08       int i;
09       for(i=1 ; i<=n ; i++){
10        total = total + height[i];
11       }
12       return total;
13    }
14    //主要執行區塊
15    public static void main(String[ ] args) throws IOException
16    {
17       int n; //節點的個數
18       int temp,i,j;
19       long answer;//各節點的高度總和
20       int[] Parents_node=new int[100000]; //每個節點的父節點編號
21         int[] num_of_subnode=new int[100000]; //每個節點的子節點
   數量
22          BufferedReader br=new BufferedReader(new
   FileReader("input2.txt"));
23        n=Integer.parseInt(br.readLine());
24        for (i=1; i<=n;i++){
25           String Line=br.readLine();
26           String[] tokens=Line.split(" ");
27            num_of_subnode[i]=Integer.parseInt(tokens[0]); //讀取節點
   編號1到n的子節點個數
28           for (j=1; j<=num_of_subnode[i];j++){
29               temp=Integer.parseInt(tokens[j]); //依序每一個節點的子
   節點編號
30              Parents_node[temp]=i; //儲存該子節點的父節點編號
31           }
32        }
33        //輸出根節點
34        for(i=1;i<=n;i++){
35           if(Parents_node[i]==0)
36              System.out.println(i);
37        }
```

```
38
39        //計算各節點高度
40        for(i=1; i<=n;i++){
41           if(num_of_subnode[i]==0){
42              int level=0;
43              int tempnode =Parents_node[i]; //移動到 i 的父節點
44              while (tempnode!=0){
45                 level++;
46                 if(level>height[tempnode]){
47                    height[tempnode]=level;
48                 }
49                 tempnode=Parents_node[tempnode];
50              }
51           }
52        }
53        answer=H(n);//呼叫計算各節點高度總和的函數
54        System.out.print(answer);//輸出答案
55     }
56  }
```

範例一執行結果：

```
7
0
2 6 7
2 1 4
0
2 3 2
0
0
```

```
5
4
```

範例二執行結果：

```
9
1 6
3 5 3 8
0
2 1 7
1 9
0
1 2
0
0
```

```
4
11
```

程式碼說明：

- 第4列：節點的高度的陣列宣告及初值設定，此爲全域變數。
- 第5～13列：回傳所有節點最大高度的總和的自訂函數。
- 第17～22列：本程式各區域變數宣告。
- 第24～32列：從外部檔案讀取測試資料，首先讀取節點編號1到n的子節點個數，接著依序每一個節點的子節點編號，並儲存該子節點的父節點編號到指定陣列變數中。
- 第34～37列：找出根節點編號。
- 第39～52列：計算各節點高度。
- 第53～54列：呼叫計算各節點高度總和的函數，並輸出所有節點最大高度總和。

9-5-3 物品堆疊（Stacking）

問題描述：106年10月實作題

某個自動化系統中有一個存取物品的子系統，該系統是將N個物品堆在一個垂直的貨架上，每個物品各佔一層。系統運作的方式如下：每次只會取用一個物品，取用時必須先將在其上方的物品貨架升高，取用後必須將該物品放回，然後將剛才升起的貨架降回原始位置，之後才會進行下一個物品的取用。

每一次升高某些物品所需要消耗的能量是以這些物品的總重來計算，在此我們忽略貨架的重量以及其他可能的消耗。現在有N個物品，第i個物品的重量是w(i)而需要取用的次數為f(i)，我們需要決定如何擺放這些物品的順序來讓消耗的能量越小越好。舉例來說，有兩個物品w(1)=1、w(2)=2、f(1)=3、f(2)=4，也就是說物品1的重量是1需取用3次，物品2的重量是2需取用4次。我們有兩個可能的擺放順序（由上而下）：

- (1, 2)，也就是物品1放在上方，2在下方。那麼，取用1的時候不需要能量，而每次取用2的能量消耗是w(1)=1，因為2需取用f(2)=4次，所以消耗能量數為w(1)*f(2)=4。
- (2, 1)，也就是物品2放在1的上方。那麼，取用2的時候不需要能量，而每次取用1的能量消耗是w(2)=2，因為1需取用f(1)=3次，所以消耗能量數=w(2)*f(1)=6。

在所有可能的兩種擺放順序中，最少的能量是4，所以答案是4。再舉一例，若有三物品而w(1)=3、w(2)=4、w(3)=5、f(1)=1、f(2)=2、f(3)=3。假設由上而下以(3,2,1)的順序，此時能量計算方式如下：取用物品3不需要能量，取用物品2消耗w(3)*f(2)=10，取用物1消耗(w(3)+w(2))*f(1)=9，總計能量為19。如果以(1,2,3)的順序，則消耗能量為3*2+(3+4)*3=27。事實上，我們一共有3!=6種可能的擺放順序，其中順序(3,2,1)可以得到最小消耗能量19。

輸入格式

輸入的第一行是物品件數N，第二行有N個正整數，依序是各物品的重量w(1)、w(2)、…、w(N)，重量皆不超過1000且以一個空白間隔。第三行有N個正整數，依序是各物品的取用次數f(1)、f(2)、…、f(N)，次數皆爲1000以內的正整數，以一個空白間隔。

輸出格式

輸出最小能量消耗值，以換行結尾。所求答案不會超過63個位元所能表示的正整數。

範例一（第1、3子題）：輸入	範例二（第2、4子題）：輸入
2	3
20 10	3 4 5
1 1	1 2 3
範例一：正確輸出	範例二：正確輸出
10	19

評分說明

輸入包含若干筆測試資料，每一筆測試資料的執行時間限制（time limit）均爲1秒，依正確通過測資筆數給分。其中：

第1子題組10分，N = 2，且取用次數f(1)=f(2)=1。

第2子題組20分，N = 3。

第3子題組45分，N ≤ 1,000，且每一個物品i的取用次數f(i)=1。

第4子題組25分，N ≤ 100,000。

解題重點分析

本範例會先宣告一個二維陣列，第二維度的第1個索引值記錄物體的重量，第二維度的第個索引值記錄物體的取用次數，語法如下：

```
int[][] obj=new int[num][2];
```

其中num為物體的個數，為了計算最小消耗能量的演算邏輯必須先將物品越重且取用次數越小的物品放在下層，演算法如下：

```
for(i=0; i<num-1; i++) {
for(j=0; j<num-1-i; j++) {
    if((obj[j][0]*obj[j+1][1]) > (obj[j+1][0]*obj[j][1])) {
        tmp=obj[j][0];
        obj[j][0]=obj[j+1][0];
        obj[j+1][0]=tmp;
        tmp=obj[j][1];
        obj[j][1]=obj[j+1][1];
        obj[j+1][1]=tmp;
    }
  }
}
```

排序之後再一層一層計算每一層的最小消耗能量，在計算某一層的最小消耗能量時，會使用到的技巧就是必須將該層前面的物品重量加總，再乘以該層物品的取用次數。程式中必須宣告一個minimun變數（宣告此變數時初值要設定為0），可以用來累加各層的最小消耗能量。

另外在計算某一層的最小消耗能量時，會用到加總該層前面的物品重量，也會使用到另外一個整數變數weight（宣告此變數時初值要設定爲0），是用來累計前面物品重量總和。本範例的參考程式碼如下：

參考解答程式碼：ex16.java

```
01    import java.io.*;
02
03    public class ex16{
04        //主要執行區塊
05        public static void main(String[ ] args) throws IOException
06        {
07            int minimum = 0; //最小消耗能量
08            int weight = 0; //累計物品重量總和要先歸零
09            int num;
10            int i,j;
11
12            BufferedReader keyin=new BufferedReader(new
      InputStreamReader(System.in));
13            num=Integer.parseInt(keyin.readLine()); //讀取物體的個數
14
15            int[][] obj=new int[num][2];
16            int tmp;
17
18            //讀取物品重量
19            String Line=keyin.readLine();
20            String[] tokens=Line.split(" ");
21            or (int k = 0; k < num; k++) {
22                obj[k][0]=Integer.parseInt(tokens[k]);
23            } //end of for
24
25            //讀取物品取用次數
26            Line=keyin.readLine();
27            tokens=Line.split(" ");
28            for (int k = 0; k < num; k++) {
29                obj[k][1]=Integer.parseInt(tokens[k]);
```

```
30            }
31
32            //要計算最小消耗能量必須先將物品越重
33            //且取用次數越小的物品放在下層
34            for(i=0; i<num-1; i++) {
35                for(j=0; j<num-1-i; j++) {
36                    if((obj[j][0]*obj[j+1][1]) > (obj[j+1][0]*obj[j][1])) {
37                        tmp=obj[j][0];
38                        obj[j][0]=obj[j+1][0];
39                        obj[j+1][0]=tmp;
40                        tmp=obj[j][1];
41                        obj[j][1]=obj[j+1][1];
42                        obj[j+1][1]=tmp;
43                    }
44                }
45            }
46            for(i=0; i<num-1; i++) { //計算各層的消耗能量
47                weight += obj[i][0];  //累加前面各層物品的重量
48                minimum += weight * obj[i+1][1];//計算最小消耗能量
49            }
50            System.out.println(minimum);
51        } //end of main()
52    } //end of class
```

範例一執行結果：

```
2
20 10
1 1
10
```

範例二執行結果：

```
3
3 4 5
1 2 3
19
```

程式碼說明：

- 第12～13列：讀取物體的個數。
- 第18～23列：讀取物體重量。
- 第25～29列：讀取物體取用次數。
- 第34～45列：先將物品越重且取用次數越小的物品放在下層。
- 第46～49列：以for迴圈的方式，累積計算各層計算最小消耗能量。
- 第50列：輸出最小能量消耗值。

國家圖書館出版品預行編目(CIP)資料

APCS使用Java／數位新知作. --初版. --臺北市：五南圖書出版股份有限公司, 2023.06
面； 公分

ISBN 978-626-343-976-4(平裝)

1.CST: Java(電腦程式語言)

312.32J3 112004294

5R66

APCS使用Java

作　　者— 數位新知（526）

發 行 人— 楊榮川

總 經 理— 楊士清

總 編 輯— 楊秀麗

副總編輯— 王正華

責任編輯— 張維文

封面設計— 陳亭瑋

出 版 者— 五南圖書出版股份有限公司

地　　址：106台北市大安區和平東路二段339號4樓

電　　話：(02)2705-5066　　傳　　真：(02)2706-6100

網　　址：https://www.wunan.com.tw

電子郵件：wunan@wunan.com.tw

劃撥帳號：01068953

戶　　名：五南圖書出版股份有限公司

法律顧問　林勝安律師

出版日期　2023年6月初版一刷

定　　價　新臺幣450元

經典永恆・名著常在

五十週年的獻禮——經典名著文庫

五南，五十年了，半個世紀，人生旅程的一大半，走過來了。
思索著，邁向百年的未來歷程，能為知識界、文化學術界作些什麼？
在速食文化的生態下，有什麼值得讓人雋永品味的？

歷代經典・當今名著，經過時間的洗禮，千錘百鍊，流傳至今，光芒耀人；
不僅使我們能領悟前人的智慧，同時也增深加廣我們思考的深度與視野。
我們決心投入巨資，有計畫的系統梳選，成立「經典名著文庫」，
希望收入古今中外思想性的、充滿睿智與獨見的經典、名著。
這是一項理想性的、永續性的巨大出版工程。
不在意讀者的眾寡，只考慮它的學術價值，力求完整展現先哲思想的軌跡；
為知識界開啟一片智慧之窗，營造一座百花綻放的世界文明公園，
任君遨遊、取菁吸蜜、嘉惠學子！